剪映 电脑版 + Pr Premiere

视频剪辑从入门到精通

华天印象◎编著

清华大学出版社
北京

内 容 简 介

本书以如何剪辑和制作视频效果为导向，分别介绍了剪映电脑版和 Premiere 的用法，最后安排了两款软件强强联合、结合使用的综合案例，帮助读者在短时间内从入门到精通，成为视频后期剪辑高手。

本书共 11 章，分为以下 3 篇。

剪映篇：主要介绍了剪映电脑版的基本操作、剪辑调色、特效制作、转场应用、字幕贴纸以及卡点视频等内容，帮助大家提升创作水平和剪辑功底。

Premiere 篇：主要介绍了 Premiere 的基本操作、画面处理、音频分离、视频过渡、视频滤镜、运动关键帧以及蒙版合成等内容，帮助大家轻松剪出视频大片。

案例实战篇：主要介绍了剪映案例《快乐成长》、Premiere 案例《古风写真》以及剪映 +Premiere 的联合案例《城市的记忆》，帮助大家全面掌握案例的创作思路和将两款软件结合使用的操作技巧。

本书适合广大视频剪辑、视频后期处理的相关人员，特别是剪映用户、Premiere 用户，同时也可作为各类计算机培训中心、中职中专、高职高专等院校及相关专业的辅导教材。另外，本书除了纸质内容之外，随书资源包中还给出了本书所有案例的教学视频、案例效果文件及素材文件，扫描书中二维码及封底“文泉云盘”二维码即可手机在线观看学习并下载素材文件。

图书在版编目（CIP）数据

剪映电脑版 +Premiere 视频剪辑从入门到精通 / 华天印象编著. —北京：清华大学出版社，2022.5 (2024.9重印)

ISBN 978-7-302-60510-2

Ⅰ. ①剪…　Ⅱ. ①华…　Ⅲ. ①视频编辑软件　Ⅳ. ① TP317.53

中国版本图书馆 CIP 数据核字（2022）第 055927 号

责任编辑：贾小红
封面设计：飞鸟互娱
版式设计：文森时代
责任校对：马军令
责任印制：丛怀宇

出版发行：清华大学出版社
网　　址：https://www.tup.com.cn，https://www.wqxuetang.com
地　　址：北京清华大学学研大厦 A 座　　**邮　　编：**100084
社 总 机：010-83470000　　**邮　　购：**010-62786544
投稿与读者服务：010-62776969，c-service@tup.tsinghua.edu.cn
质量反馈：010-62772015，zhiliang@tup.tsinghua.edu.cn
印 装 者：涿州汇美亿浓印刷有限公司
经　　销：全国新华书店
开　　本：140mm×210mm　　**印　　张：**11.625　　**字　　数：**402 千字
版　　次：2022 年 7 月第 1 版　　**印　　次：**2024 年 9 月第 4 次印刷
定　　价：79.80 元

产品编号：095375-02

前言

Preface

近年来视频行业越来越兴盛，平常制作一个简单的小视频可能只是为了记录生活，或者传递创作者的心情，但同时它也可能会广泛传播，甚至走红网络。因此，人们对视频的精美度要求越来越高，对视频的剪辑需求也越来越强。而剪映和Premiere是目前使用较广的视频后期处理软件，并且深受广大视频剪辑爱好者的青睐。

剪映电脑版凭借其直观的创作面板、畅爽的剪辑体验、优秀的智能功能和丰富的热门素材，从众多视频剪辑软件中脱颖而出，受到了广大用户的喜爱。无论是新手还是高手，使用剪映进行剪辑都能体验到视频创作的乐趣；无论是短视频还是长视频，使用剪映都能让视频剪辑变得更简单高效。

Premiere相对剪映而言，其专业性能更强，具有强大的兼容性和较好的画面编辑质量。Premiere集采集、剪辑、调色、音频美化、字幕添加、输出以及DVD刻录于一体，可满足用户创作高质量作品的需求，是视频剪辑爱好者和专业人士必不可少的视频剪辑软件。

这两款软件功能完备、易学且高效，本书将这两款软件联合、打通，精选了全网上百个热门的视频案例，全程图解，对每个案例都录制了教学视频，扫描书中二维码即可观看。通过学习本书，大家不仅可以学会两款软件的操作方法，还可以学会各类视频的制作技巧，帮助大家从入门到精通，提升创作能力和创作自由度，成为视频后期剪辑高手。

本书共分以下3篇。

剪映篇：包括第1章～第4章，主要带领大家快速打开学习剪映之路的大门，学习如何使用剪映剪辑调色、裁剪变速、添加特效、应用转场、蒙版合成、制作卡点视频以及添加字幕贴纸等。

Premiere 篇：包括第 5 章～第 8 章，主要带领大家掌握在 Premiere 中剪辑视频的操作方法，学习如何使用 Premiere 创建项目、编辑处理素材、制作转场和滤镜、设置运动关键帧以及制作遮罩叠加视频特效等。

案例实战篇：包括第 9 章～第 11 章，主要分为 3 个综合案例，其中《快乐成长》是通过剪映制作完成的，《古风写真》是通过 Premiere 制作完成的，《城市的记忆》则是通过这两款软件共同完成的，既在剪映中进行了特效添加、片头制作、预设调色、识别歌词以及制作字幕等处理，也在 Premiere 中进行了剪辑、转场、导入字幕、添加音乐以及合成视频等处理，真正实现了强强联合。

本书具有以下 4 大特色。

（1）内容详细，简洁易懂。本书分 11 章，涉及剪映和 Premiere 的各种功能和操作技巧，涵盖多种类型视频的制作方法。另外，本书通过 1060 多张图片进行全程图解，简洁全面，通俗易懂，可帮助大家融会贯通，快速掌握两款软件的使用方法。

（2）海量案例，效果精美。本书精选了近 100 个实用案例，包括城市建筑、海边美景、日出日落、夜景视频、无人机秀、山水风光、人像视频、分身视频、延时视频、星空视频、古风视频、儿童视频、写真相册以及卡点视频等内容，帮助大家掌握本书中精美实例的创作和制作方法。

（3）技巧全面，招招实用。本书体系完整，针对剪映和 Premiere 的特点，各提炼了 4 章范例深剖解析，包括剪辑素材、变速处理、调色处理、特效制作、添加滤镜、添加转场、添加字幕、添加贴纸、选区抠像、运动特效、蒙版合成、音频处理以及导出视频等技巧，帮助读者从新手入门到后期精通。

（4）**素材丰富，视频教学。**随书附送的资源中包含了 530 多个素材文件和 330 多个效果文件，另外本书还赠送了 200 多分钟案例同步教学视频，手机扫码即可查看，让你随时随地跟着教学视频边看边学。

需要特别提醒的是，在编写本书时，笔者是基于当前软件截取的实际操作图片，但书从编写到出版需要一段时间，在这段时间里，软件界面与功能可能会有调整与变化，如删除或增加了部分内容，这是软件开发商做的更新，请读者在阅读时，根据书中的思路，举一反三，进行学习。

本书及附送的资源文件所采用的图片、模板、音频及视频等素材，均为所属公司、网站或个人所有，本书引用仅为说明（教学）之用，绝无侵权之意，特此声明。

本书由华天印象编著，参与编写的人员有刘华敏，提供视频素材和拍摄帮助的人员有向小红、邓陆英等，在此表示感谢。

由于作者水平有限，书中难免有疏漏之处，恳请广大读者批评、指正，读者可扫描封底文泉云盘二维码获取作者联系方式，与我们交流沟通。

编者

2022 年 5 月

目录

Contents

剪映篇

Premiere 篇

案例实战篇

changsha

2022 VISION

Photo by 龍飛

剪映篇

01

素材剪辑：教你用剪映去处理视频

◎ **章前知识导读**

本章是剪映入门的基础篇，主要涉及视频素材的导入、导出、比例、背景、分割、变速、倒放、定格、裁剪以及磨皮、瘦脸等内容。学会这些操作，稳固好基础，能让你在之后的视频处理过程中，更加得心应手，打开你学会剪映之路的大门。

◎ **新手重点索引**

掌握剪映基本功能

剪辑处理视频素材

◎ **效果图片欣赏**

1.1 掌握剪映基本功能

剪映电脑版具有很多实用的功能，本节主要介绍素材的导入导出、比例设置、背景设置以及磨皮瘦脸等内容，帮助大家尽快上手，掌握剪映的基本功能。

1.1.1 快速认识剪映界面

剪映电脑版是由抖音官方出品的一款电脑剪辑软件，拥有清晰的操作界面，强大的面板功能。在电脑桌面上双击剪映图标，打开剪映软件，即可进入剪映首页，如图 1-1 所示。

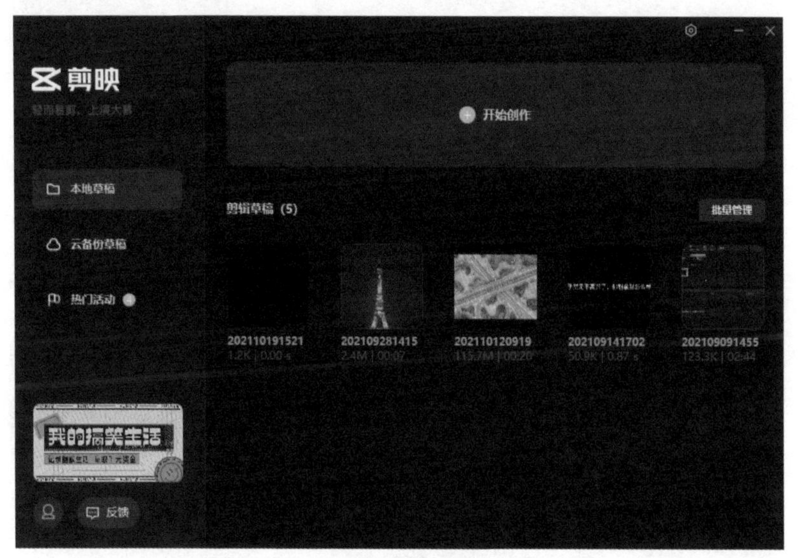

图 1-1　剪映首页

在首页左下角单击按钮，即可登录抖音账号，获取用户在抖音上的公开信息（头像、昵称、地区和性别等）和在抖音内收藏的音乐列表。

在首页左侧的面板中，① 单击“云备份草稿”标签；② 切换至对应的面板中，如图 1-2 所示。单击“点击登录”按钮，即可在登录账号后，免费获得 512MB 云空间，用于将重要的草稿文件进行备份。

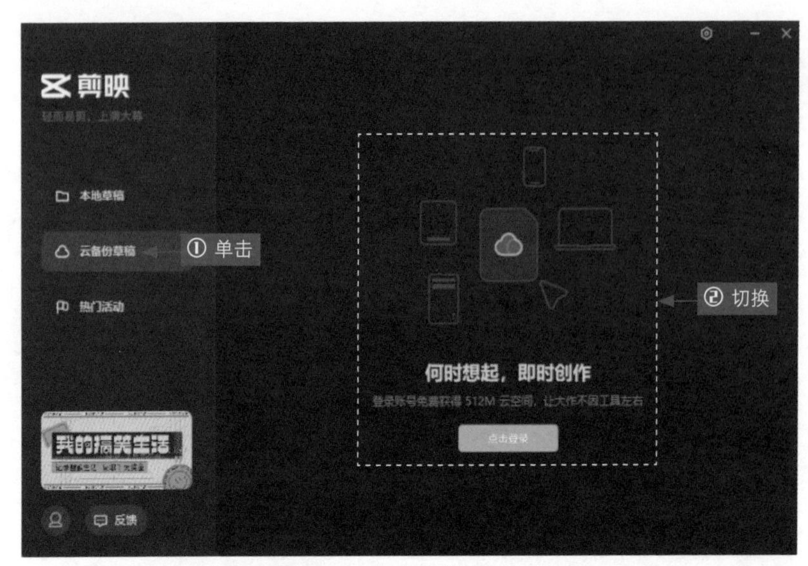

图 1-2　“云备份草稿”面板

① 单击“热门活动”标签；② 切换至“热门活动”面板中，如图 1-3 所示。该面板中显示了由官方推出的多项投稿活动，用户如果对活动有兴趣，可以选择相应的活动项目，通过参与活动获得收益。

图 1-3　“热门活动”面板

图 1-4 所示为“剪辑草稿”面板。在“剪辑草稿”面板中显示的

是用户所创建的文件，① 单击“批量管理”按钮，可以对草稿文件进行批量删除；② 将鼠标移至草稿文件的缩略图上并单击右下角显示的…按钮，弹出列表框；③ 选择“备份至云端”选项，可以将该草稿进行云端备份，在“云备份草稿”面板中，可以查看备份的草稿；④ 选择“重命名”选项，可以为草稿文件命名；⑤ 选择“复制草稿”选项，可以复制一个草稿文件；⑥ 选择“删除”选项，即可将当前草稿删除。

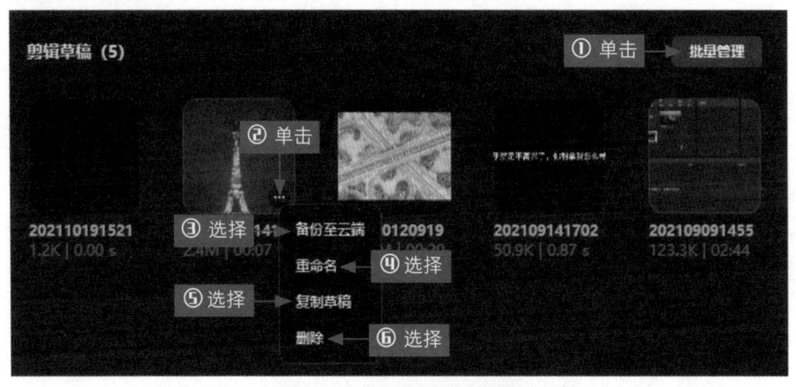

图 1-4　“剪辑草稿”面板

在剪映首页单击“开始创作”按钮或选择一个草稿文件，即可进入视频剪辑界面，其界面组成如图 1-5 所示。

图 1-5　视频剪辑界面

功能区：其中包括了剪映的媒体、音频、文本、贴纸、特效、转场、滤镜以及调节等八大功能模块。

操作区：其提供了画面、音频、变速、动画以及调节等调整功能，当用户选择轨道上的素材后，操作区就会显示各调整功能。

“播放器”面板：在该面板中，单击“播放”按钮▶，即可在预览窗口中播放视频效果；单击“原始”按钮，在弹出的列表框中选择相应的画布尺寸比例，可以调整视频的画面尺寸大小。

“时间线”面板：该面板提供了选择、切割、撤销、恢复、分割、删除、定格、倒放、镜像、旋转以及裁剪等常用的剪辑功能，当将素材拖曳至该面板中时，便会自动生成相应的轨道。

1.1.2 导入导出视频素材

效果说明

在剪映Windows版中导入素材后，可以对视频进行剪辑处理，最后导出时可以选择帧率、分辨率等选项，让导出的视频画质更高清，效果如图1-6所示。

扫码看案例效果

扫码看教学视频

图1-6 导入和导出视频效果展示

SETP 01 进入剪映界面，在“媒体”功能区中单击“导入素材”按钮，如图1-7所示。

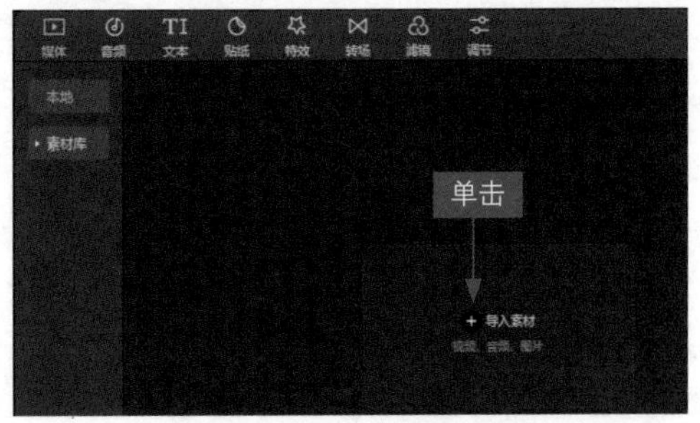

图1-7 单击“导入素材”按钮

SETP 02 弹出“请选择媒体资源”对话框，① 选择相应的视频素材；② 单击“打开”按钮，如图 1-8 所示。

图 1-8　单击“打开”按钮

SETP 03 将视频素材导入“本地”选项卡中，单击视频素材右下角的按钮，如图 1-9 所示，将视频素材添加到视频轨道中。

SETP 04 ① 拖曳时间指示器至 00:00:03:00 的位置；② 单击“分割”按钮，如图 1-10 所示。

图 1-9　单击相应按钮

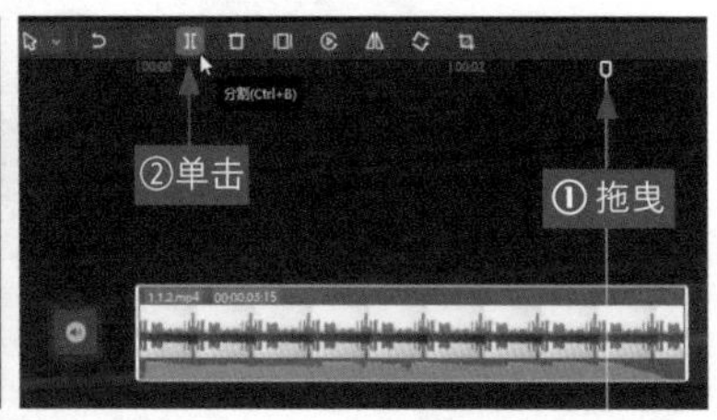

图 1-10　单击“分割”按钮

SETP 05 ① 选择分割出来的第 2 段视频；② 单击“删除”按钮，如图 1-11 所示，即可删除不要的片段。在“播放器”面板下方可以看到视频素材的总播放时长变短了，如图 1-12 所示。

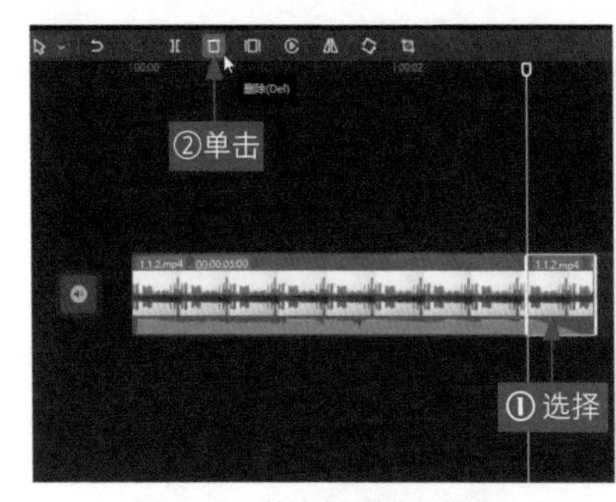

图 1-11　单击“删除”按钮

图 1-12　查看视频总时长

SETP 06 视频剪辑完成后，右上角显示了视频的草稿参数，如作品名称、保存位置、导入方式和色彩空间，单击界面右上角的“导出”按钮，如图 1-13 所示。

图 1-13　单击“导出”按钮（1）

SETP 07 弹出“导出”对话框，在“作品名称”文本框中更改名称，如图 1-14 所示。

图 1-14　更改作品名称

SETP 08 单击“导出至”右侧的按钮，弹出“请选择导出路径”对话框，① 选择相应的保存路径；② 单击“选择文件夹”按钮，如图 1-15 所示。

SETP 09 返回“导出”对话框，在“分辨率”列表框中选择 4K 选项，如图 1-16 所示。

图 1-15　单击“选择文件夹”按钮

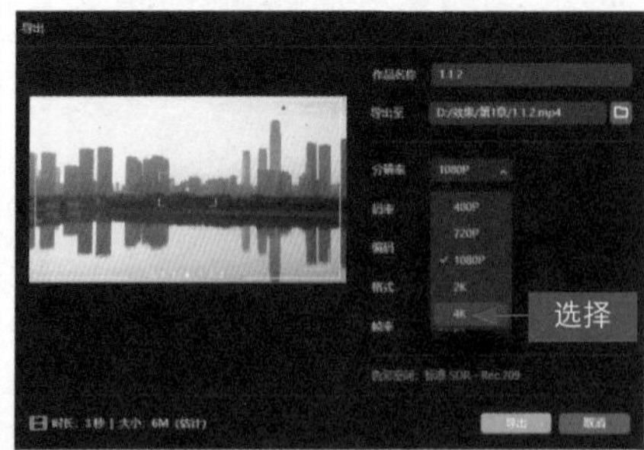

图 1-16　选择 4K 选项

SETP 10 在“码率”列表框中选择“更高”选项，如图 1-17 所示。

图 1-17　选择“更高”选项

SETP 11 在“编码”列表框中选择 HEVC 选项，便于压缩，如图 1-18 所示。

图 1-18　选择 HEVC 选项

SETP 12 在“格式”列表框中选择 mp4 选项，便于手机观看，如图 1-19 所示。

图 1-19　选择 mp4 选项

SETP 13 ① 在“帧率”列表框中选择 60fps 选项；② 单击“导出”按钮，如图 1-20 所示。

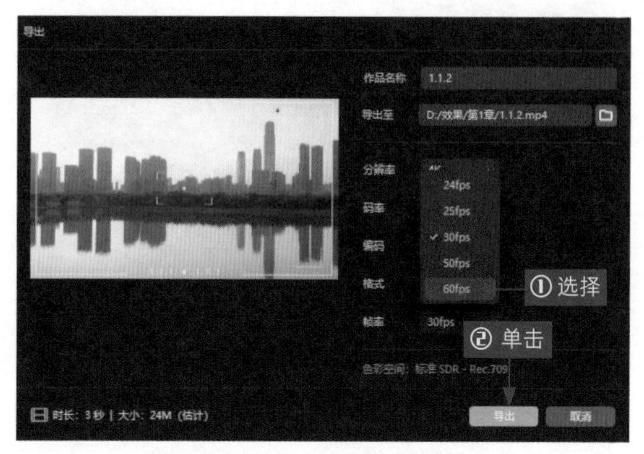

图 1-20 单击“导出”按钮（2）

SETP 14 导出完成后，① 单击“西瓜视频”按钮，即可打开浏览器，发布视频至西瓜视频平台；② 单击“抖音”按钮，即可发布至抖音；③ 如果用户不需要发布视频，单击“关闭”按钮，即可完成视频的导出操作，如图 1-21 所示。

图 1-21 单击“关闭”按钮

1.1.3 设置比例调整尺寸

效果说明

在剪映中，可以通过设置比例的方式改变视频画布尺寸，把横版视频变成竖版视频，效果如图 1-22 所示。

扫码看案例效果

扫码看教学视频

图 1-22　设置视频比例效果展示

SETP 01 导入视频素材，在预览窗口中单击“原始”按钮，如图 1-23 所示。

SETP 02 在弹出的列表框中选择“9:16（抖音）”选项，如图 1-24 所示。执行上述操作后，即可调整视频比例，单击“导出”按钮，将视频导出即可。

图 1-23　单击“原始”按钮

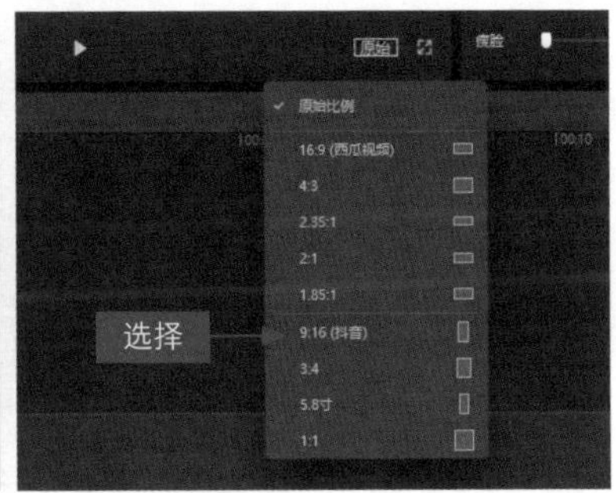

图 1-24　选择“9:16（抖音）”选项

1.1.4　设置背景吸引眼球

效果说明

在剪映中可以为视频设置喜欢的背景样式，让背景的黑色区域变成彩色，效果如图 1-25 所示。

扫码看案例效果

扫码看教学视频

SETP 01 在上一例效果的基础上，在“画面”操作区中单击“背景”按钮，切换至“背景”选项卡，如图 1-26 所示。

图 1-25　设置视频背景效果展示

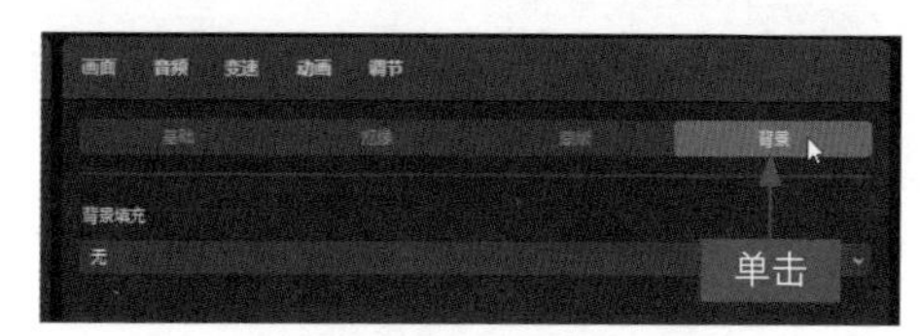

图 1-26　单击“背景”按钮

SETP 02 在“背景填充”面板中选择“模糊”选项，如图 1-27 所示。

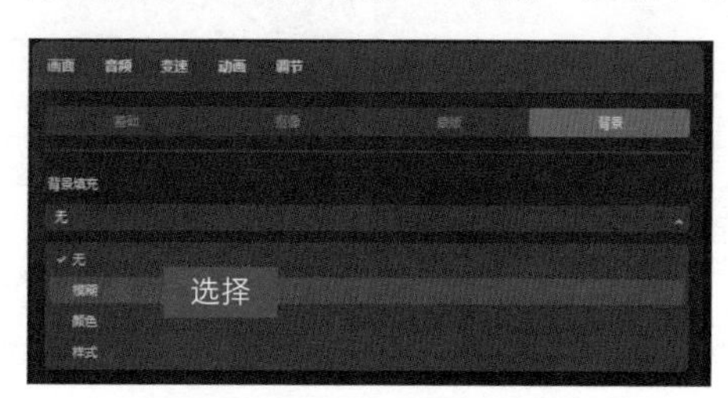

图 1-27　选择“模糊”选项

SETP 03 在“模糊”面板中选择第 4 个模糊样式，如图 1-28 所示。

图 1-28　选择第 4 个模糊样式

SETP 04 此时可以在预览窗口预览背景模糊效果，如图 1-29 所示。

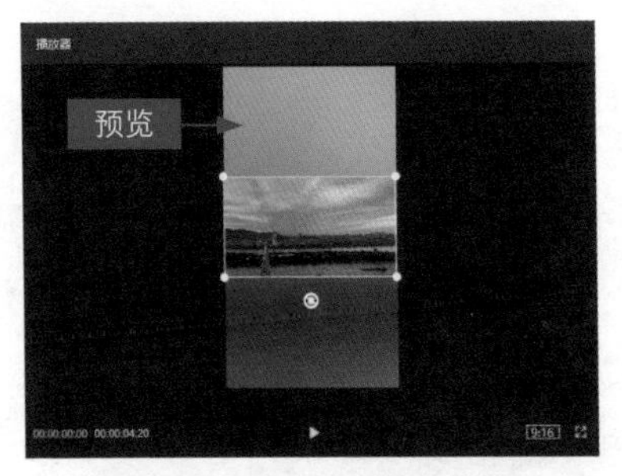

图 1-29　预览背景模糊效果

1.1.5　磨皮瘦脸美化人物

效果说明

在剪映中可以为视频中的人像进行磨皮和瘦脸操作，为人物做美颜处理，美化人物的脸部状态，效果如图 1-30 所示。

扫码看案例效果

扫码看教学视频

图 1-30　磨皮和瘦脸效果展示

SETP 01 导入视频素材，① 拖曳时间指示器至 00:00:01:05 的位置；② 单击“分割”按钮；③ 选择分割后的第 2 段视频，如图 1-31 所示。

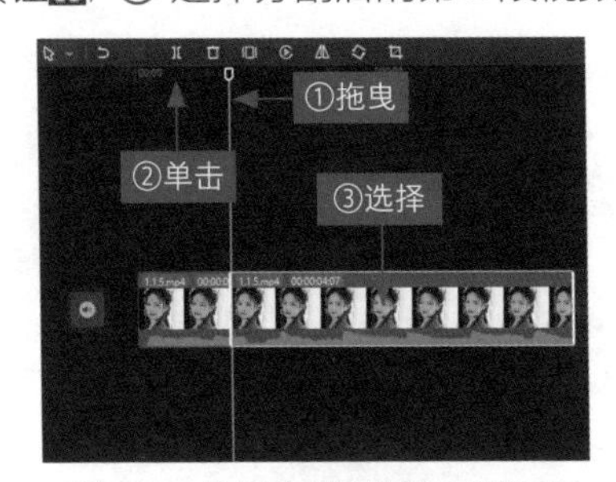

图 1-31　选择分割后的第 2 段视频

SETP 02 在“画面”操作区中，拖曳“磨皮”和“瘦脸”滑块至数值 100，如图 1-32 所示。

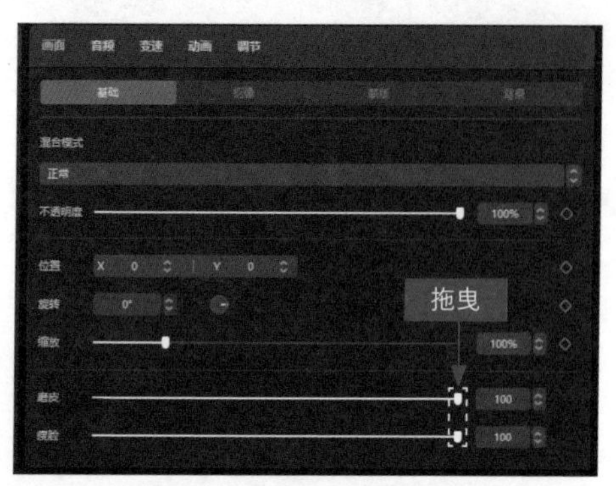

图 1-32　拖曳“磨皮”和“瘦脸”滑块

SETP 03 ① 切换至“特效”功能区；② 展开“基础”选项卡；③ 单击“变清晰”特效中的按钮，如图 1-33 所示。

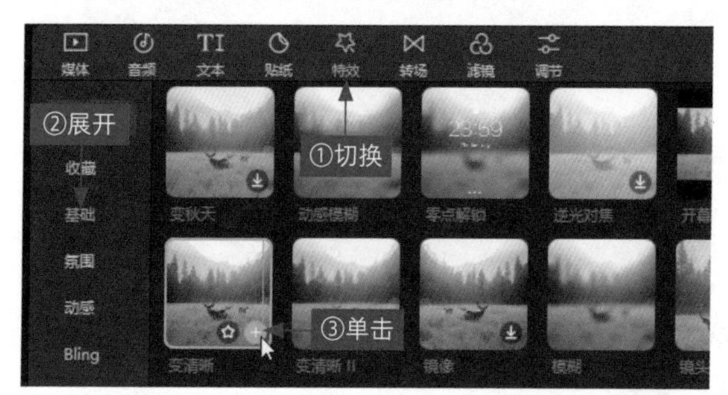

图 1-33　单击“变清晰”特效的“添加到轨道”按钮

SETP 04 执行操作后，即可在时间指示器的位置处添加一个“变清晰”特效，如图 1-34 所示。在预览窗口中可以播放视频，查看制作的视频效果。

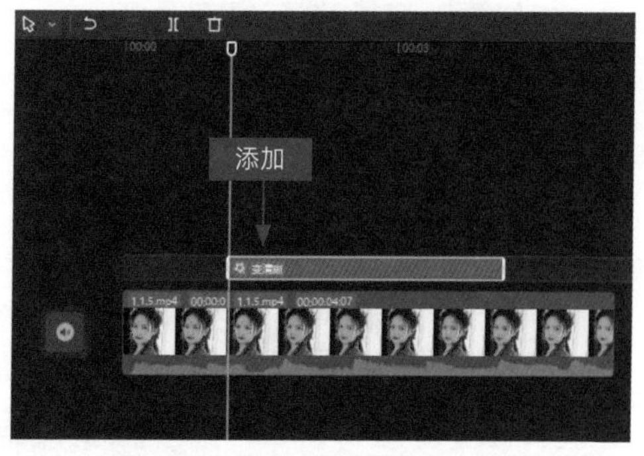

图 1-34　添加一个“变清晰”特效

1.2 剪辑处理视频素材

剪映 Windows 版为用户提供了倒放、定格、旋转、裁剪、缩放、变速以及视频防抖等功能，极大程度满足了用户的各种剪辑需求。本节将介绍如何在剪映中对视频素材进行剪辑处理。

1.2.1 使用视频防抖一键稳定画面

如果拍视频时设备不稳定，视频一般都会有点抖，这时剪映新出的视频防抖功能就起到了重要的作用，它可以帮助稳定视频画面，且能够一键搞定，效果如图 1-35 所示。

扫码看案例效果

扫码看教学视频

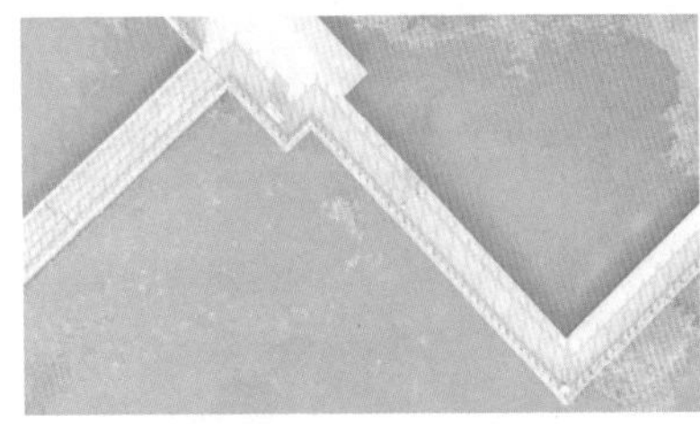
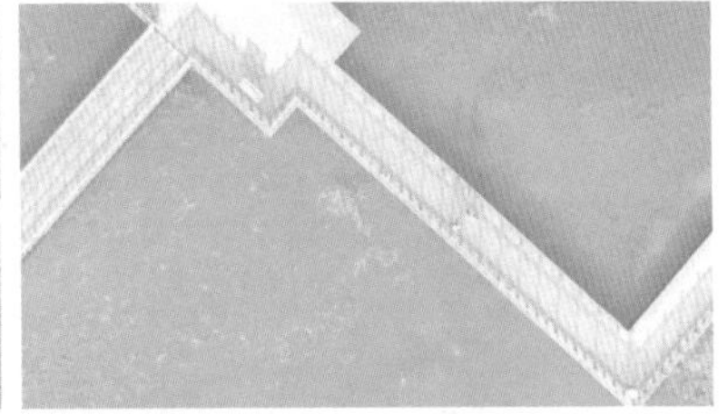

图 1-35　视频防抖效果展示

SETP 01 导入视频素材，在“画面”操作区中选中下方的“视频防抖”复选框，如图 1-36 所示。

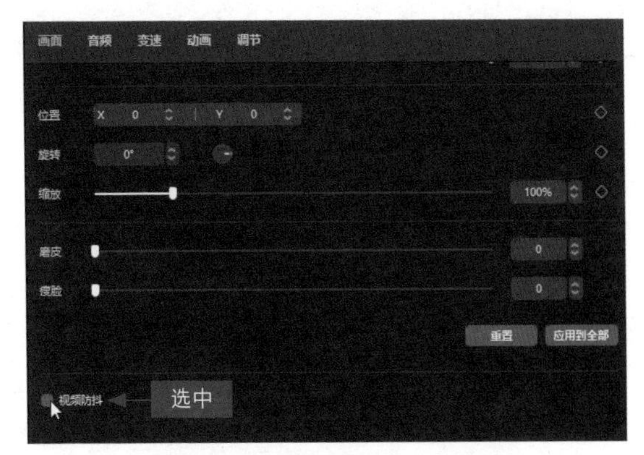

图 1-36　选中“视频防抖”复选框

SETP 02 在展开的面板中显示了“推荐”“裁切最少”“最稳定”3个选项，选择“最稳定”选项，如图 1-37 所示。

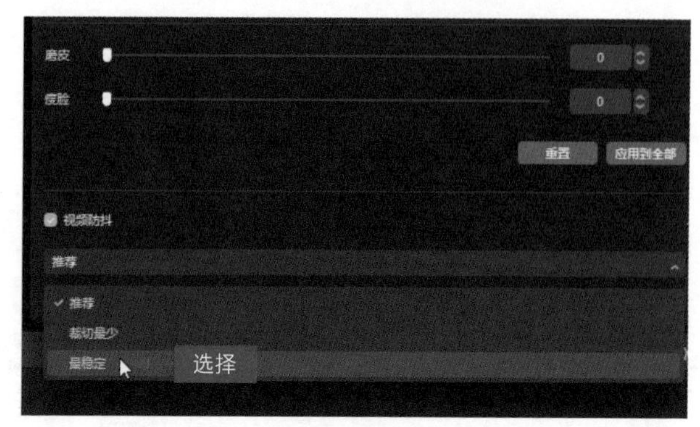

图 1-37　选择“最稳定”选项

SETP 03 在预览窗口中可以播放视频，查看画面稳定效果，如图 1-38 所示。如果一次防抖设置不明显，可以导出再导入，重复执行几次防抖操作，从而稳定画面。

图 1-38　查看画面稳定效果

1.2.2 缩放视频并调整播放的速度

效果说明

在剪映中，用户可以根据需要缩放视频，突出视频的细节，也可以对素材进行变速处理，让视频的播放速度变慢或者变快，效果如图 1-39 所示。

扫码看案例效果

扫码看教学视频

图 1-39　缩放和变速效果展示

SETP 01 在剪映中导入视频，① 拖曳时间指示器至 00:00:03:00 的位置；② 单击“分割”按钮，如图 1-40 所示。

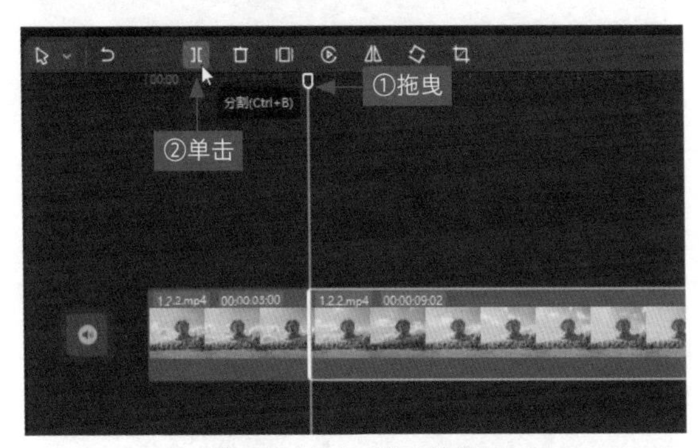

图 1-40　单击“分割”按钮

SETP 02 在“画面”操作区中，拖曳“缩放”滑块至数值 140%，如图 1-41 所示，对分割出来的第 2 段素材进行缩放处理。

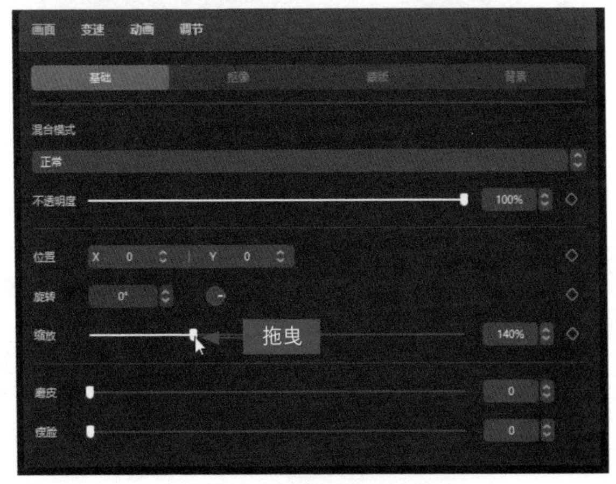

图 1-41　拖曳“缩放”滑块

SETP 03 在预览窗口中调整画面的位置，突出细节，如图 1-42 所示。

图 1-42 调整画面位置

SETP 04 ① 切换至“变速”操作区的“常规变速”选项卡；② 拖曳“倍数”滑块至数值 3.0x，如图 1-43 所示。对分割出来的第 2 段素材进行变速处理，将视频的播放速度加快，最后为视频添加一段合适的背景音乐，将视频导出并保存即可。

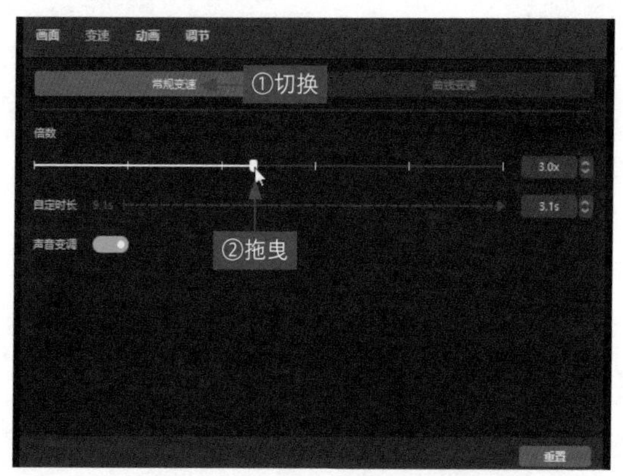

图 1-43 拖曳“倍数”滑块

1.2.3 定格倒放实现时光倒流效果

在剪映中，用户可以对视频进行定格处理，留取定格的画面，还可以对视频进行倒放处理，让视频画面倒着播放，实现时光倒流效果，如图 1-44 所示。

扫码看案例效果

扫码看教学视频

图 1-44　定格和倒放效果展示

SETP 01 在剪映中单击视频素材右下角的按钮，将素材导入视频轨道中，单击“定格”按钮，如图 1-45 所示。

SETP 02 向左拖曳定格素材右侧的白框，将素材时长设置为 1s，如图 1-46 所示。

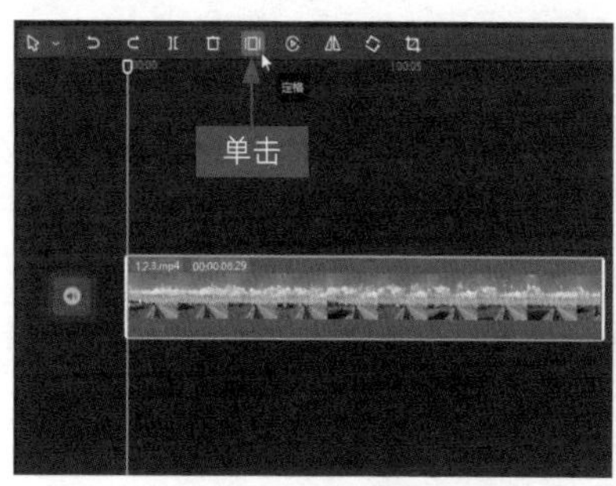

图 1-45　单击“定格”按钮

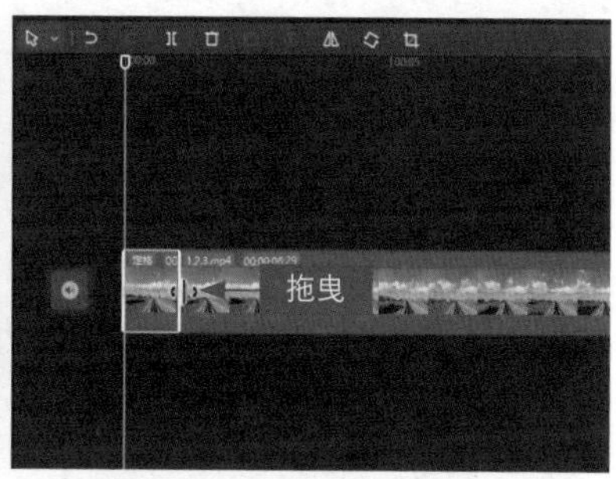

图 1-46　拖曳右侧的白框

SETP 03 ① 选中视频轨道中的第 2 段素材；② 单击“倒放”按钮，如图 1-47 所示，对素材进行倒放处理。

SETP 04 界面中会弹出片段倒放的进度对话框，如图 1-48 所示。稍等片刻，倒放完成后，即可添加一段合适的背景音乐，将视频导出。

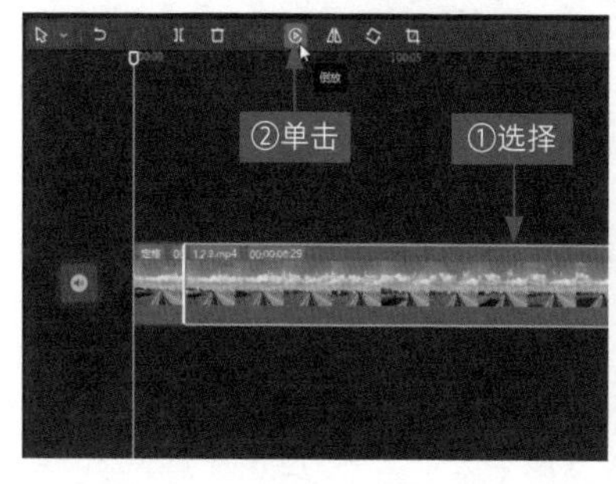

图 1-47　单击“倒放”按钮

图 1-48　弹出进度对话框

1.2.4 旋转画面调整角度裁剪瑕疵

效果说明

如果拍出来的视频角度效果不好，可以在剪映中利用旋转功能调整视频角度，还可以裁剪视频，留下想要的视频画面，也可以让竖版视频变成横版视频，效果如图 1-49 所示。

扫码看案例效果

扫码看教学视频

图 1-49　旋转和裁剪视频效果展示

SETP 01 ① 将素材导入视频轨道中；② 双击“旋转”按钮，把视频画面旋转 180°；③ 单击“裁剪”按钮，如图 1-50 所示。

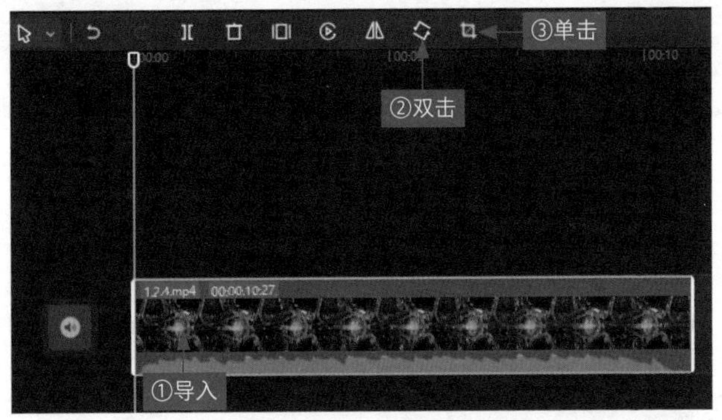

图 1-50　单击“裁剪”按钮

SETP 02 弹出“裁剪”对话框，在“剪裁比例”列表框中选择 16:9 选项，如图 1-51 所示，即可把竖版视频变成横版视频。

SETP 03 ① 拖曳比例控制框至合适的位置；② 单击“确定”按钮，如图 1-52 所示。

SETP 04 ① 在预览窗口中单击“原始”按钮；② 选择“16:9（西瓜视频）”选项，如图 1-53 所示。执行操作后，即可使视频画面铺满预览窗口。

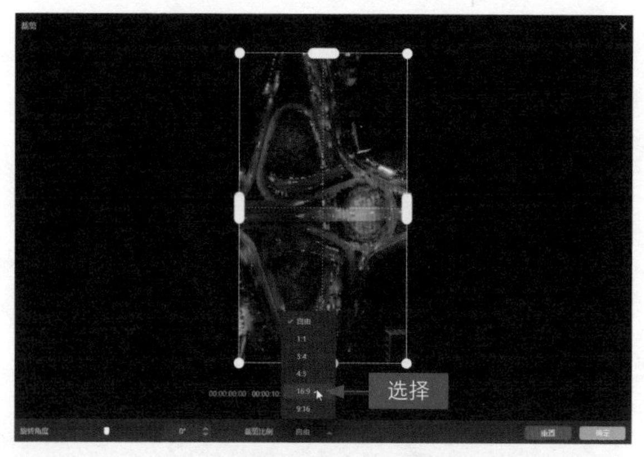

图 1-51　选择 16:9 选项

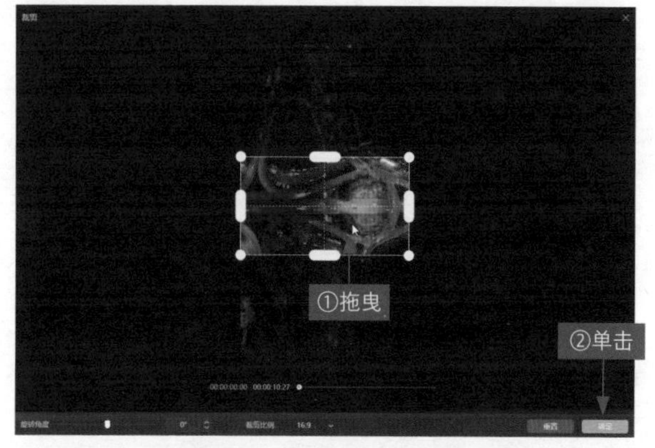

图 1-52　单击“确定”按钮

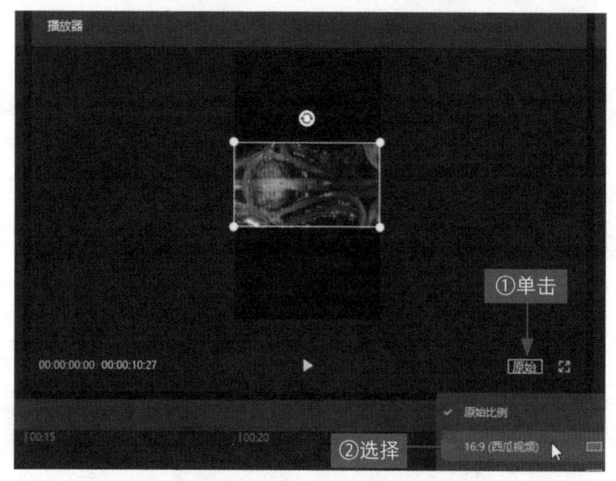

图 1-53　选择“16:9（西瓜视频）”选项

02

精彩特效：轻松打造视觉的炫酷感

◎ **章前知识导读**

经常看短视频的人会发现，很多热门的短视频都添加了一些好看的艺术特效，不仅丰富了短视频的画面元素，还可以让视频变得更加炫酷。本章主要介绍在剪映中为视频添加调色、滤镜、转场、特效以及字幕等方法，帮助读者更快、更好地掌握短视频特效的应用技巧。

◎ **新手重点索引**

添加视频调色效果

添加视频酷炫特效

添加视频转场特效

添加视频解说字幕

◎ **效果图片欣赏**

2.1 添加视频调色效果

色彩在某种程度上起着抒发情感的作用，但在拍摄和采集素材的过程中，常会遇到一些很难控制的光照环境，使拍摄出来的源素材色感欠缺、层次不明。本节将介绍在剪映中进行视频调色的方法，让你快速入门！

2.1.1 色卡调色创意实用

效果说明

在调色类别中，色卡是一款底色工具，只要是有颜色的图片，都可以生成色卡。在剪映中，用色卡可以快速调出既有创意又实用、好看的色调，效果如图 2-1 所示。

扫码看案例效果

扫码看教学视频

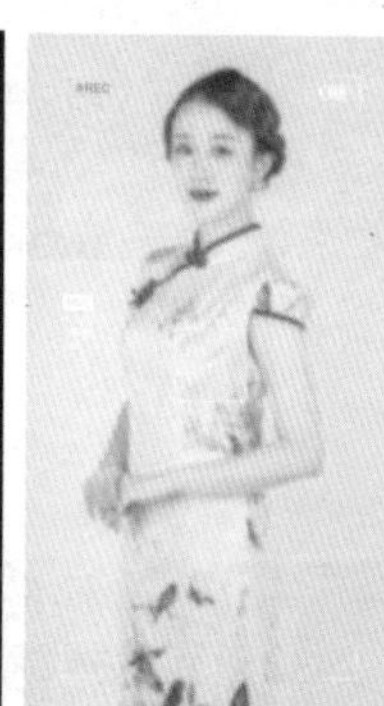

图 2-1　色卡调色效果展示

SETP 01 在剪映中，将视频素材和色卡素材导入“本地”选项卡中，单击视频素材右下角的 按钮，把视频素材添加到视频轨道中，如图 2-2 所示。

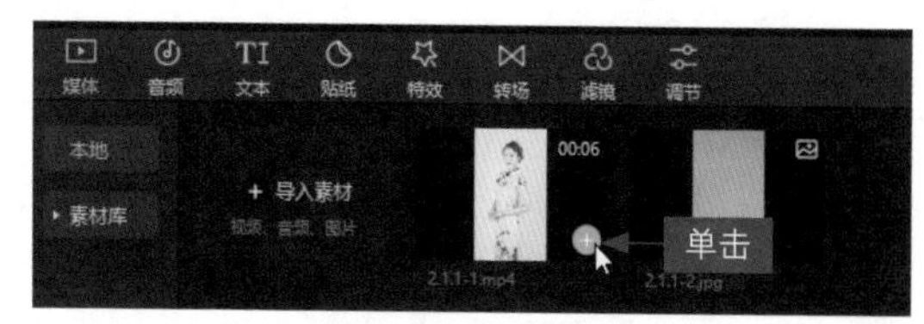

图 2-2　单击相应按钮

SETP 02 拖曳色卡素材至画中画轨道中，对齐视频素材的末尾位置，如图 2-3 所示。

图 2-3　拖曳色卡素材至画中画轨道中

SETP 03 在“画面”操作区中，① 设置“混合模式”为“正片叠底”；② 在下方设置“不透明度”参数为 **50%**，如图 **2-4** 所示。

图 2-4　设置“不透明度”参数

SETP 04 ① 切换至“特效”功能区；② 在“基础”选项卡中单击“开幕 II”特效中的按钮，如图 **2-5** 所示。

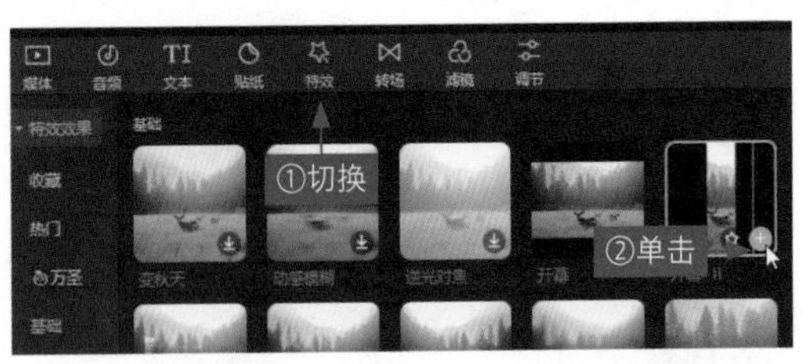

图 2-5　单击“开幕 II”特效中的“添加到轨道”按钮

SETP 05 执行操作后，即可添加“开幕 II”特效，并调整特效的时长为 **1s**，如图 **2-6** 所示。

SETP 06 用与上同样的方法，① 在“开幕 II”特效的后面添加一个“变清晰”特效并进行调整，使特效的结束位置与色卡素材的开始位置对齐；② 将时间指示器拖曳至 **00:00:02:03** 的位置处，如图 **2-7** 所示。

SETP 07 在“特效”功能区的“动感”选项卡中，单击“心跳”特效中的按钮，如图 **2-8** 所示。

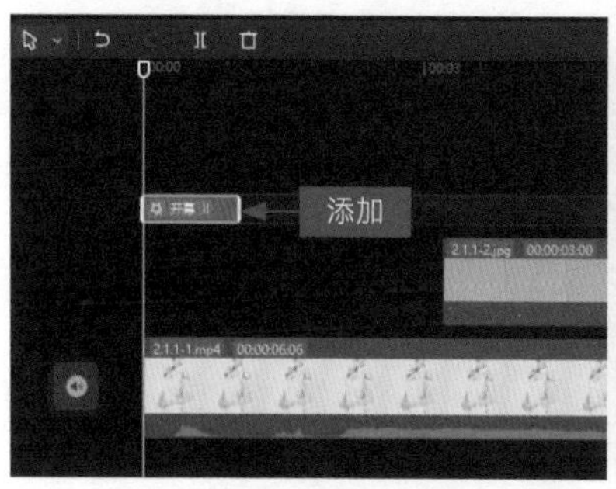

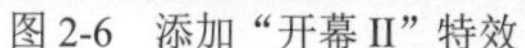
图 2-6 添加“开幕 II”特效

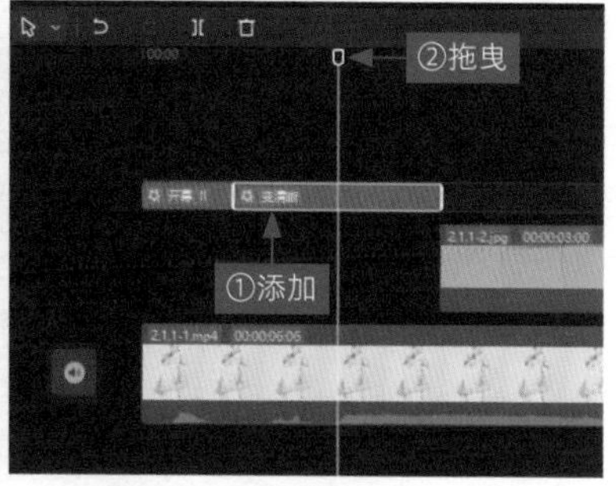

图 2-7 拖曳时间指示器（1）

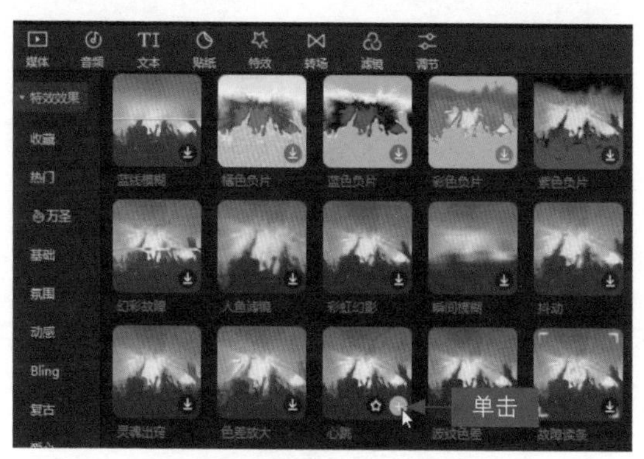

图 2-8 单击“心跳”特效中的“添加到轨道”按钮

SETP 08 执行操作后，① 即可在第 2 条特效轨道中添加“心跳”特效，并调整特效时长的结束位置，使其与“变清晰”特效的结束位置对齐；② 然后拖曳时间指示器至色卡素材的开始位置，如图 2-9 所示。

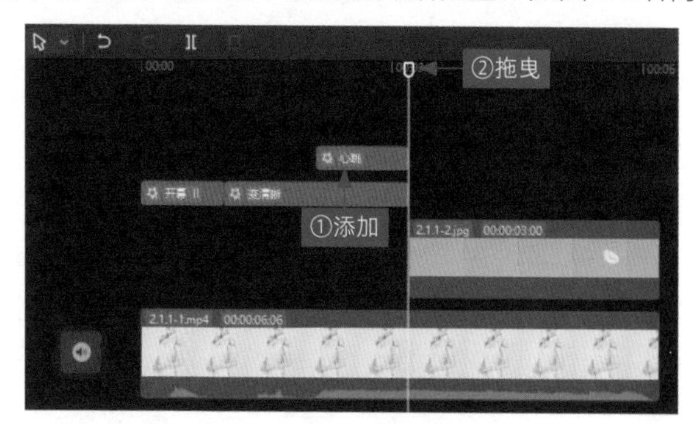

图 2-9 拖曳时间指示器（2）

SETP 09 在“特效”功能区的“氛围”选项卡中，单击“春日樱花”特效中的+按钮，如图 2-10 所示。

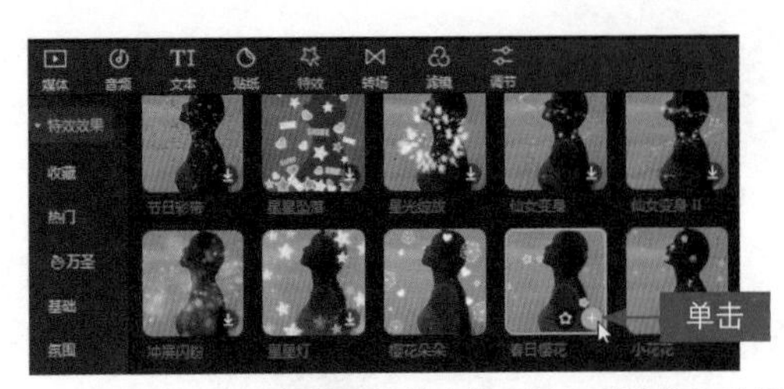

图 2-10　单击“春日樱花”特效中的“添加到轨道”按钮

SETP 10 执行操作后，即可在时间指示器的位置添加“春日樱花”特效，如图 2-11 所示。在预览窗口中可以单击“播放”按钮▶，查看视频效果。

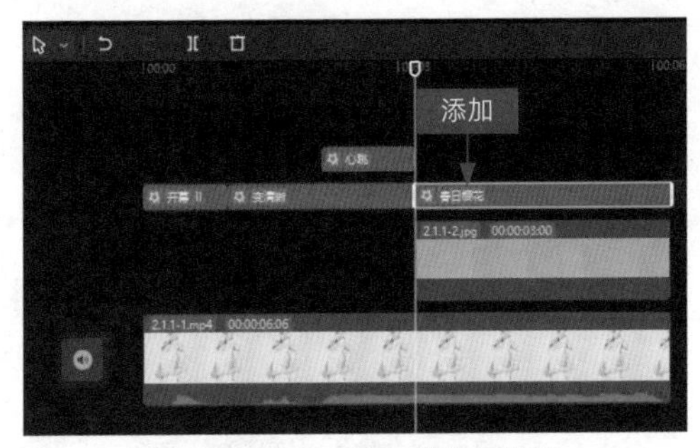

图 2-11　添加“春日樱花”特效

2.1.2　深蓝色调极简纯正

效果说明

在剪映中运用色卡调色离不开设置混合模式，二者相辅相成，都是剪映实用调色的法宝。例如，抖音上大火的深蓝色调，在剪映中用色卡进行混合即可实现，这种色调的特点就是极简和纯正，视觉冲击力非常强烈，效果如图 2-12 所示。

扫码看案例效果

扫码看教学视频

图 2-12　深蓝色调效果展示

SETP 01 在剪映中将视频素材和色卡素材导入“本地”选项卡中，单击视频素材右下角的按钮，把视频素材添加到视频轨道中，如图 2-13 所示。

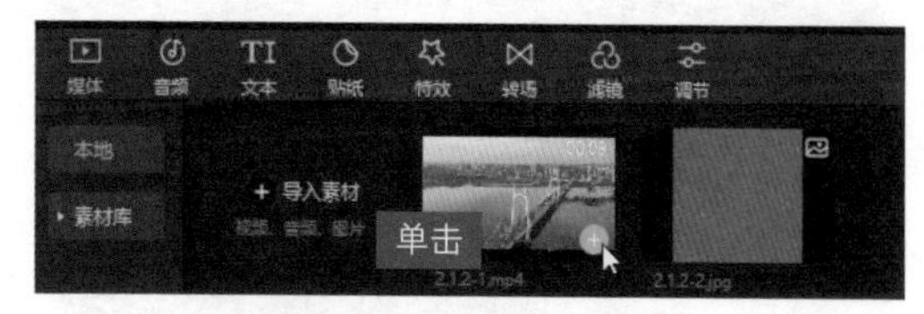

图 2-13　单击相应按钮

SETP 02 拖曳色卡素材至画中画轨道中，使其与视频素材的末尾位置对齐，并调整其时长，如图 2-14 所示。

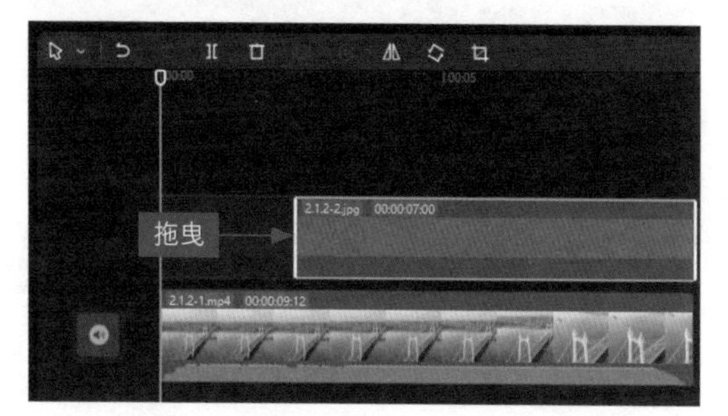

图 2-14　拖曳色卡素材至画中画轨道中

SETP 03 ① 在“画面”操作区中设置“混合模式”为“正片叠底”；② 在下方设置“不透明度”参数为 50%；③ 设置“缩放”参数为 185%，如图 2-15 所示。

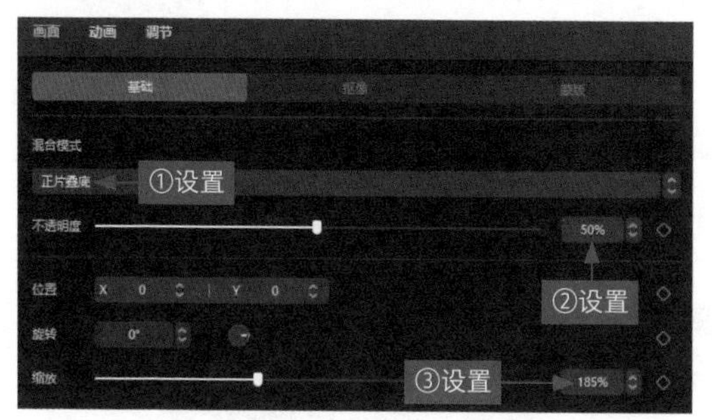

图 2-15　设置“缩放”参数

SETP 04 ① 切换至“特效”功能区；② 在“基础”选项卡中单击“变清晰”特效中的按钮，如图 2-16 所示。

SETP 05 执行操作后，即可添加“变清晰”特效，如图 2-17 所示。

在预览窗口中可以单击“播放”按钮▶，查看视频效果。

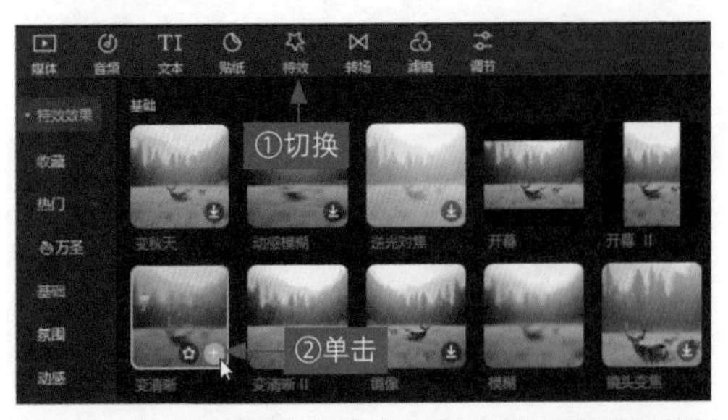

图 2-16　单击“变清晰”特效中的“添加到轨道”按钮

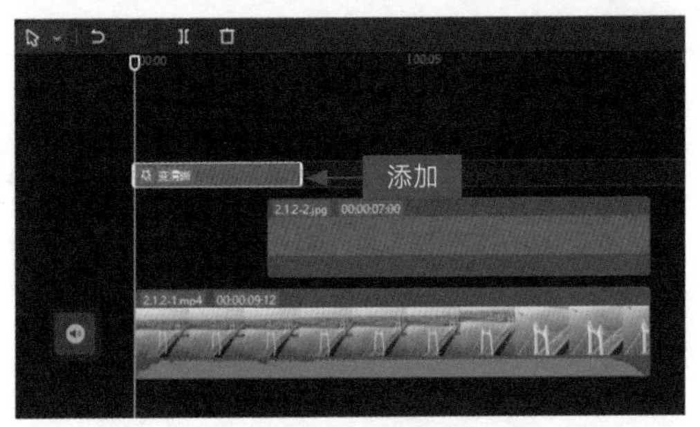

图 2-17　添加“变清晰”特效

2.1.3　森系色调文艺清新

效果说明

森系色调是比较清新、偏森林的颜色，很适合用在有植物元素出现的视频中。森系色调最重要的一点就是处理绿色，最主要的就是降低绿色饱和度，使其偏墨绿色，至于画面中的其他颜色，可以根据具体情况调整参数。原图与效果图对比如图 2-18 所示。

扫码看案例效果

扫码看教学视频

图 2-18　原图与效果图对比

SETP 01 在剪映视频轨道中添加视频素材，如图 2-19 所示。

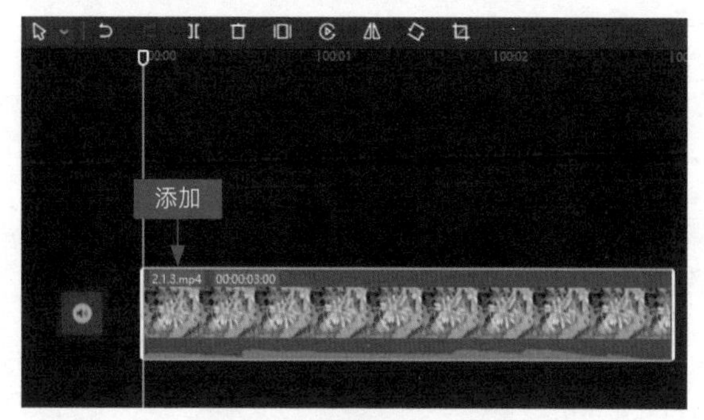

图 2-19 添加视频素材

SETP 02 ① 切换至“滤镜”功能区；② 展开“风景”选项卡；③ 单击“京都”滤镜中的按钮，如图 2-20 所示。执行操作后，即可在轨道上添加“京都”滤镜。

图 2-20 单击“京都”滤镜中的“添加到轨道”按钮

SETP 03 ① 切换至“调节”功能区；② 单击“自定义调节”中的按钮，如图 2-21 所示。执行操作后，即可添加“调节 1”效果，如图 2-22 所示。

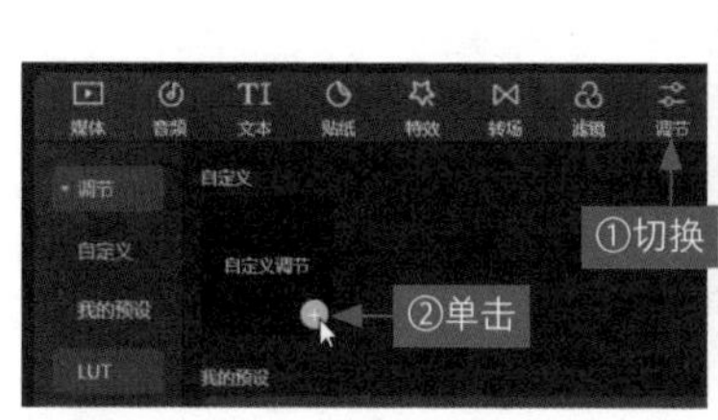

图 2-21 单击“自定义调节”中的“添加到轨道”按钮

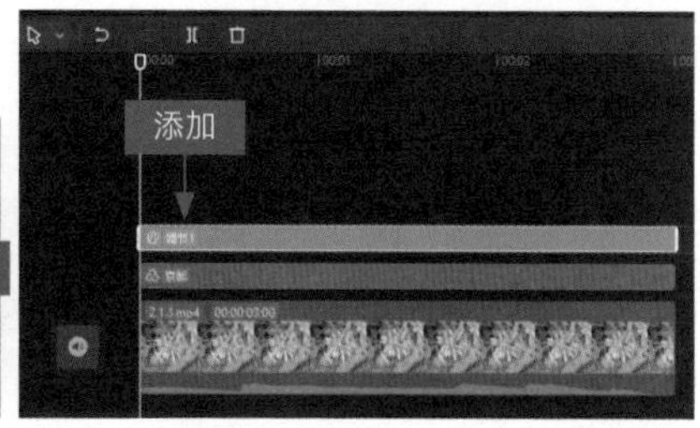

图 2-22 添加“调节 1”效果

SETP 04 在“调节”操作区中，设置“色调”参数为 -16、“饱和度”参数为 20、“亮度”参数为 -30、“对比度”参数为 11、“光感”参数为 -50、“锐化”参数为 30，如图 2-23 所示。

图 2-23 设置相应的参数（1）

SETP 05 ① 切换至 HSL 选项卡；② 选择橙色选项；③ 设置“饱和度”参数为 7，微微增加画面中的橙色色彩，如图 2-24 所示。

图 2-24 设置相应的参数（2）

SETP 06 ① 选择黄色选项；② 设置“饱和度”参数为 -18，降低画面中的黄色色彩，如图 2-25 所示。

SETP 07 ① 选择绿色选项；② 设置“色相”参数为 46、“饱和度”参数为 -69、“亮度”参数为 -27，降低画面中绿色的饱和度，使其偏墨绿色；③ 单击“保存预设”按钮设置预设，如图 2-26 所示。

SETP 08 ① 在弹出的“保存调节预设”对话框中输入预设名称“森系”；② 单击“保存”按钮，如图 2-27 所示。

图 2-25　设置相应的参数（3）

图 2-26　设置相应的参数（4）

SETP 09 操作完成后，即可在“我的预设”选项区中查看“森系”预设，如图 **2-28** 所示。用户可以根据需要，运用保存的预设对其他视频进行调色。

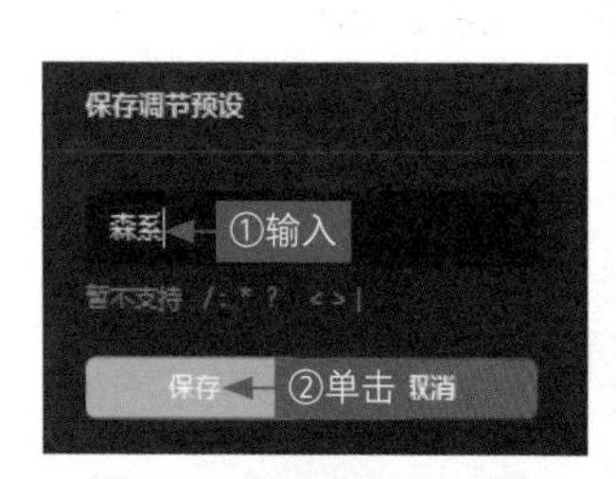

图 2-27　单击“保存”按钮

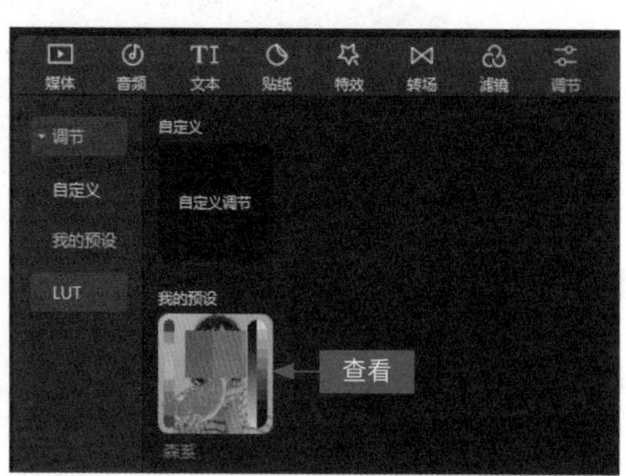

图 2-28　查看“森系”预设

2.1.4 夕阳色调大气唯美

效果说明

这款夕阳色调在抖音上非常火爆，调色的方法也不复杂，有夕阳的视频都能调出这个效果，主要是提高画面中冷色调和暖色调的对比，让天空变成深蓝色，把夕阳色彩的饱和度调高，整体非常大气和唯美。原图与效果图对比如图 2-29 所示。

扫码看案例效果

扫码看教学视频

图 2-29　原图与效果图对比

SETP 01 在剪映中导入视频素材，① 切换至“滤镜”功能区；② 在“美食”选项卡中单击“暖食”滤镜中的 按钮，如图 2-30 所示。

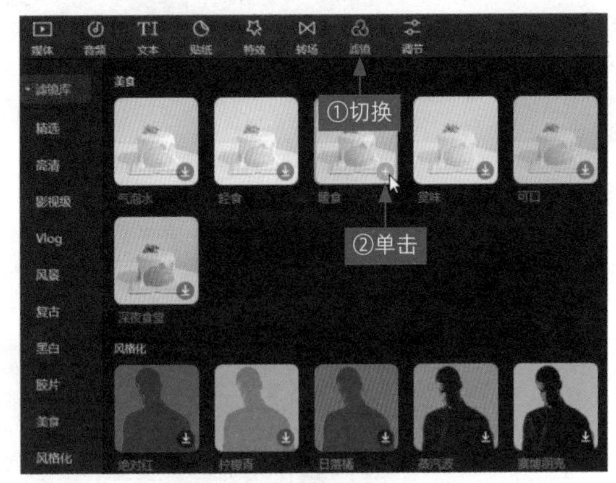

图 2-30　单击“暖食”滤镜中的“添加到轨道”按钮

SETP 02 ① 切换至“调节”功能区；② 单击“自定义调节”中的 按钮，添加“调节 1”轨道，如图 2-31 所示。

SETP 03 在“调节”操作区中，设置“色温”参数为 -25、“色调”参数为 27、“饱和度”参数为 30、“亮度”参数为 -8、“对比度”参数为 6、“光感”参数为 -35、“锐化”参数为 30，如图 2-32 所示。

图 2-31　单击“自定义调节”中的“添加到轨道”按钮

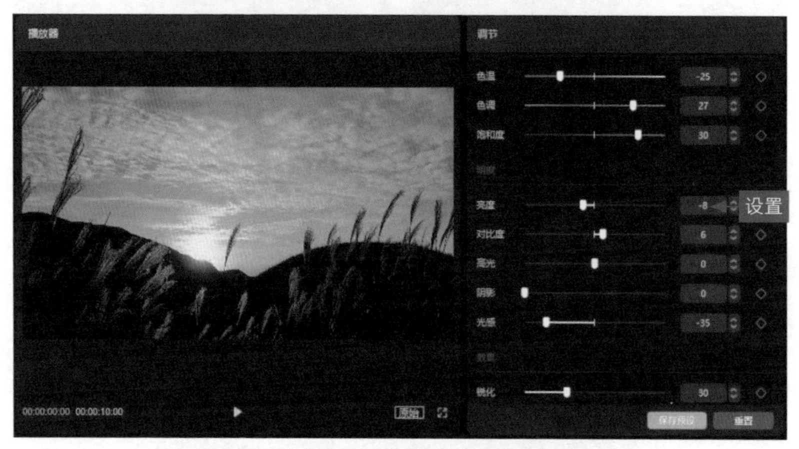

图 2-32　设置相应的参数

SETP 04 拖曳滤镜和“调节 1”右侧的白色边框，对齐视频的时长，如图 2-33 所示。在预览窗口中单击“播放”按钮▶，即可查看视频效果。

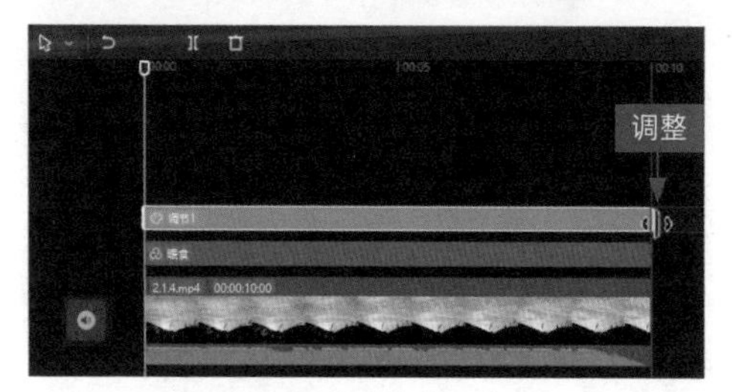

图 2-33　调整滤镜并调节时长

2.1.5 灰橙质感街景调色

效果说明

对于很多街景视频，都适合调出具有质感的灰橙色调，画面的主色调主要是灰色和橙色，这种色调可以让复杂的构图变得简洁大气，能保

扫码看案例效果

扫码看教学视频

留建筑物中色彩最鲜明的细节。原图与效果图对比如图 2-34 所示。

图 2-34　原图与效果图对比

SETP 01 在剪映中导入视频素材，① 切换至“滤镜”功能区；② 在“精选”选项卡中单击“黑金”滤镜中的+按钮，为视频添加“黑金”滤镜，如图 2-35 所示。

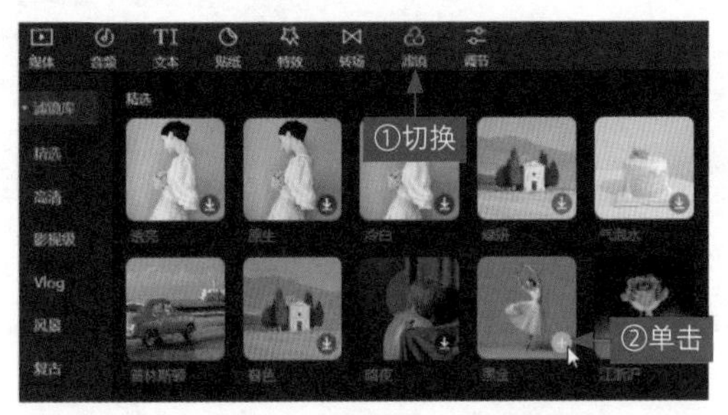

图 2-35　单击“黑金”滤镜中的“添加到轨道”按钮

SETP 02 在“精选”选项卡中单击“普林斯顿”滤镜中的+按钮，如图 2-36 所示。

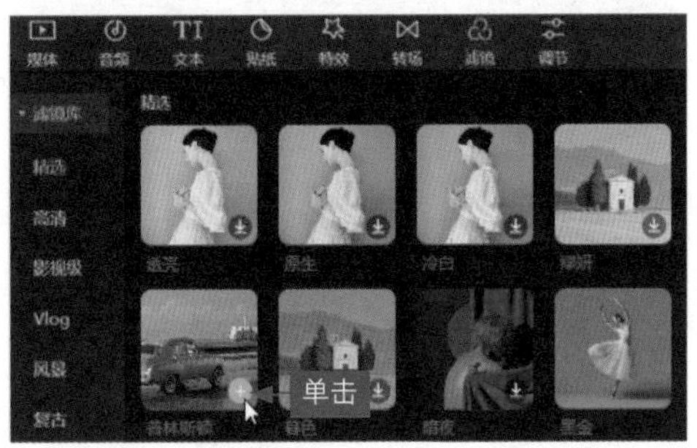

图 2-36　单击“普林斯顿”滤镜中的“添加到轨道”按钮

SETP 03 ① 切换至“调节”功能区；② 单击“自定义调节”中的+按钮，添加“调节 1”轨道，如图 2-37 所示。

SETP 04 执行操作后，在轨道中调整两个滤镜和“调节 1”的时长，使其与视频时长一致，如图 2-38 所示。

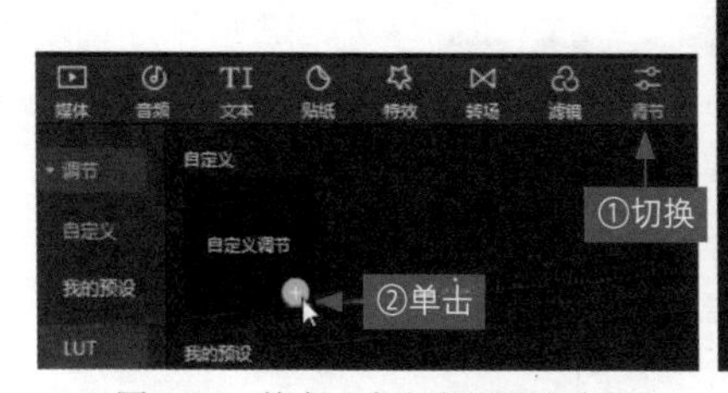

图 2-37 单击“自定义调节”中的“添加到轨道”按钮

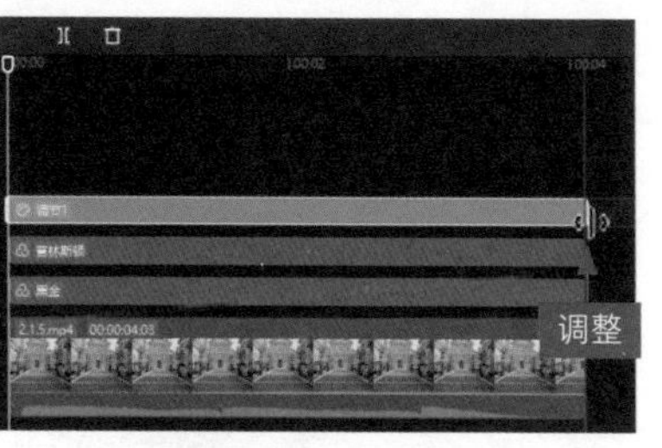

图 2-38 调整时长

SETP 05 在“调节”操作区中，设置“色温”参数为 -10、“饱和度”参数为 5、“亮度”参数为 20、“对比度”参数为 -8、“高光”参数为 9，如图 2-39 所示。执行操作后，即可使视频画面中的灰色和橙色变得突出，画面变得简洁，瞬间提升了质感。

图 2-39 设置相应的参数

2.1.6 复古港风人像调色

港风色调下的人像自带复古感，色调主色多是红色，如复古红或者铁锈红，从而最大限度地突出人像的气场和魅力。原图与效果图对比如图 2-40 所示。

扫码看案例效果

扫码看教学视频

SETP 01 在剪映中将视频素材导入“本地”选项卡中，单击视频素材右下角的 按钮，把素材添加到视频轨道中，如图 2-41 所示。

SETP 02 ① 拖曳时间指示器至视频 00:00:01:21 的位置；② 单击“分割”按钮 ；③ 复制并粘贴分割出来的视频素材至画中画轨道中，如

图 2-42 所示。

图 2-40　原图与效果图对比

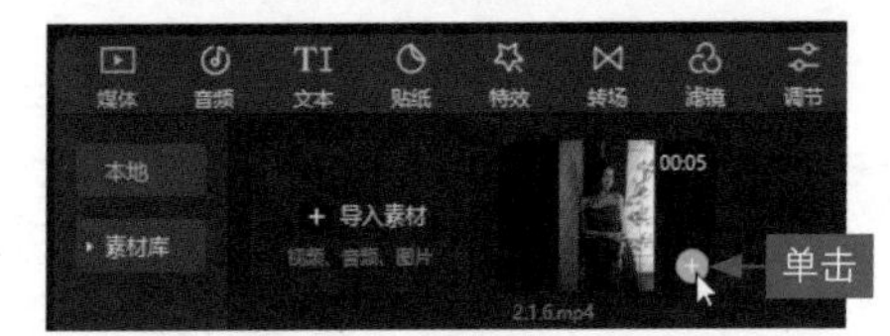

图 2-41　单击相应按钮

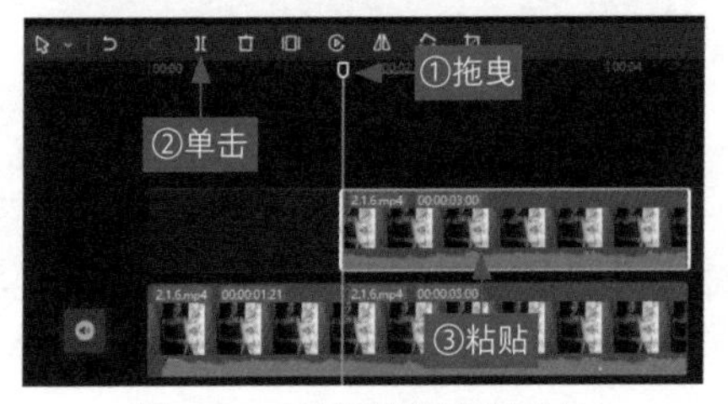

图 2-42　复制并粘贴视频素材

SETP 03 在“画面”操作区中，① 切换至“抠像”选项卡；② 单击“智能抠像”按钮，把画中画轨道中视频素材的人像抠出来，如图 2-43 所示。

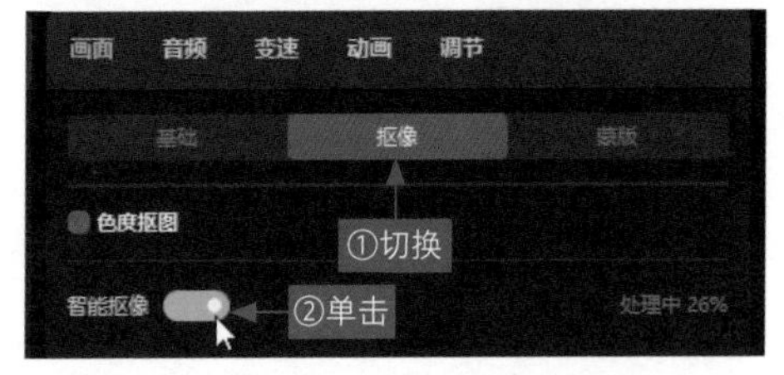

图 2-43　单击“智能抠像”按钮

SETP 04 ① 切换至“基础”选项卡；② 设置“磨皮”参数为 100、“瘦脸”参数为 100，对人像脸部进行美颜处理，如图 2-44 所示。

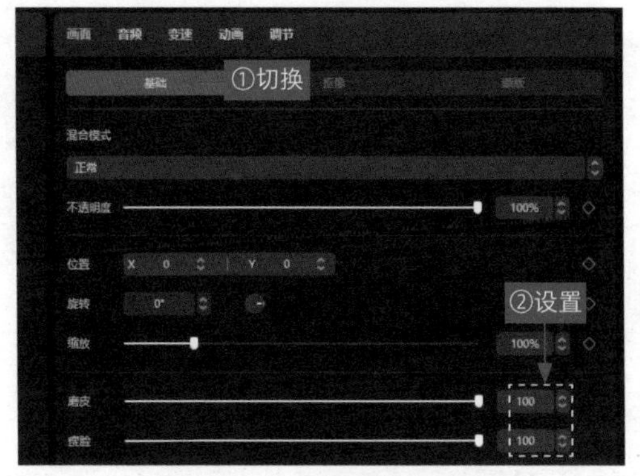

图 2-44 对人像脸部进行美颜处理

SETP 05 ① 切换至“滤镜”功能区；② 展开“复古”选项卡；③ 单击“港风”滤镜中的按钮，添加滤镜，进行初步调色，如图 2-45 所示。

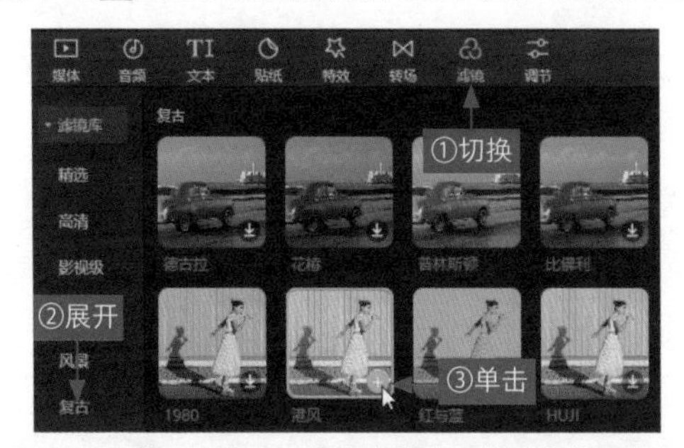

图 2-45 单击“港风”滤镜中的“添加到轨道”按钮

SETP 06 ① 切换至“调节”功能区；② 单击“自定义调节”中的按钮，如图 2-46 所示，添加“调节 1”轨道，用来调整视频的色彩参数。

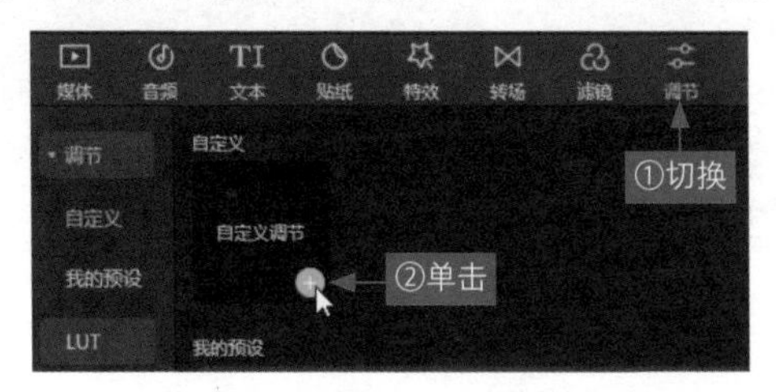

图 2-46 单击“自定义调节”滤镜中的“添加到轨道”按钮

SETP 07 在“调节”面板中拖曳滑块，设置“色温”参数为 -20、“色调”参数为 7、“饱和度”参数为 8、“亮度”参数为 4、“对比度”参数为 4、“高光”参数为 -6、“光感”参数为 -6，如图 2-47 所示，调整画面的明度和色彩。

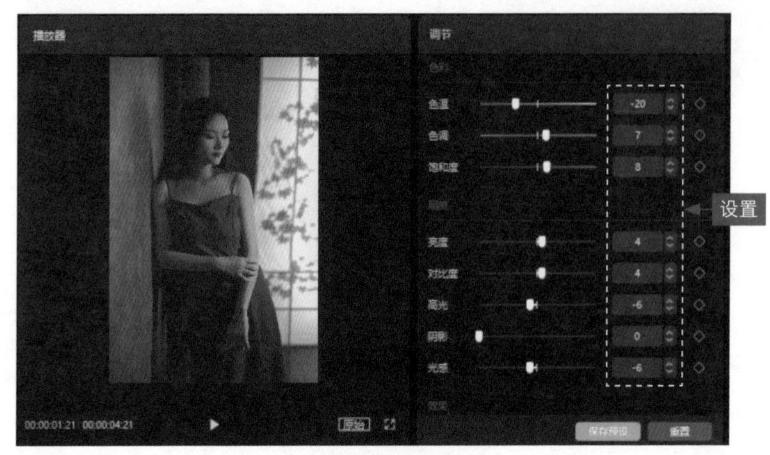

图 2-47　设置相应的参数（1）

SETP 08 ① 切换至 HSL 选项卡；② 选择红色选项；③ 设置“饱和度”参数为 36、“亮度”参数为 7，提亮画面中的红色色彩，如图 2-48 所示。

图 2-48　设置相应的参数（2）

SETP 09 ① 选择橙色选项；② 设置“色相”参数为 -9、“饱和度”参数为 34，提亮红色色彩，使其变成橙红色，如图 2-49 所示。

SETP 10 ① 选择黄色选项；② 设置“饱和度”参数为 -60、“亮度”参数为 -41，让皮肤变得白皙一些，如图 2-50 所示。

SETP 11 将时间指示器拖曳至开始位置，在“特效”功能区的“基础”选项卡中，单击“变清晰”特效中的按钮，添加特效，如图 2-51 所示。

图 2-49 设置相应的参数（3）

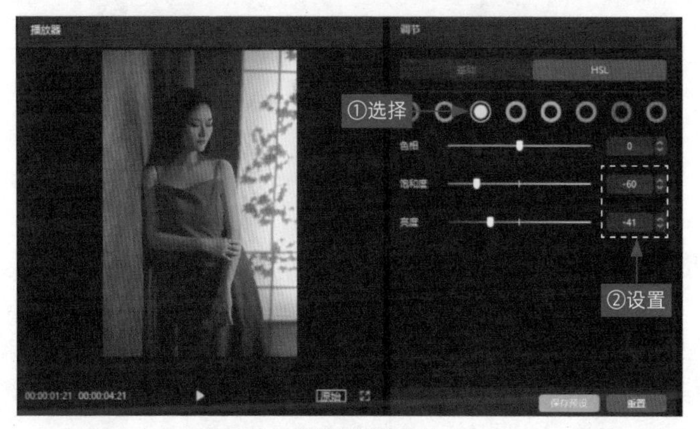

图 2-50 设置相应的参数（4）

SETP 12 调整“变清晰”特效的时长，对齐视频的分割位置，如图 2-52 所示。

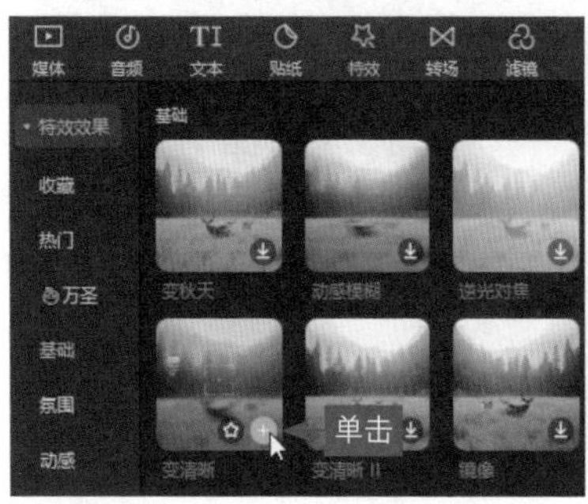

图 2-51 单击“变清晰”特效中的“添加到轨道”按钮

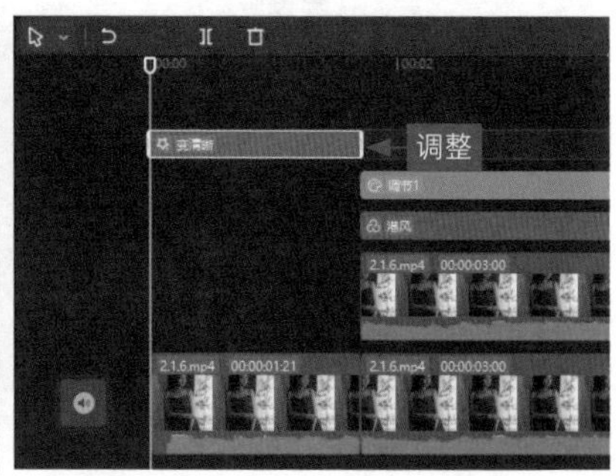

图 2-52 调整“变清晰”特效的时长

SETP 13 拖曳时间指示器至视频分割位置，在“特效”功能区中，① 切换至“氛围”选项卡；② 单击“金粉”特效中的+按钮，添加第 2 段特效，如图 2-53 所示。

SETP 14 ① 切换至“贴纸”功能区；② 搜索“港风”贴纸；③ 单击“港野”贴纸中的+按钮，添加贴纸，如图 2-54 所示。

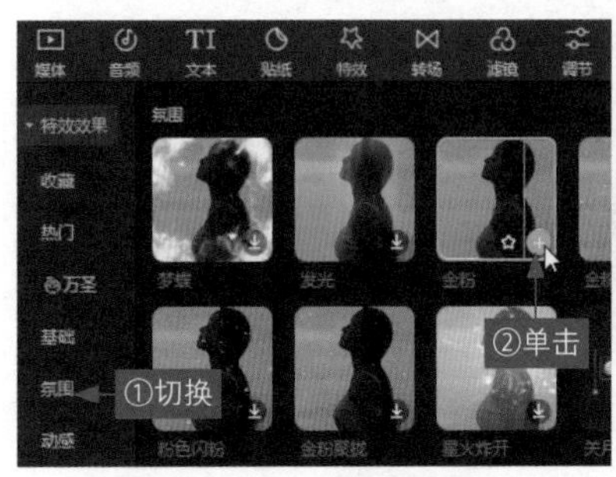

图 2-53　单击“金粉”特效中的“添加到轨道”按钮

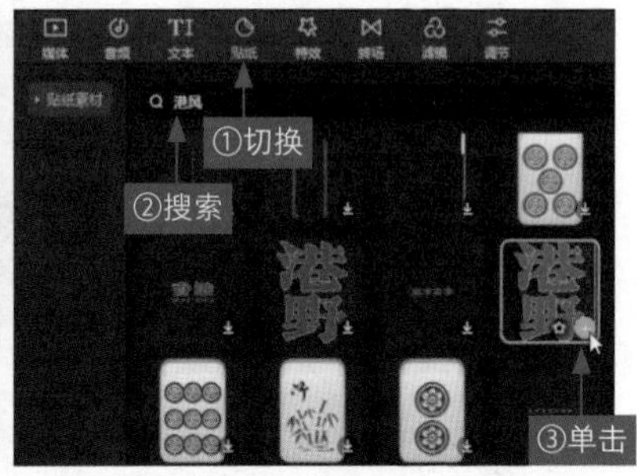

图 2-54　单击“港野”贴纸中的“添加到轨道”按钮

SETP 15 在预览窗口中调整贴纸的大小和位置，完成视频的制作，如图 2-55 所示。

图 2-55　调整贴纸的大小和位置

2.2 添加视频酷炫特效

为视频添加一些好看的特效，可以使短视频画面更加美观。本节将介绍剪映特效的制作方法。

2.2.1 基础特效制作开幕闭幕

效果说明

在剪映“特效”功能区的“基础”选项卡中，使用“开幕”特效和“横向闭幕”特效可以制作出电影中比较常见的黑屏开幕和黑屏闭幕的效果，如图 2-56 所示。

扫码看案例效果

扫码看教学视频

图 2-56 开幕和闭幕效果展示

SETP 01 在剪映中导入一个视频素材，并将其添加到视频轨道上，如图 2-57 所示。

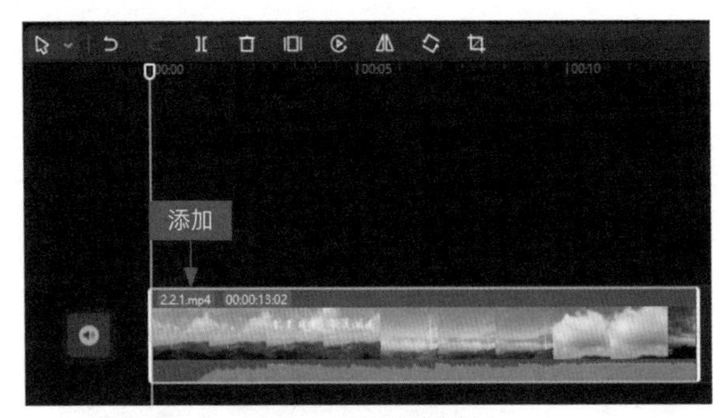

图 2-57 添加视频素材

SETP 02 ① 切换至“特效”功能区；② 展开“基础”选项卡；③ 单击“开幕”特效中的按钮，如图 2-58 所示。

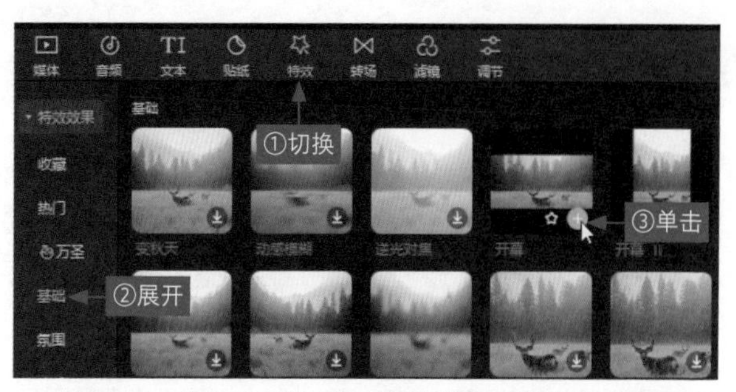

图 2-58　单击“开幕”特效中的“添加到轨道”按钮

SETP 03 执行操作后，即可在视频的开始位置添加一个“开幕”特效，并调整其时长为 2s。再在“特效”功能区的“基础”选项卡中，单击“横向闭幕”特效中的+按钮，如图 2-59 所示。

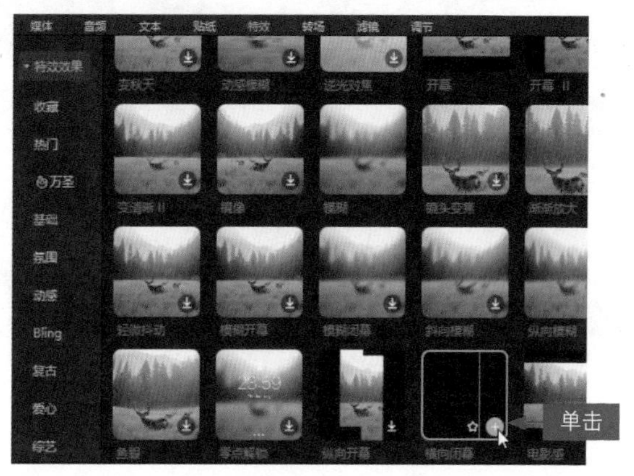

图 2-59　单击“横向闭幕”特效中的“添加到轨道”按钮

SETP 04 在视频的结束位置添加一个“横向闭幕”特效，并适当调整其时长，如图 2-60 所示。执行上述操作后，在“播放器”面板中单击“播放”按钮▶，可以查看开幕闭幕的画面效果。

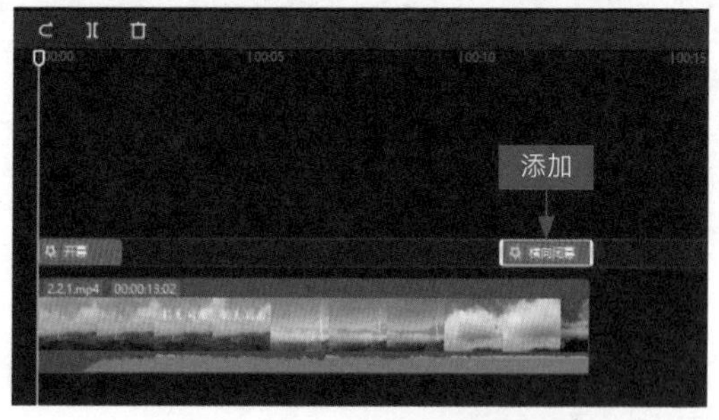

图 2-60　添加“横向闭幕”特效

2.2.2 落叶特效丰富画面效果

在剪映“特效”功能区的“自然”选项卡中有多种可以为视频添加自然景观的特效，如星空、闪电、落叶、下雨、飘雪、冰霜、雾气以及花瓣飘落等。本例将应用“落叶”特效，制作秋日季节的景象，丰富视频画面，效果如图 2-61 所示。

扫码看案例效果

扫码看教学视频

图 2-61　落叶特效效果展示

SETP 01 在剪映中导入一个视频素材，并将其添加到视频轨道上，如图 2-62 所示。

SETP 02 ① 切换至“特效”功能区；② 展开“自然”选项卡；③ 单击“落叶”特效中的⊕按钮，如图 2-63 所示。

图 2-62　添加视频素材

图 2-63　单击“落叶”特效中的“添加到轨道”按钮

SETP 03 执行操作后，即可在视频的开始位置添加一个“落叶”特效，如图 2-64 所示。

SETP 04 拖曳特效右侧的白色拉杆，调整其时长，使其与视频同长，如图 2-65 所示。执行操作后，即可完成“落叶”特效的添加。

图 2-64 添加“落叶”特效

图 2-65 调整特效时长

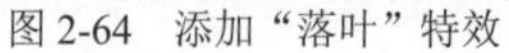

2.2.3 烟雾特效制作神秘气氛

效果说明

在剪映“特效”功能区的“氛围”选项卡中，有多种可以渲染视频氛围的特效，如樱花朵朵、孔明灯、烟花、雪花细闪、心河、泡泡、金粉、羽毛、星火等。本例将应用“烟雾”特效制作一种神秘气氛，效果如图 2-66 所示。

扫码看案例效果

扫码看教学视频

图 2-66 烟雾特效效果展示

SETP 01 在剪映中导入一个视频素材，并将其添加到视频轨道上，如图 2-67 所示。

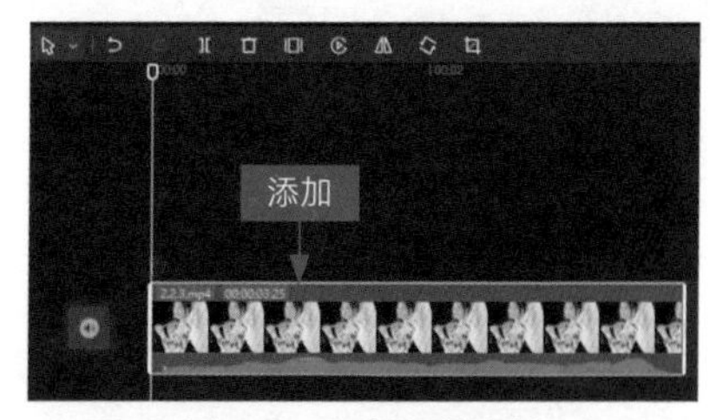

图 2-67 添加视频素材

SETP 02 ① 切换至“特效”功能区；② 展开“氛围”选项卡；③ 单击“烟雾”特效中的[+]按钮，如图 2-68 所示。

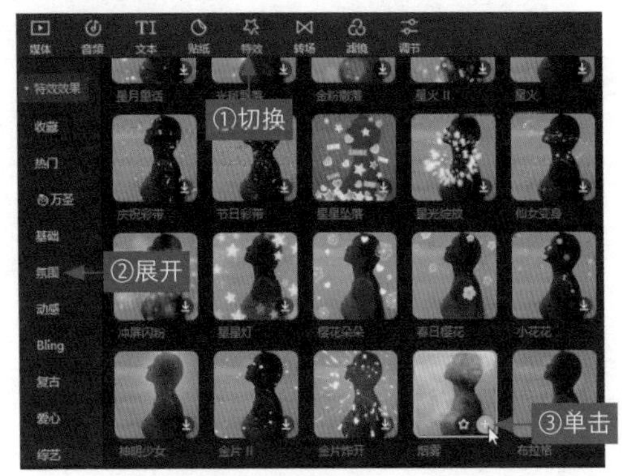

图 2-68 单击“烟雾”特效中的“添加到轨道”按钮

SETP 03 执行操作后，即可在视频的开始位置添加一个“烟雾”特效，如图 2-69 所示。

SETP 04 拖曳特效右侧的白色拉杆，调整其时长，使其与视频同长，如图 2-70 所示。执行操作后，即可完成“烟雾”特效的添加。

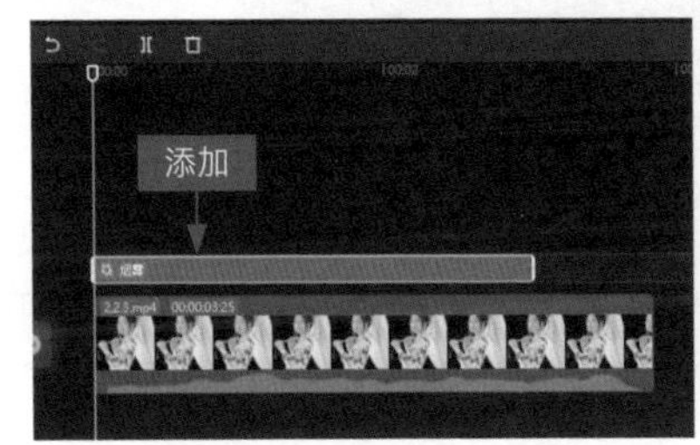

图 2-69 添加“烟雾”特效

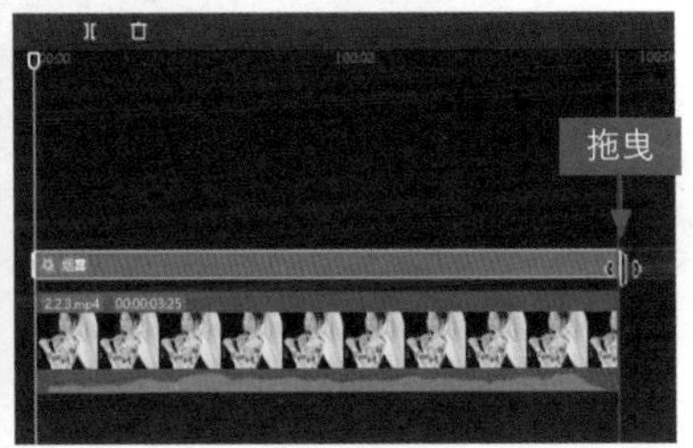

图 2-70 调整特效时长

> ▶ 专家指点
>
> 如果用户觉得用一个“烟雾”特效制作出来的效果不是很明显，还可以叠加一个“模糊”特效，使画面随着烟雾的飘动由模糊变清晰。

2.2.4 边框特效制作歌曲封面

效果说明

在剪映“特效”功能区的“边框”选项卡中，应用“播放器 II ”特效，可以制作歌曲播放旋转封面，效果如图 2-71 所示。

扫码看案例效果

扫码看教学视频

图 2-71　边框特效效果展示

SETP 01 在剪映中导入一个视频素材，并将其添加到视频轨道上，如图 2-72 所示。

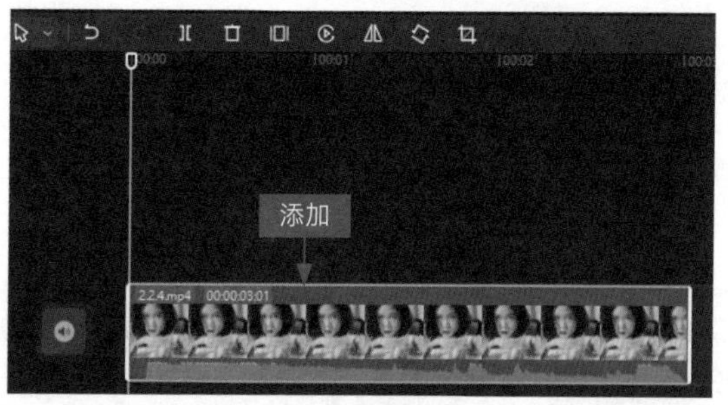

图 2-72　添加视频素材

SETP 02 ① 切换至“特效”功能区；② 展开“边框”选项卡；③ 单击“播放器 II”特效中的按钮，如图 2-73 所示。执行操作后，即可在视频轨道的上方添加一个“播放器 II”特效。

图 2-73　单击“播放器 II”特效中的“添加到轨道”按钮

2.3 添加视频转场特效

在制作短视频时，可以根据不同场景的需要，添加合适的转场效果，让视频素材之间的过渡更加自然流畅，产生更强的冲击力。本节将介绍转场效果的制作方法。

2.3.1 擦除转场制作扫屏效果

效果说明

剪映"转场"功能区为用户提供了基础转场、运镜转场、特效转场以及遮罩转场等多种转场效果。为短视频添加"向右擦除"转场，可以制作从左向右扫屏覆盖效果，如图 2-74 所示。

扫码看案例效果

扫码看教学视频

图 2-74 擦除转场效果展示

SETP 01 在剪映中导入两个视频素材，将其添加到视频轨道中，如图 2-75 所示。

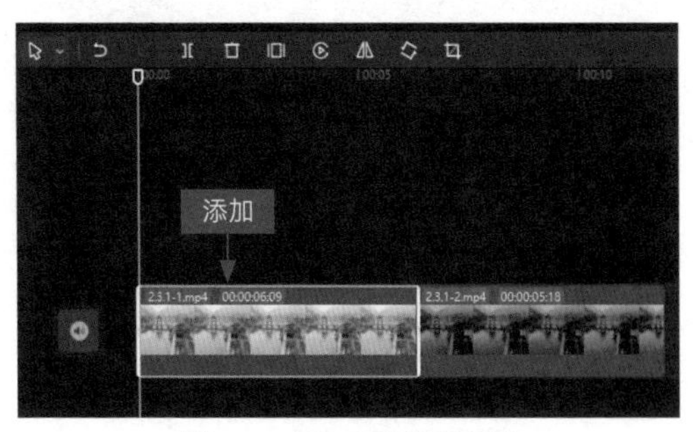

图 2-75 添加两个视频素材

SETP 02 ① 切换至"转场"功能区；② 展开"基础转场"选项卡；③ 单击"向右擦除"转场中的按钮，如图 2-76 所示。

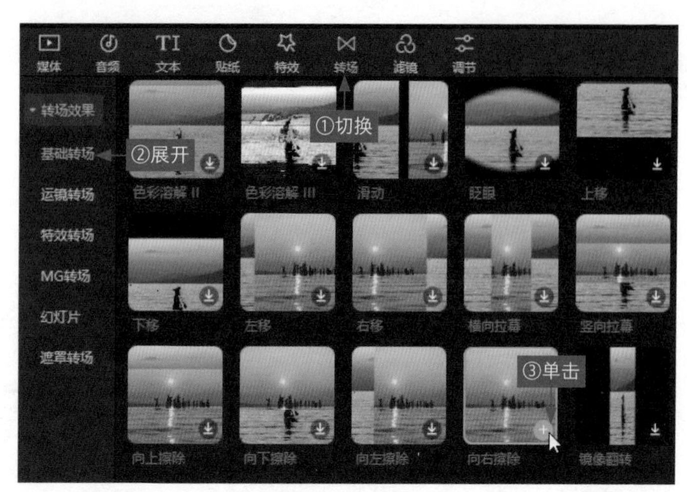

图 2-76　单击“向右擦除”转场中的“添加到轨道”按钮

SETP 03 执行操作后，即可在两个视频素材之间添加一个“向右擦除”转场，如图 2-77 所示。

SETP 04 ① 切换至“转场”操作区；② 设置“转场时长”为 2.8s，如图 2-78 所示。执行操作后，为视频添加一段合适的背景音乐，即可完成转场效果的制作。

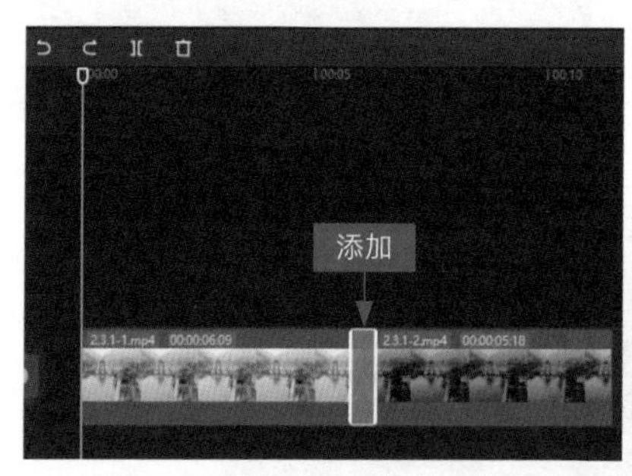

图 2-77　添加“向右擦除”转场

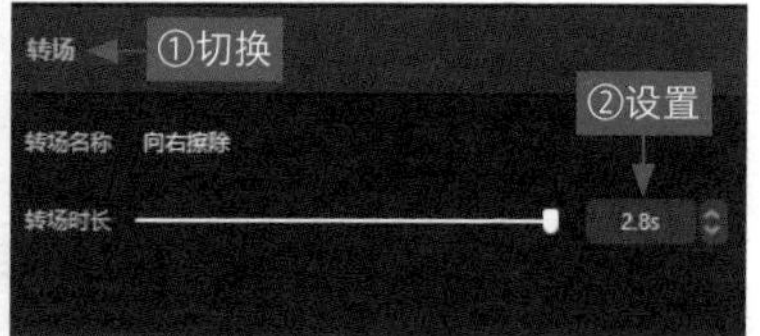

图 2-78　设置“转场时长”参数

2.3.2 设置动画形成无缝转场

剪映“动画”操作区为用户提供了入场动画、出场动画以及组合动画等动画效果。为视频添加相应的动画效果，可以制作出无缝转场的效果，如图 2-79 所示。

扫码看案例效果

扫码看教学视频

图 2-79　无缝转场效果展示

SETP 01 在剪映中导入两个视频素材，将其添加到视频轨道中，如图 2-80 所示。

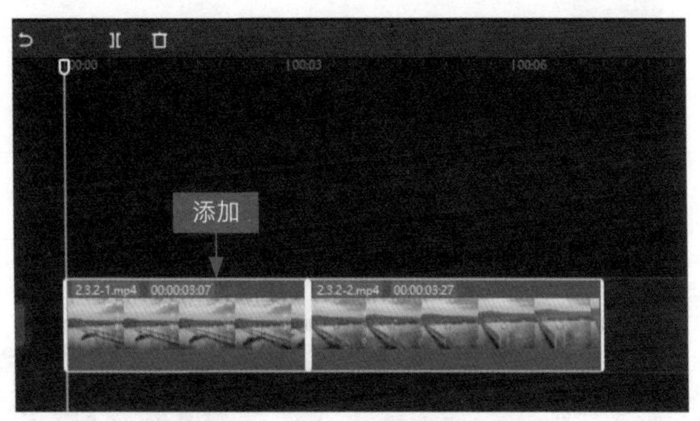

图 2-80　添加两个视频素材

SETP 02 选择第 1 个视频素材，① 切换至“动画”操作区的“入场”选项卡中；② 选择“向左下甩入”动画；③ 设置“动画时长”为 1.0s，如图 2-81 所示。

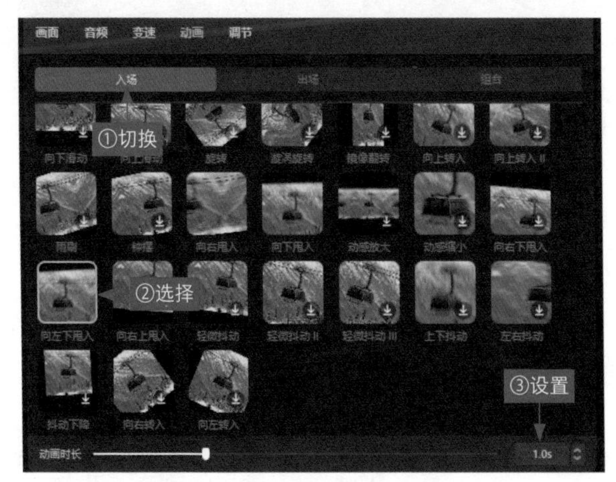

图 2-81　设置“动画时长”参数（1）

此时视频轨上的第 1 段视频上会显示白色箭头，表示已添加动画效果。

SETP 03 选择第 2 个视频素材，如图 2-82 所示。

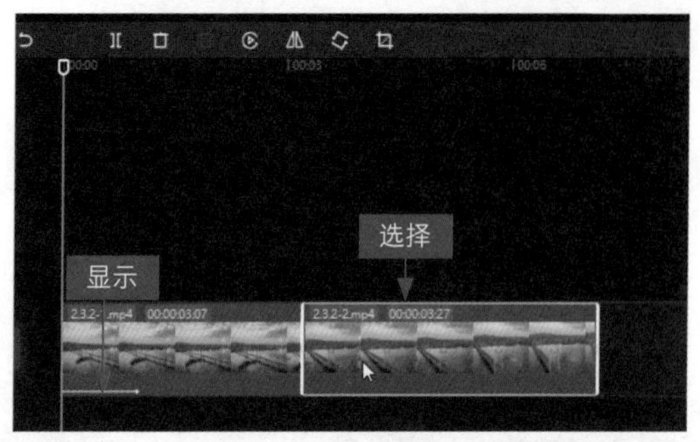

图 2-82　选择第 2 个视频素材

SETP 04 在“动画”操作区的“入场”选项卡中，① 选择“漩涡旋转”动画；② 设置“动画时长”为 1.0s，如图 2-83 所示。执行操作后，为视频添加一段合适的背景音乐，即可完成动画效果的添加，从而制作无缝转场的效果。

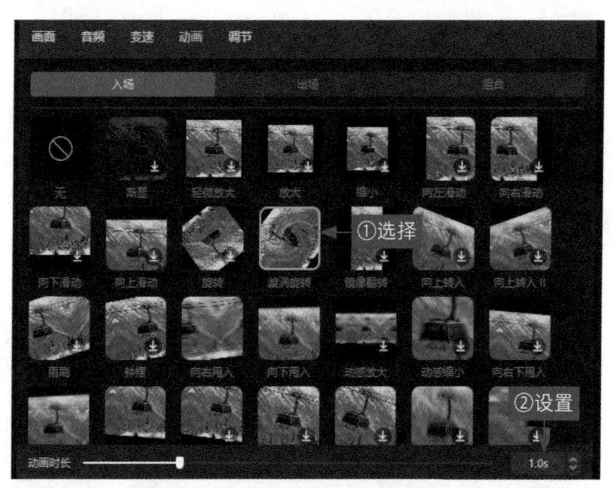

图 2-83　设置“动画时长”参数（2）

2.3.3 制作画面涂抹笔刷转场

效果说明

在剪映“画面”操作区中展开“抠像”选项卡，其中显示了“色度抠图”和“智能抠像”两大功能，可以对绿幕素材进行抠图，也可以对

扫码看案例效果

扫码看教学视频

人物视频进行抠像。下面介绍使用“色度抠图”功能制作画面涂抹笔刷转场的操作方法，如图 2-84 所示。

图 2-84　笔刷转场效果展示

SETP 01 在剪映中导入视频素材和笔刷绿幕视频素材，如图 2-85 所示。

SETP 02 把视频素材添加到视频轨道中，把绿幕素材拖曳至画中画轨道中，对齐视频素材的末尾位置，并调整时长，如图 2-86 所示。

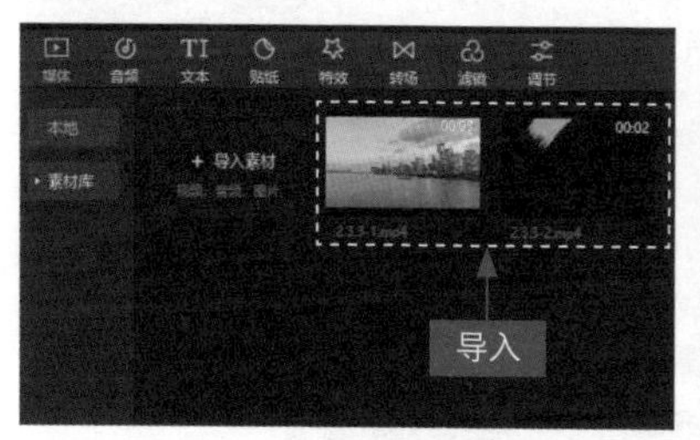

图 2-85　导入视频素材（1）

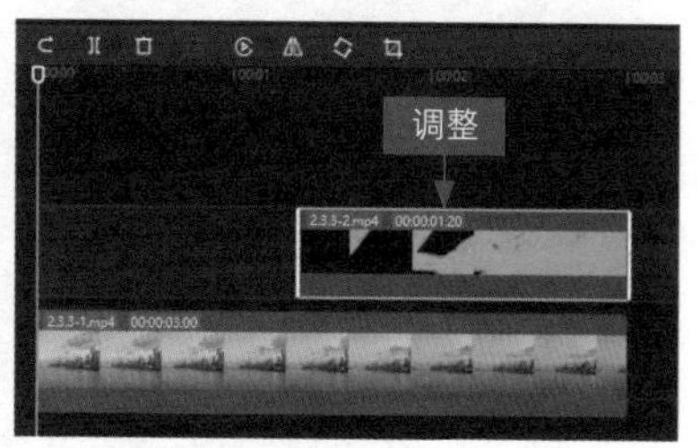

图 2-86　调整位置和时长

SETP 03 ① 切换至“画面”操作区的“抠像”选项卡中；② 选中“色度抠图”复选框；③ 单击“取色器”按钮；④ 拖曳取色器，对画面中的黑色进行取样，如图 2-87 所示。

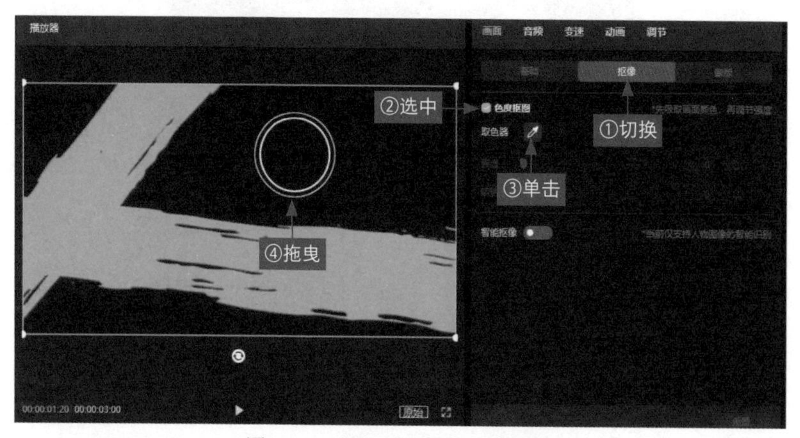

图 2-87　对画面中的黑色进行取样

SETP 04 ① 设置“强度”参数为 100；② 此时预览窗口中黑色的背景画面已被抠除，并显示出了视频画面；③ 单击“导出”按钮，将合成的视频导出，如图 2-88 所示。

图 2-88　单击“导出”按钮

SETP 05 在剪映中导入第 2 段视频素材和上一步导出的合成视频，如图 2-89 所示。

图 2-89　导入视频素材（2）

SETP 06 清空视频轨道和画中画轨道，将导入的第 2 段视频素材和上一步导出的合成视频分别添加到视频轨道和画中画轨道上，如图 2-90 所示。

SETP 07 在“画面”操作区的“抠像”选项卡中，用步骤 3 中的方法，① 运用“色度抠图”功能，通过取色器对画面中的绿色进行取样；② 设置“强度”和“阴影”参数均为 100；③ 此时预览窗口中的绿色已被抠除，效果如图 2-91 所示。执行上述操作后，即可完成画面涂抹笔刷转场的制作。

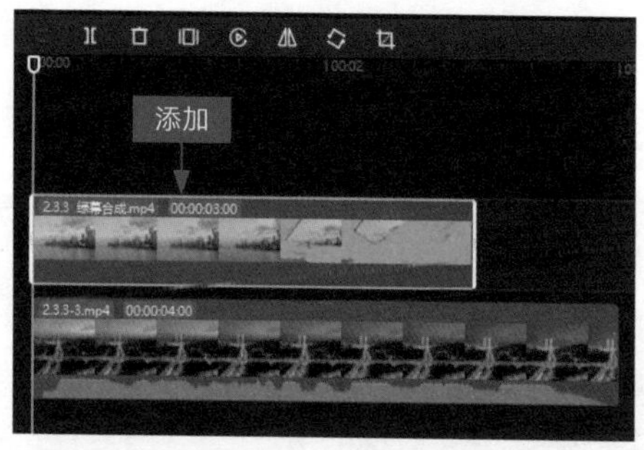

图 2-90　重新添加素材

图 2-91　设置参数

2.3.4 制作画面破碎飘散转场

效果说明

飘散转场的效果给人一种画面破碎的感觉，很适合用在场景画面差异较大的视频中，破碎感会更加明显，效果如图 2-92 所示。

扫码看案例效果

扫码看教学视频

图 2-92　飘散转场效果展示

SETP 01 在剪映中导入视频素材和飘散绿幕视频素材，如图 2-93 所示。

SETP 02 把视频素材添加到视频轨道中，把飘散绿幕视频素材拖曳至画中画轨道中，如图 2-94 所示。

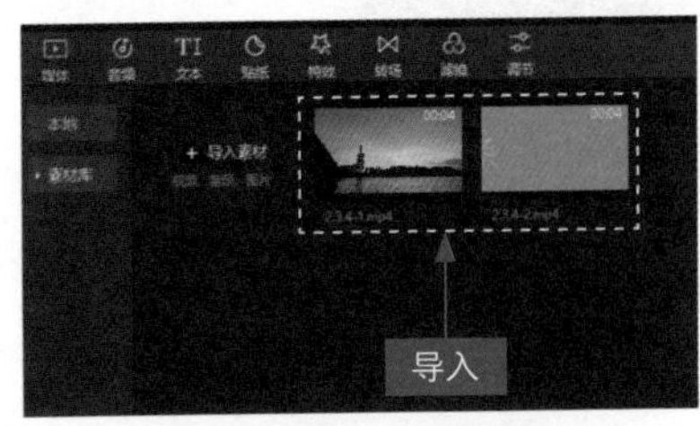

图 2-93　导入视频素材

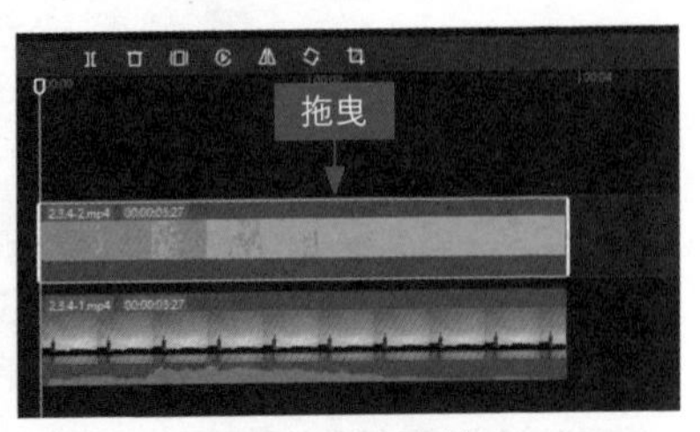

图 2-94　拖曳素材

SETP 03 选择画中画轨道中的绿幕素材，在“画面”操作区的“抠像”选项卡中，❶ 运用“色度抠图”功能，通过取色器对画面中的蓝色进行取样；❷ 设置“强度”和“阴影”参数均为 100；❸ 此时预览窗口中的蓝色已被抠除；❹ 单击“导出”按钮，将合成的视频导出，如图 2-95 所示。

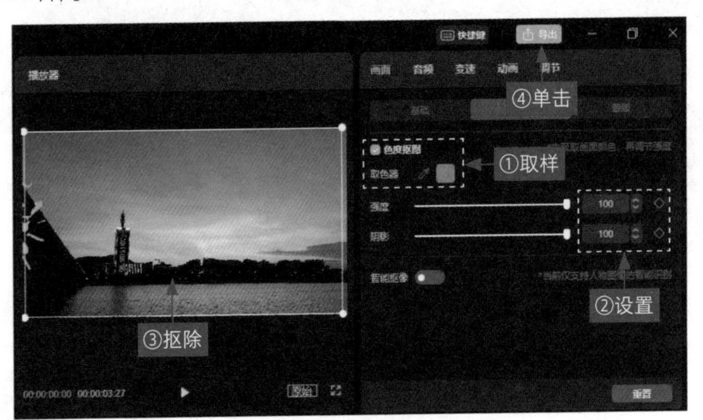

图 2-95　单击“导出”按钮

SETP 04 清空视频轨道和画中画轨道，导入第 2 段视频素材和上一步导出的合成视频，并分别添加到视频轨道和画中画轨道上，如图 2-96 所示。

SETP 05 选择画中画轨道中的绿幕素材，在“画面”操作区的“抠像”选项卡中，❶ 运用“色度抠图”功能，通过取色器对画面中的绿色进行取样；❷ 设置“强度”和“阴影”参数均为 100；❸ 此时预览窗口中的绿色已被抠除，效果如图 2-97 所示。执行上述操作后，即可完成画面破碎飘散转场的制作。

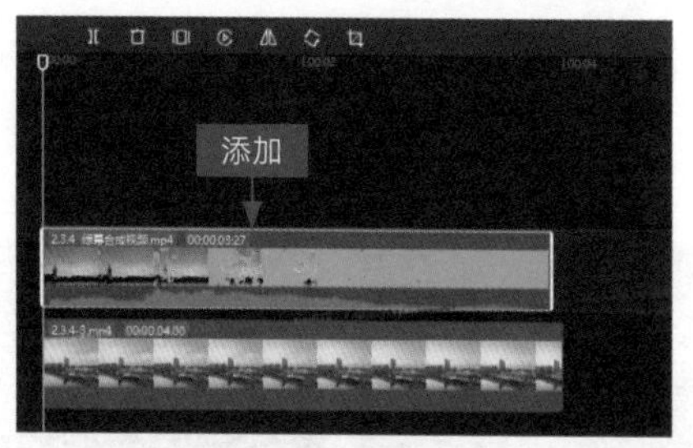

图 2-96　重新添加素材

图 2-97　设置参数

2.3.5　制作撕纸转场替换场景

效果说明

撕纸转场的效果非常形象逼真，用在场景替换视频中效果会更好，如图 2-98 所示。

扫码看案例效果　扫码看教学视频

图 2-98　撕纸转场效果展示

SETP 01 在剪映中导入视频素材和撕纸绿幕视频素材，如图 2-99 所示。

SETP 02 把视频素材添加到视频轨道中，把撕纸绿幕视频素材拖曳至画中画轨道中，对齐视频轨道的末尾位置，如图 2-100 所示。

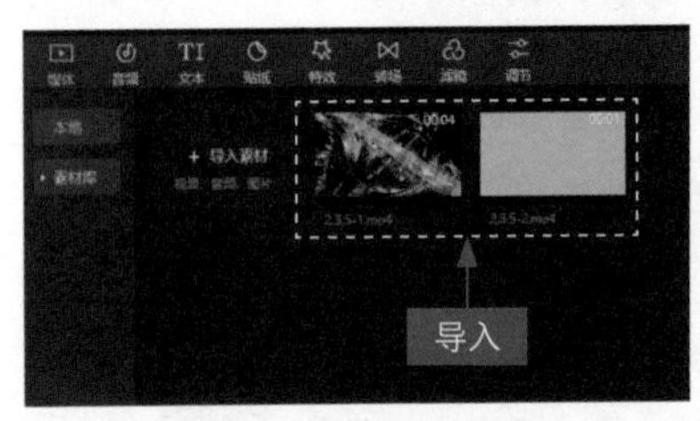

图 2-99 导入视频素材

图 2-100 调整位置

SETP 03 选择画中画轨道中的绿幕素材，在"画面"操作区的"抠像"选项卡中，① 运用"色度抠图"功能，通过取色器对画面中的浅绿色进行取样；② 设置"强度"参数为 13，"阴影"参数为 100；③ 此时预览窗口中的浅绿色已被抠除；④ 单击"导出"按钮，将合成的视频导出，如图 2-101 所示。

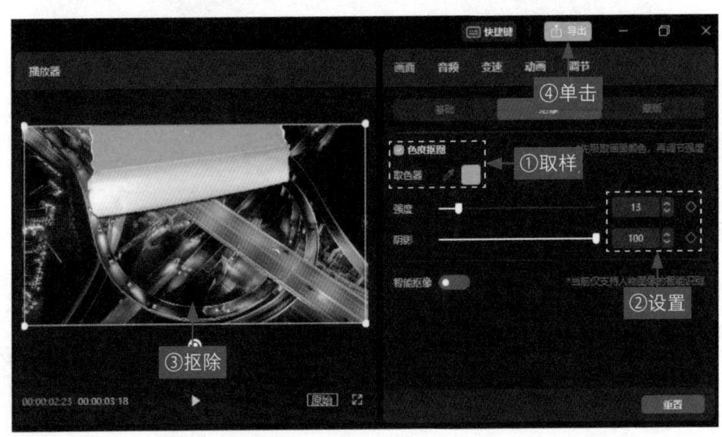

图 2-101 单击"导出"按钮

SETP 04 清空视频轨道和画中画轨道，导入第 2 段视频素材和上一步导出的合成视频，并分别添加到视频轨道和画中画轨道上，如图 2-102 所示。

SETP 05 在"画面"操作区的"抠像"选项卡中，① 运用"色度抠图"功能，通过取色器对画面中的深绿色进行取样；② 设置"强度"和"阴影"参数均为 100；③ 此时预览窗口中的深绿色已被抠除，效果如图 2-103 所示。执行上述操作后，即可完成撕纸转场的制作。

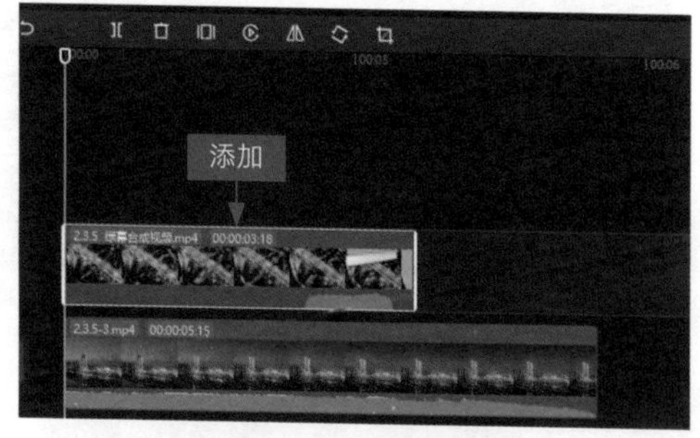

图 2-102　重新添加素材

图 2-103　设置参数

2.4 添加视频解说字幕

我们在刷短视频时，常常看到在很多短视频中都添加了字幕效果，或用于歌词，或用于语音解说，让观众在短短几秒内就能看懂更多视频内容，同时这些文字还有助于观众记住发布者要表达的信息，吸引他们点赞和关注。

2.4.1 添加文本并设置样式

效果说明

在剪映中可以对视频添加文字，增加视频内容，添加文字后还可以设置样式并添加文字动画，丰富文字形式，让图文更加适配，如图 2-104 所示。

扫码看案例效果

扫码看教学视频

图 2-104　添加文本并设置样式效果展示

SETP 01 ① 在剪映中导入视频素材；② 切换至“文本”功能区；③ 在“新建文本”选项卡中单击“默认文本”选项中的按钮，如图 2-105 所示，即可添加一个默认文本。

图 2-105　单击“默认文本”中的“添加到轨道”按钮

SETP 02 在“编辑”操作区的“文本”选项卡中删除原有的“默认文本”字样，① 输入新的文字内容；② 设置“字体”为“快乐体”，如图 2-106 所示。

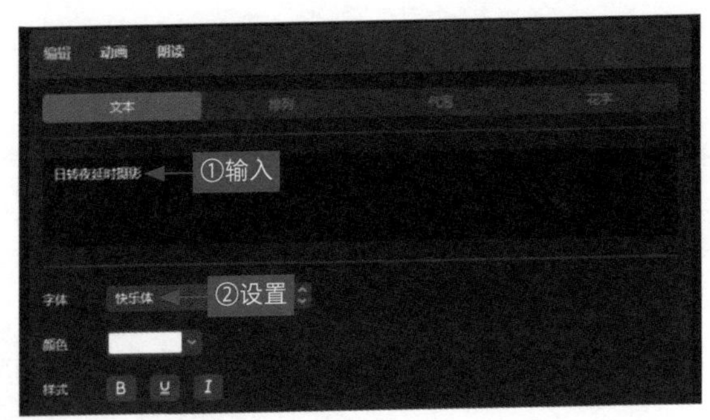

图 2-106　设置“字体”为“快乐体”

SETP 03 ① 设置“缩放”为 75%；② 设置“位置”X 参数为 0、Y 参数为 -855；③ 在“预设样式”选项区中选择一个合适的样式，如图 2-107 所示。

图 2-107 选择一个合适的样式

SETP 04 ① 切换至“排列”选项卡；② 设置“字间距”为 2，如图 2-108 所示。

图 2-108 设置“字间距”为 2

SETP 05 在轨道中调整文本的时长，使其与视频对齐，如图 2-109 所示。

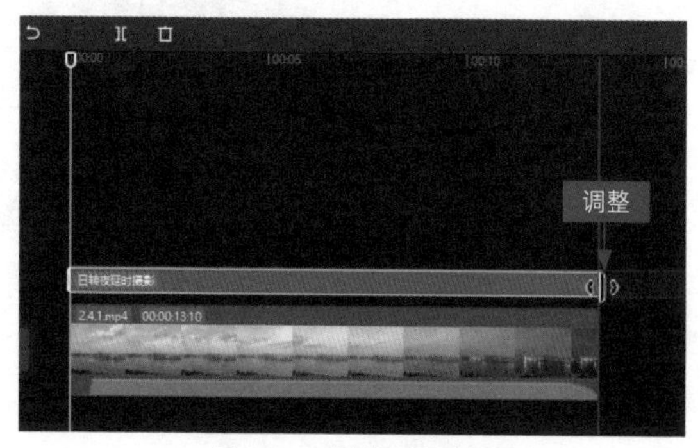

图 2-109 调整文本时长

SETP 06 ① 切换至“动画”操作区的“入场”选项卡中；② 选择“向上滑动”动画；③ 设置“动画时长”参数为 3.0s，如图 2-110 所示。

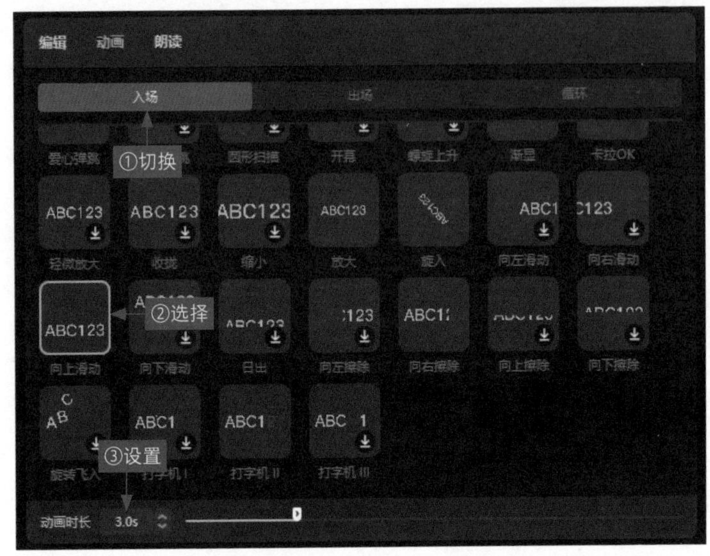

图 2-110 设置“动画时长”参数（1）

SETP 07 ① 切换至“出场”选项卡中；② 选择“溶解”动画；③ 设置“动画时长”参数为 1.0s，如图 2-111 所示。在预览窗口中，可以查看制作的视频效果。

图 2-111 设置“动画时长”参数（2）

2.4.2 使用气泡文本遮挡水印

效果说明

如果视频中有一些瑕疵或者水印，可以通过添加花字和气泡进行遮挡，另外还可以添加贴纸丰富视频内容，原图与效果图对比如图2-112所示。

扫码看案例效果

扫码看教学视频

图2-112 原图与效果图对比展示

SETP 01 ① 在剪映中导入视频素材；② 切换至“文本”功能区；③ 在“花字”选项卡中单击所选花字中的⊕按钮，如图2-113所示，为视频添加一个花字文本。

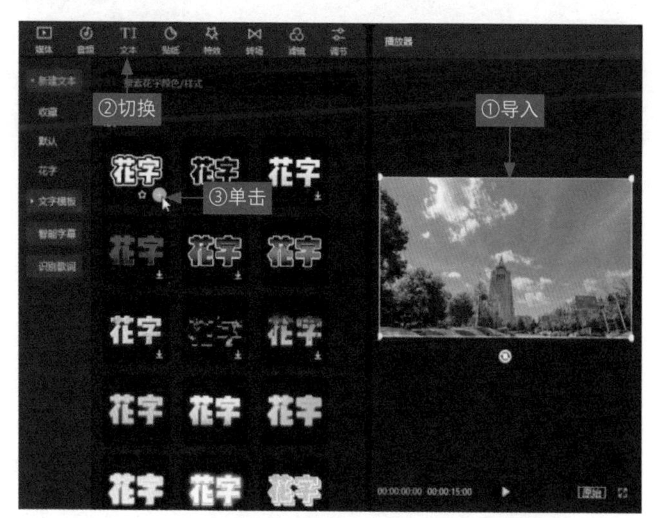

图2-113 单击所选花字中的“添加到轨道”按钮

SETP 02 在“编辑”操作区的“文本”选项卡中，删除原有的“默认文本”字样，输入新的文字内容，如图2-114所示。

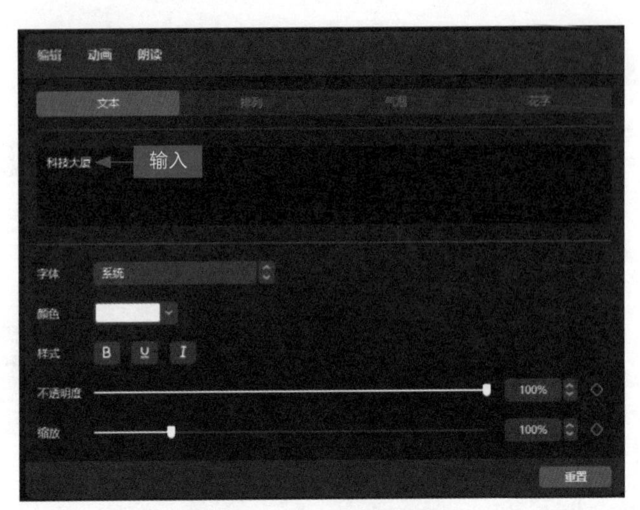

图 2-114　输入新的文字内容

SETP 03 ❶ 切换至“气泡”选项卡；❷ 选择一款气泡样式；❸ 调整气泡文字的大小和位置，如图 2-115 所示。

图 2-115　调整气泡文字的大小和位置

SETP 04 ❶ 切换至“贴纸”功能区的“季节”选项卡中；❷ 在所选贴纸中单击按钮；❸ 并在预览区中调整贴纸的大小和位置，如图 2-116 所示。执行上述操作后，调整贴纸和文本的时长，使其与视频时长一致，在预览窗口中单击“播放”按钮，即可查看制作的视频效果。

图 2-116　调整贴纸的大小和位置

2.4.3 修改文字模板原来的字幕

效果说明

剪映中自带了文字模板，款式多样而且不需要设置样式，一键即可套用，非常方便，效果如图 2-117 所示。

扫码看案例效果

扫码看教学视频

图 2-117　文字模板效果展示

SETP 01 在剪映中导入视频素材，如图 2-118 所示。

SETP 02 ① 切换至“文本”功能区；② 展开“文字模板”选项卡下的“精选”；③ 单击“告白夏日”中的按钮，如图 2-119 所示。

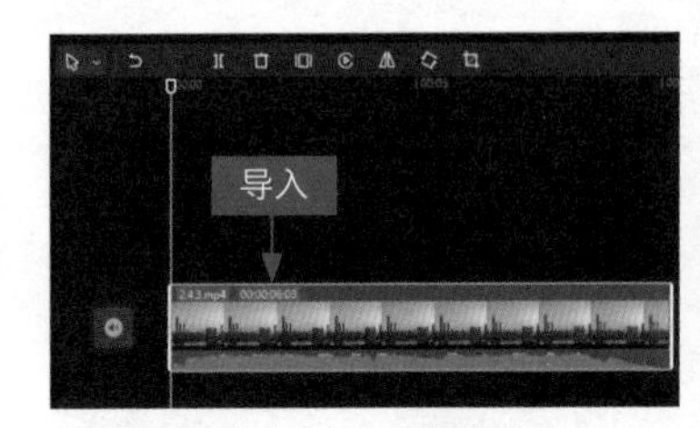

图 2-118　导入视频素材

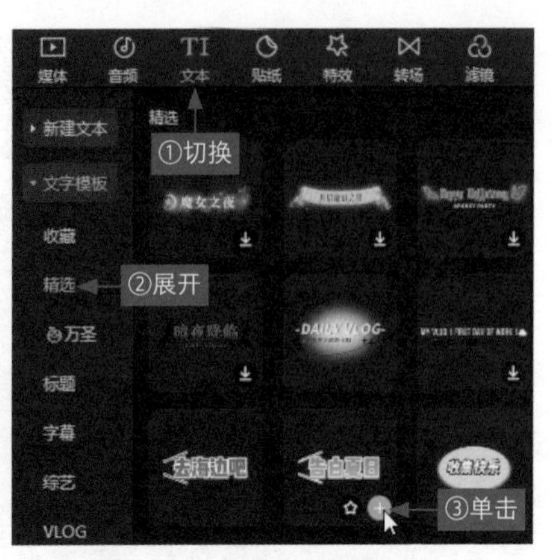

图 2-119　单击“告白夏日”中的“添加到轨道”按钮

SETP 03 执行操作后，即可添加一个文字模板，调整文本时长为 5s，如图 2-120 所示。

SETP 04 在“编辑”操作区中删除原有的文本，输入新的文字内容，如图 2-121 所示。

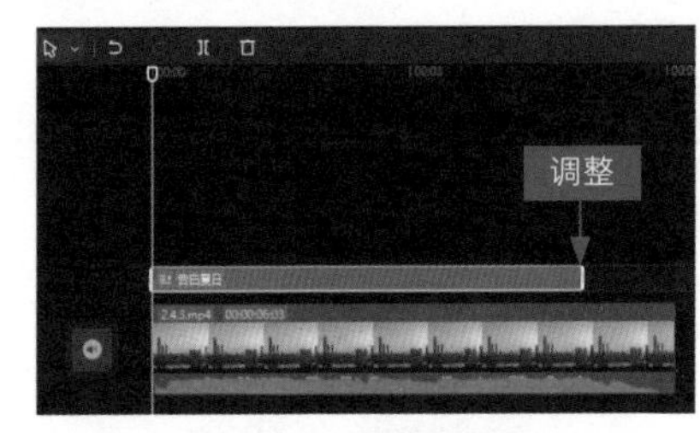

图 2-120　调整文本时长

图 2-121　输入新的文字内容

SETP 05 在预览窗口中调整文本的位置和大小，如图 2-122 所示。

图 2-122　调整文本的位置和大小

2.4.4 使用文本朗读转文字为语音

效果说明

剪映的“文本朗读”功能能够自动将视频中的文字内容转换为语音，提升观众的观看体验，文本效果如图 2-123 所示。

扫码看案例效果　扫码看教学视频

图 2-123　文本效果展示

SETP 01 在剪映中导入视频素材，如图 2-124 所示。

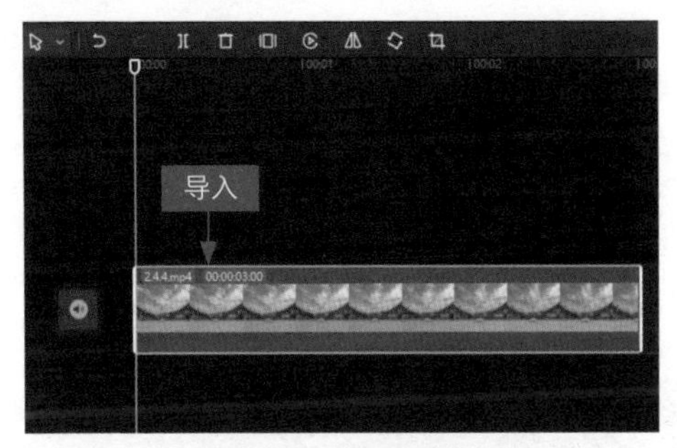

图 2-124　导入视频素材

SETP 02 ①切换至“文本”功能区的“新建文本”选项卡中；②单击“默认文本”中的按钮，如图 2-125 所示。

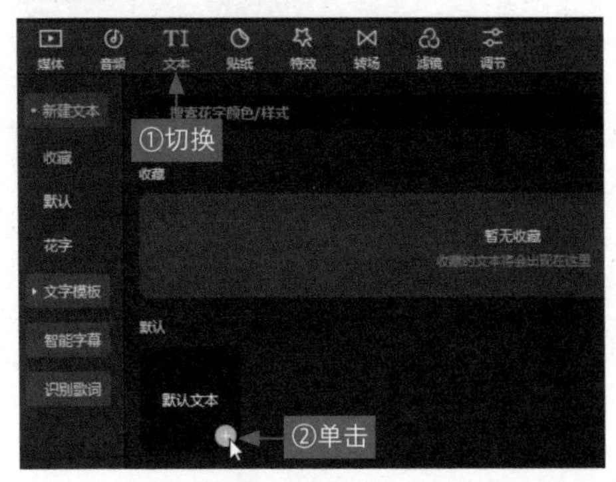

图 2-125　单击“默认文本”中的“添加到轨道”按钮

SETP 03 在文本轨道中，即可添加一个默认文本，如图 2-126 所示。

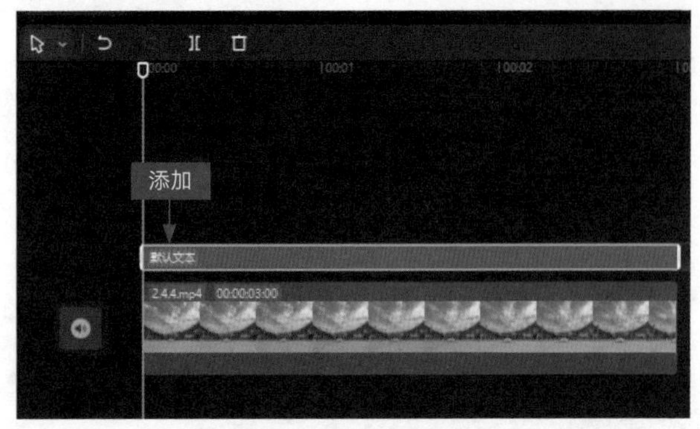

图 2-126 添加一个默认文本

▶ 专家指点

在制作教程类短视频时，“文本朗读”功能非常实用，可以帮助用户快速做出具有文字配音的视频效果。待生成文字语音后，用户还可以在“音频”操作区中调整音量、淡入时长、淡出时长、变声以及变速等选项，打造更具个性化的配音效果。

SETP 04 在“编辑”操作区的“文本”选项卡中，① 输入相应的文字内容；② 设置“缩放”参数为 54%；③ 设置“位置”X 的参数为 0、Y 的参数为 -905，如图 2-127 所示。

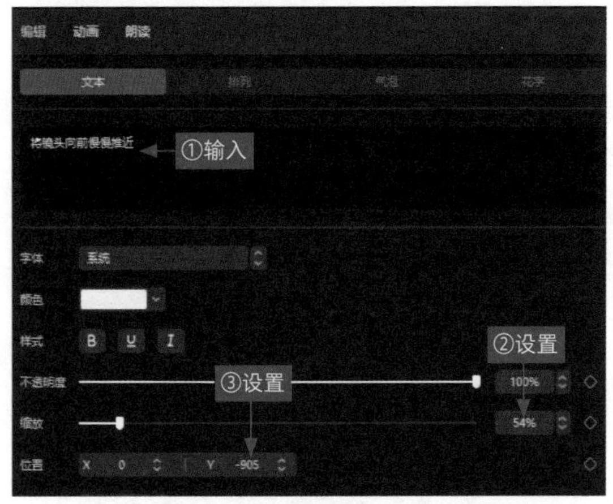

图 2-127 设置各项参数

SETP 05 在“预设样式”选项区中选择合适的预设样式，如图 2-128

所示。

图 2-128　选择合适的预设样式

SETP 06 ① 切换至“朗读”操作区；② 选择“小姐姐”选项；③ 单击“开始朗读”按钮，如图 2-129 所示。

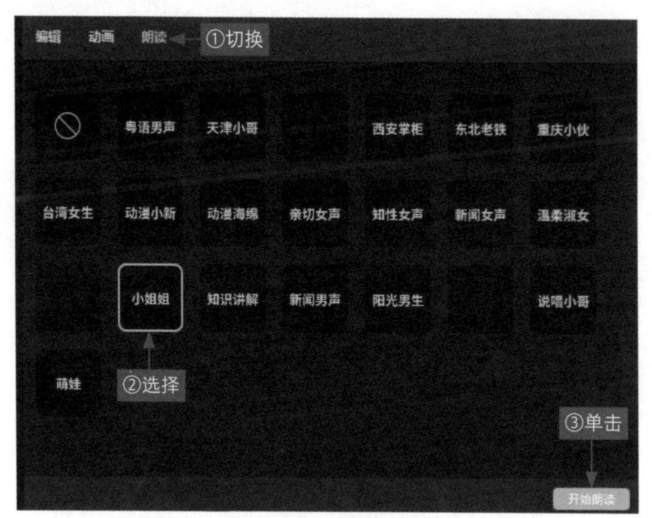

图 2-129　单击“开始朗读”按钮

SETP 07 稍等片刻，即可将文字转换为语音，并自动生成与文字内容同步的音频，如图 2-130 所示。在预览窗口中，即可查看制作的文字配音效果。

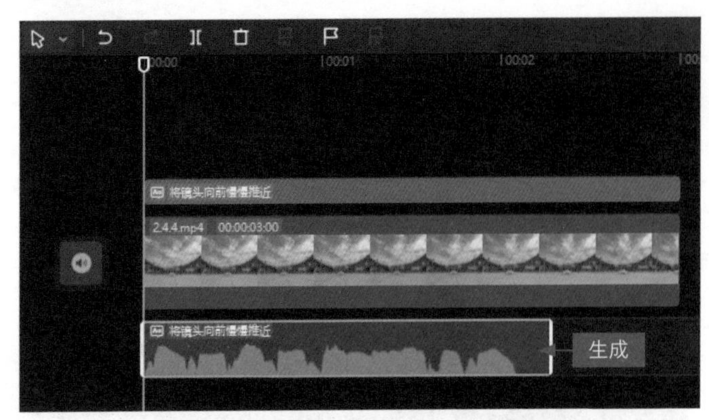

图 2-130 生成与文字内容同步的音频轨道

2.4.5 识别音频中的歌词生成字幕

效果说明

在剪映中运用识别歌词功能可以制作 KTV 歌词字幕，让文字随着歌词一步步变色，就好像卡拉 OK 中的歌词一般，跟背景音乐非常搭配，效果如图 2-131 所示。

扫码看案例效果

扫码看教学视频

图 2-131 识别歌词效果展示

SETP 01 在剪映中导入一段视频素材，如图 2-132 所示。

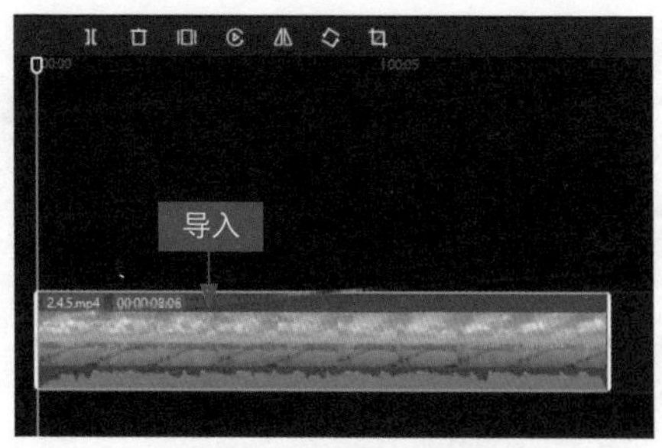

图 2-132　导入视频素材

SETP 02 ① 切换至“文本”功能区的“识别歌词”选项卡中；② 单击“开始识别”按钮，如图 2-133 所示。

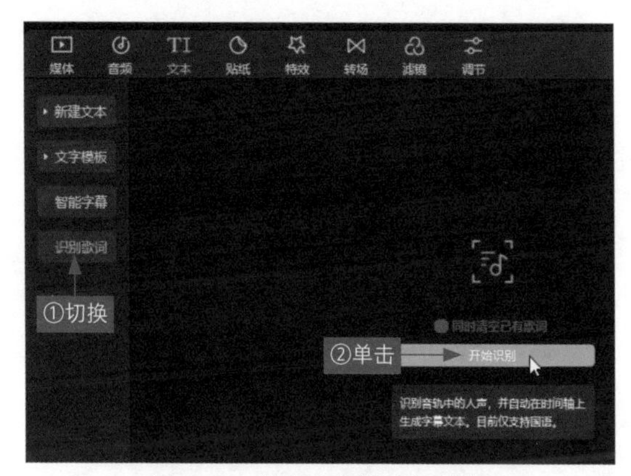

图 2-133　单击“开始识别”按钮

SETP 03 弹出“歌词识别中”进度框，如图 2-134 所示。

SETP 04 稍等片刻，即可识别完成，生成歌词文本，如图 2-135 所示。

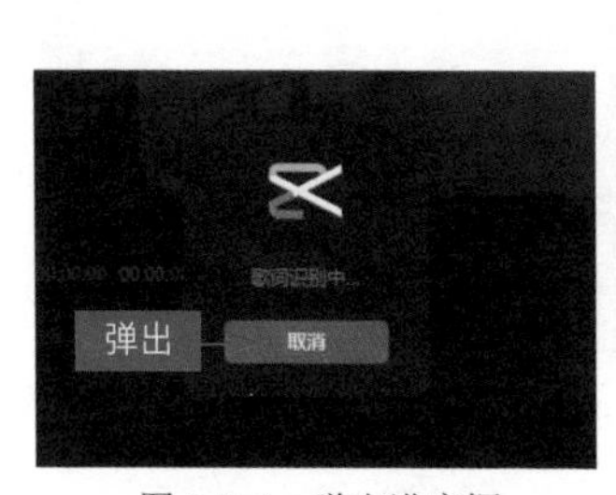

图 2-134　弹出进度框

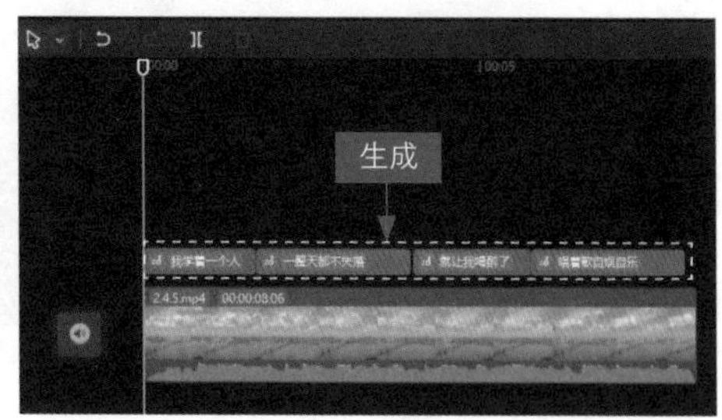

图 2-135　生成歌词文本

SETP 05 保持第 2 个和第 4 个文本的位置不变，将第 1 个和第 3 个文本移至第 2 条文本轨道上，并调整其时长，如图 2-136 所示。

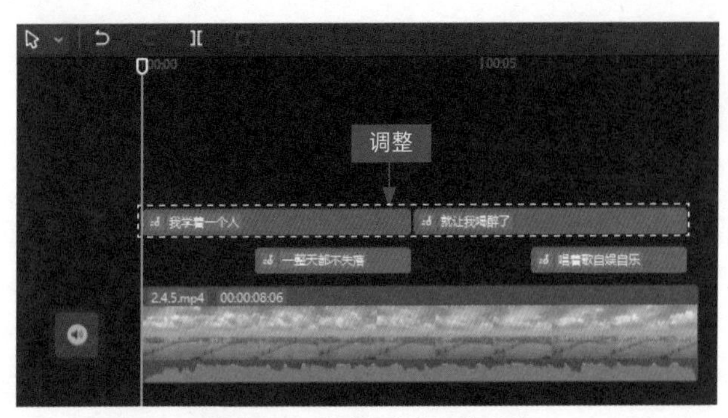

图 2-136 移动文本并调整时长

SETP 06 在“编辑”操作区的“文本”选项卡中，取消选中“文本、排列、气泡、花字应用到全部歌词”复选框，如图 2-137 所示。

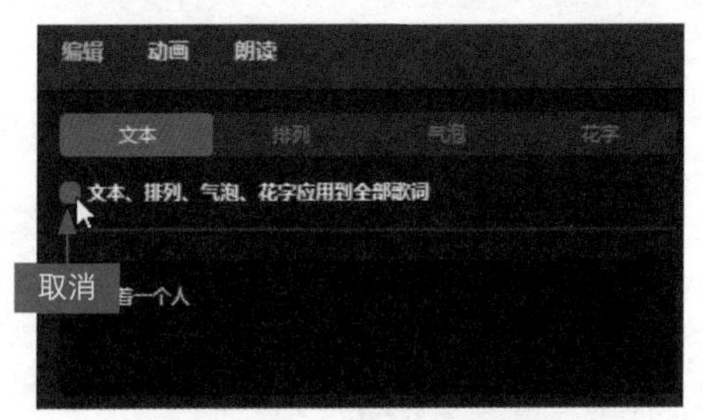

图 2-137 取消选中复选框

SETP 07 在预览窗口中调整各个文本的画面位置，效果如图 2-138 所示。

图 2-138 调整各个文本的画面位置

SETP 08 执行上述操作后，为第 2 个和第 4 个文本添加一样的动画效果，在“动画”操作区的“入场”选项卡中，① 选择“卡拉 OK”动画；② 拖曳“动画时长”滑块至最右端，如图 2-139 所示。

SETP 09 为第 1 个和第 3 个文本也添加一样的动画效果，在“动画”操作区的“入场”选项卡中，① 选择“卡拉 OK”动画；② 设置“动画时长”参数为 1.7s，如图 2-140 所示。

图 2-139 拖曳“动画时长”滑块

图 2-140 设置“动画时长”参数

SETP 10 执行操作后，即可完成歌词的制作，此时每个文本上都会显示一条白色的线，表示均已添加动画效果，如图 2-141 所示。

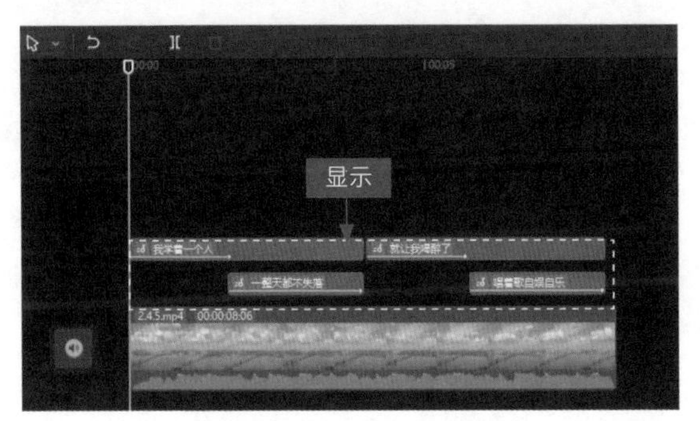

图 2-141 显示一条白色的线

▶ 专家指点

在设置字体样式时，因为在前面的步骤中取消选中“文本、排列、气泡、花字应用到全部歌词”复选框，所以是分别设置字体的，如果想要统一设置字体，也可以先选中“文本、排列、气泡、花字应用到全部歌词”复选框，这样会更快捷。

03

音频卡点：享受节奏上的动感魅力

◎ **章前知识导读**

音频是短视频中非常重要的内容元素，选择好的背景音乐或者语音旁白，能够让你的作品不费吹灰之力就能上热门。本章主要介绍短视频的音频添加、剪辑处理技巧和卡点视频的制作技巧，帮助大家快速学会处理后期音频。

◎ **新手重点索引**

为短视频添加音频
制作动感卡点视频

◎ **效果图片欣赏**

3.1 为短视频添加音频

对于视频来说，背景音乐是其灵魂，所以添加音频是后期剪辑非常重要的一步。本节主要介绍使用剪映为短视频添加音频、添加音效、剪辑音频、提取音频以及设置音频淡入淡出等操作方法。

3.1.1 添加音乐提高视听感受

剪映电脑版具有非常丰富的背景音乐曲库，而且进行了十分细致的分类，用户可以根据自己的视频内容或主题来快速选择合适的背景音乐，视频效果如图 3-1 所示。

扫码看案例效果

扫码看教学视频

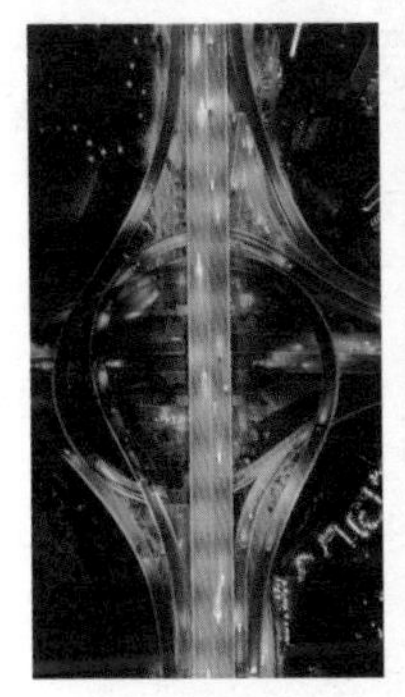

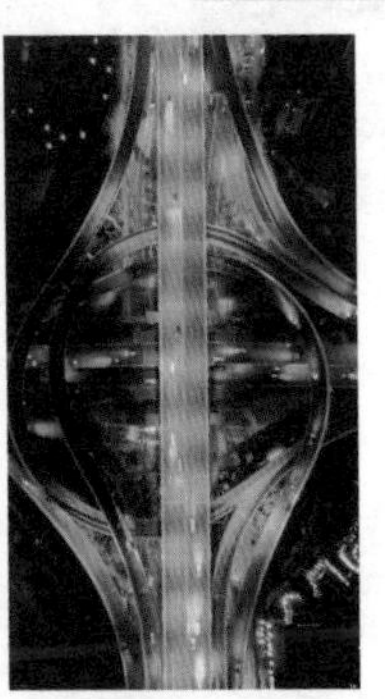

图 3-1 视频效果展示

SETP 01 ① 在剪映中导入视频素材并将其添加到视频轨道中；② 单击“关闭原声”按钮将原声关闭，如图 3-2 所示。

SETP 02 ① 切换至“音频”功能区；② 单击“音乐素材”按钮，如图 3-3 所示。

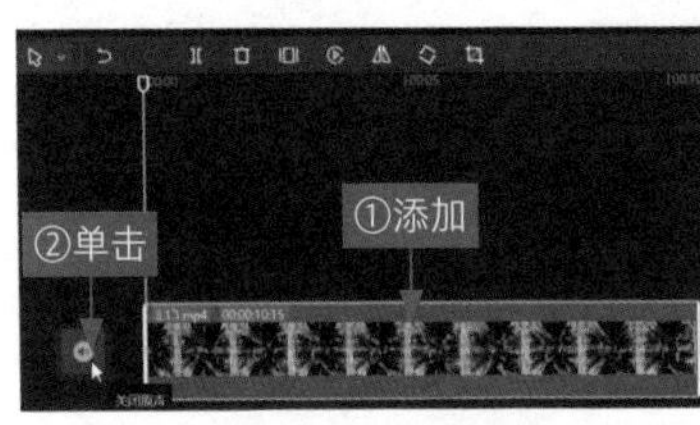

图 3-2 关闭原声

图 3-3 单击“音乐素材”按钮

SETP 03 在“音乐素材”选项卡中，① 选择相应的音乐类型，如“抖音”；② 在音乐列表中选择合适的背景音乐；③ 即可进行试听，如图 3-4 所示。

SETP 04 单击音乐卡片中的按钮，即可将选择的音乐添加到音频轨道中，如图 3-5 所示。

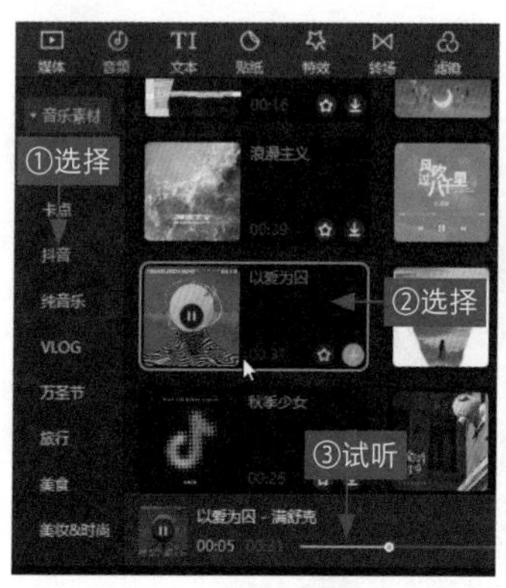

图 3-4 试听背景音乐

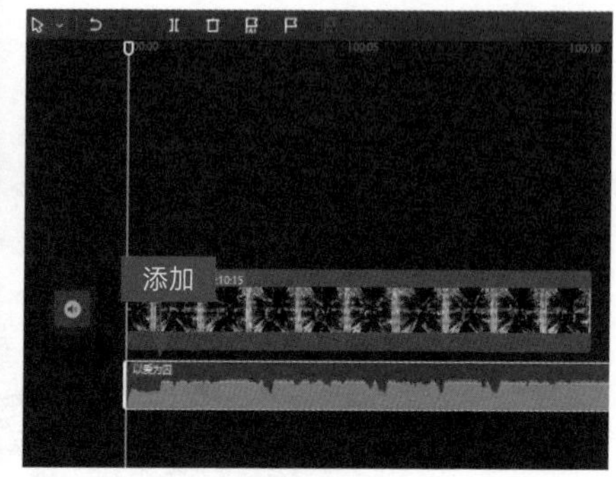

图 3-5 添加背景音乐

SETP 05 ① 将时间指示器拖曳至视频结尾处；② 单击“分割”按钮，如图 3-6 所示。

SETP 06 ① 选择分割后多余的音频片段；② 单击“删除”按钮，如图 3-7 所示。执行操作后，即可删除多余的音频片段，在预览窗口中即可播放预览视频效果。

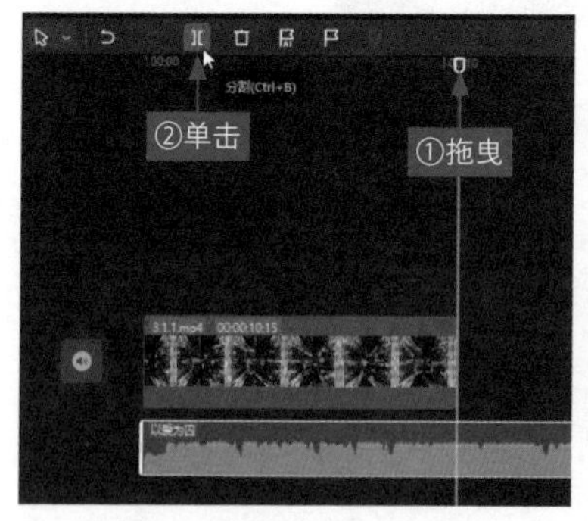

图 3-6 单击“分割”按钮

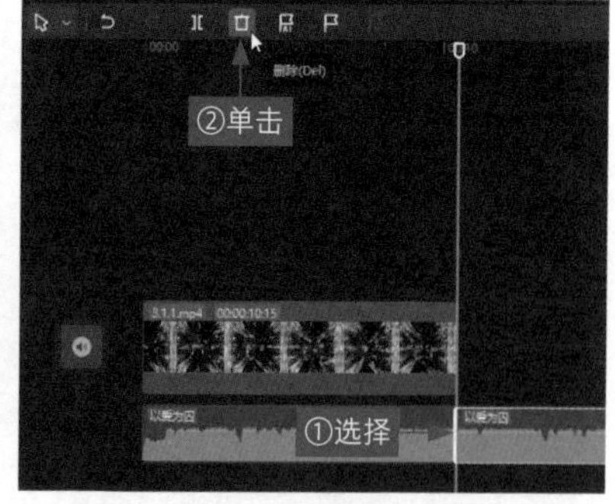

图 3-7 单击“删除”按钮

▶ 专家指点

用户如果看到喜欢的音乐，也可以单击☆图标，将其收藏起来，待下次剪辑视频时可以在“收藏”列表中快速选择该背景音乐。

3.1.2 添加音效增强场景气氛

剪映提供了很多有趣的音频特效，如综艺、笑声、机械、人声、转场、游戏、魔法、打斗、美食、动物、环境音、手机、悬疑以及乐器等类型，用户可以根据短视频的情境来添加音效，视频效果如图 3-8 所示。

扫码看案例效果

扫码看教学视频

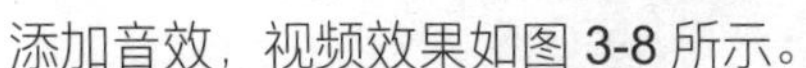

图 3-8　视频效果展示

SETP 01 在剪映中导入一段视频素材，如图 3-9 所示。

图 3-9　导入视频素材

SETP 02 ① 切换至“音频”功能区；② 单击“音效素材”按钮，切换至“音效素材”选项卡，如图 3-10 所示。

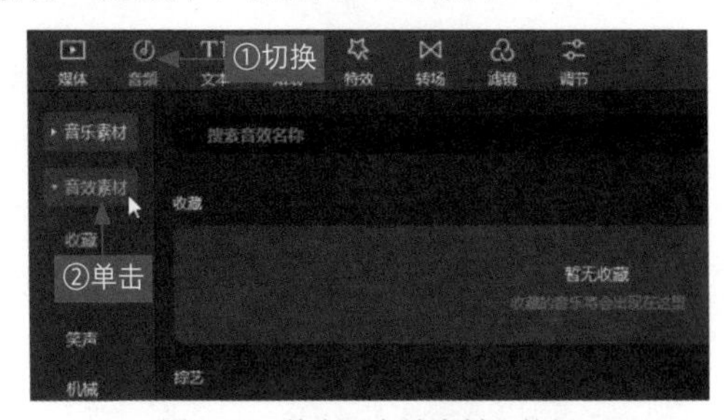

图 3-10　单击“音效素材”按钮

SETP 03 ① 在搜索栏中输入“鞭炮礼花声”；② 在下方的面板中选择对应的音效；③ 即可进行试听，如图 3-11 所示。

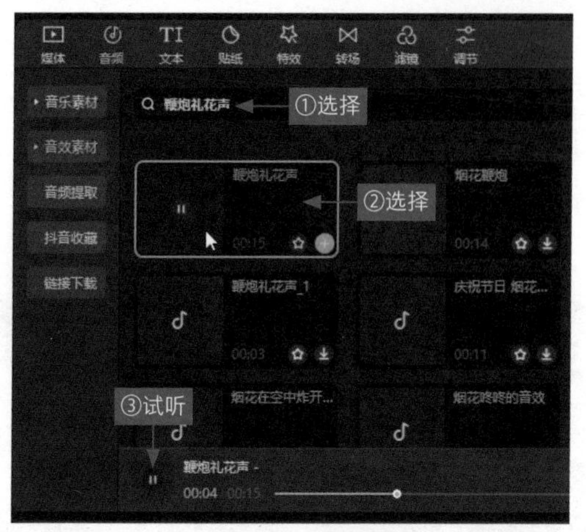

图 3-11 试听背景音效

SETP 04 单击音效卡片中的按钮，即可将选择的音效添加到音频轨道中，如图 3-12 所示。

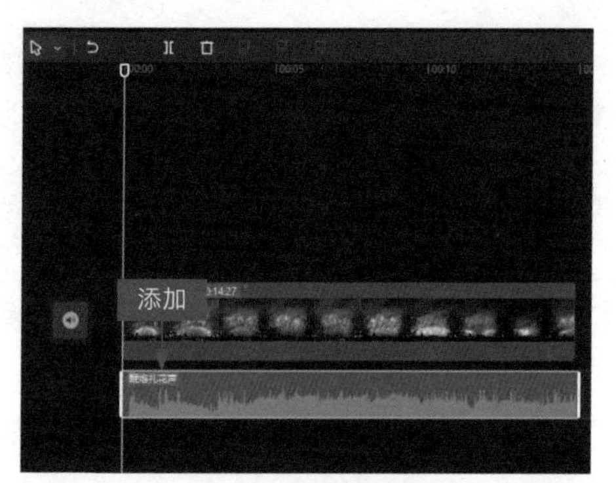

图 3-12 添加背景音效

3.1.3 提取音频设置淡入淡出

效果说明

如果用户看到其他背景音乐好听的视频，也可以将其保存到计算机中，并通过剪映来提取视频中的背景音乐，将其用到自己的视频中。此外，还可以为提取的音频设置淡入淡出

扫码看案例效果

扫码看教学视频

效果，让背景音乐显得不那么突兀，视频效果如图 3-13 所示。

图 3-13　视频效果展示

SETP 01 在剪映中导入一段视频素材，如图 3-14 所示。

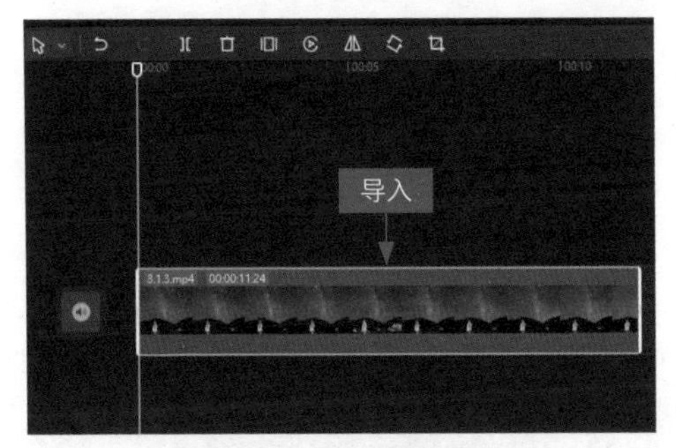

图 3-14　导入视频素材

SETP 02 ① 切换至“音频”功能区中的“音频提取”选项卡；② 单击“导入素材”按钮，如图 3-15 所示。

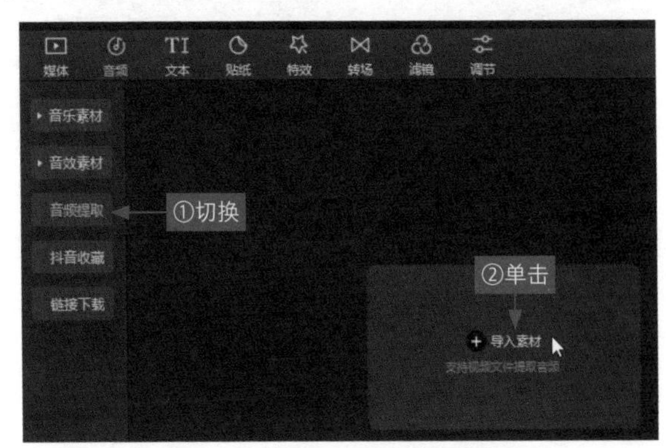

图 3-15　单击“导入素材”按钮

SETP 03 ① 在弹出的“请选择媒体资源”对话框中选择相应的视频素材；② 单击“打开”按钮，如图 3-16 所示。

图 3-16　单击“打开”按钮

SETP 04 执行操作后，即可在“音频”功能区中导入并提取音频文件，单击■按钮，如图 3-17 所示。

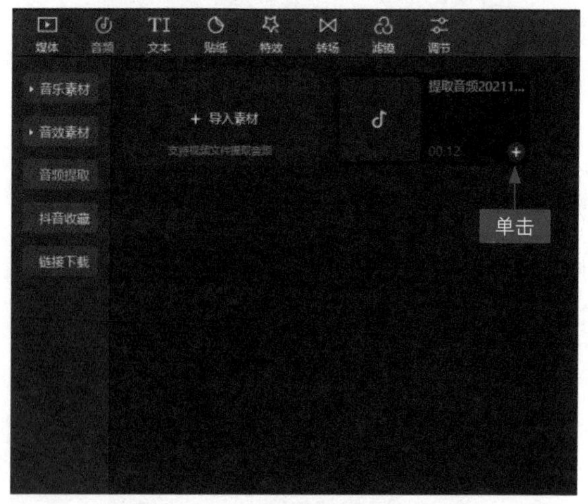

图 3-17　单击“添加到轨道”按钮

SETP 05 将“音频”功能区中提取的音频文件添加到音频轨道中，如图 3-18 所示。

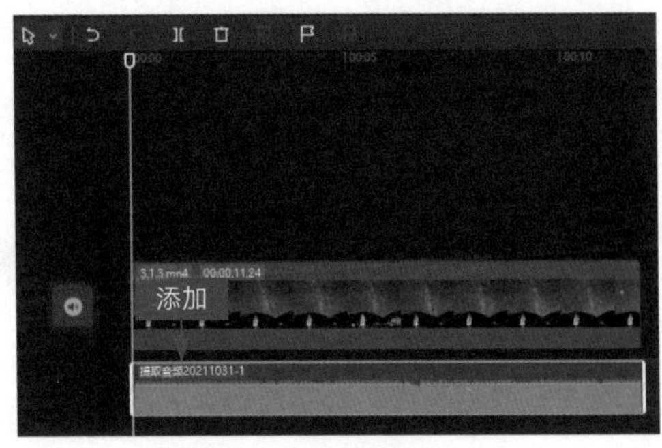

图 3-18　添加到音频轨道中

SETP 06 选择音频素材，在“音频”操作区中，① 设置“音量”参数为 -8.5dB，适当调整音频音量；② 设置“淡入时长”和“淡出时长”参数均为 0.5s，使提取的音频淡入淡出，不显突兀，如图 3-19 所示。

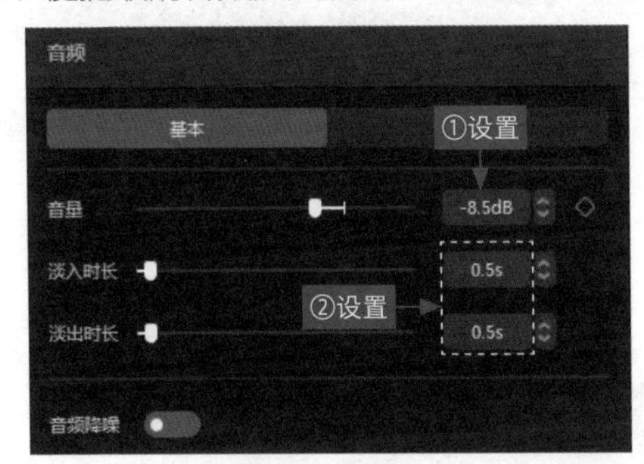

图 3-19　设置各参数

3.2 制作动感卡点视频

卡点视频最重要的就是对音乐节奏的把控，本节主要介绍制作滤镜卡点、多屏卡点、动感炫酷甩入卡点以及色彩渐变显示卡点的操作方法。

3.2.1 手动踩点制作滤镜卡点

效果说明

在剪映中应用“手动踩点”功能，可以制作节奏感非常强烈的卡点视频。根据音乐节奏切换不同的滤镜，可以让视频画面变得更好看，效果如图 3-20 所示。

扫码看案例效果　扫码看教学视频

图 3-20　滤镜卡点视频效果展示

SETP 01 在剪映中导入一段视频素材和一段背景音乐，如图 3-21 所示。

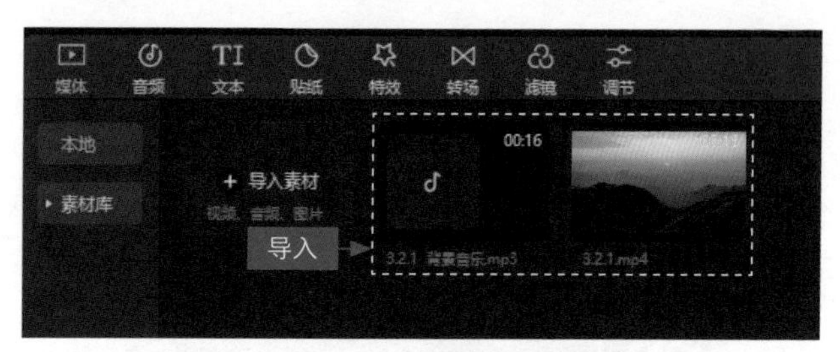

图 3-21　导入视频素材和背景音乐

SETP 02 将视频素材和背景音乐分别添加到视频轨道和音频轨道中，如图 3-22 所示。

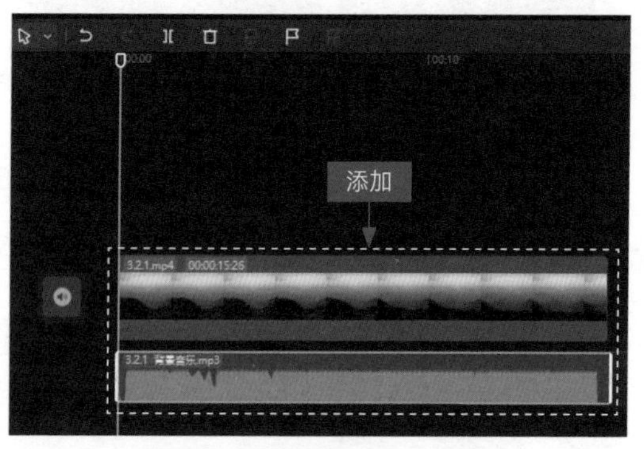

图 3-22　添加视频素材和背景音乐

SETP 03 ① 选择背景音乐；② 根据音乐节奏的起伏单击"手动踩点"按钮；③ 即可在音频素材上添加节拍点，节拍点以黄色的小圆点显示，如图 3-23 所示。

SETP 04 将时间指示器拖曳至开始位置，① 单击"滤镜"按钮；② 切换至"风格化"选项卡；③ 单击"星云"滤镜中的按钮，如图 3-24 所示。

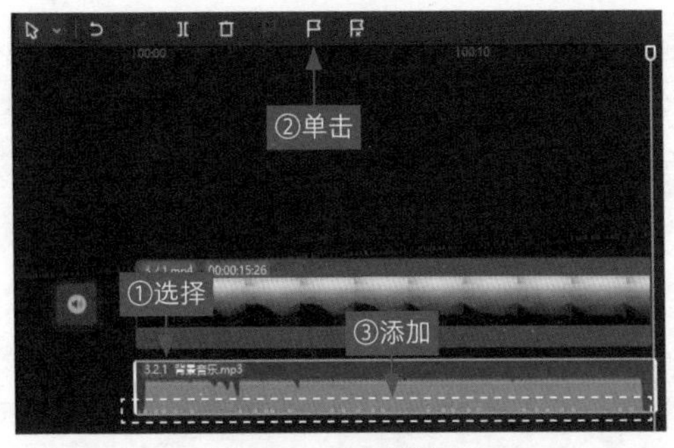

图 3-23　添加节拍点

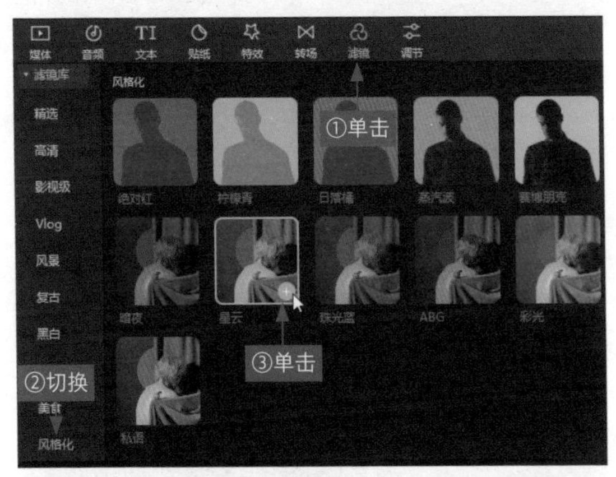

图 3-24　单击“星云”滤镜中的“添加到轨道”按钮

SETP 05 调整滤镜的时长，对齐第一个小黄点的位置，如图 3-25 所示。

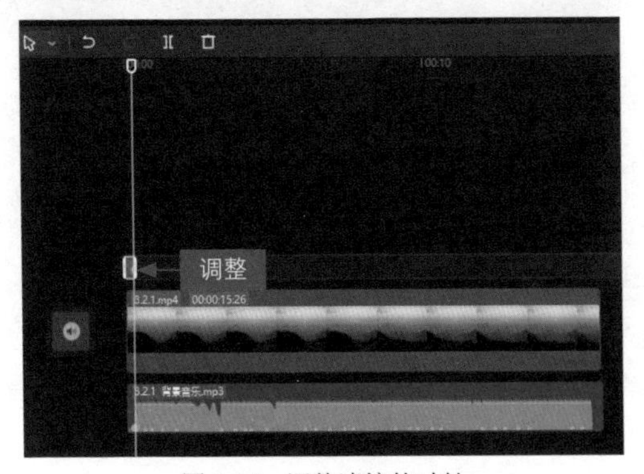

图 3-25　调整滤镜的时长

SETP 06 根据小黄点的位置，继续添加不同的滤镜，效果如图 3-26 所示。

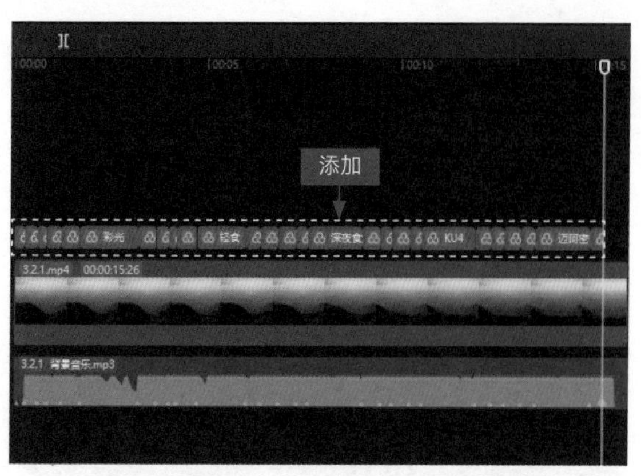

图 3-26　添加不同的滤镜

▶ 专家指点

单击“删除踩点”按钮，可以删除时间指示器所在位置的节拍点；单击“清空踩点”按钮，可以将音频素材上的所有节拍点全部删除。

SETP 07 在“文本”功能区中，① 切换至“文字模板”选项卡；② 在“旅行”选项区中单击“冬日旅行”模板中的按钮，如图 3-27 所示。

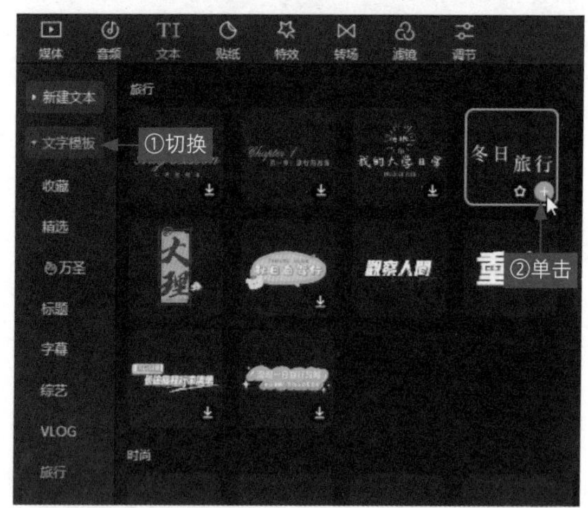

图 3-27　单击“冬日旅行”模板中的“添加到轨道”按钮

SETP 08 执行操作后，即可添加文字模板，将其时长调整为 6s 左右，如图 3-28 所示。

SETP 09 在预览窗口中，调整文字模板的大小，如图 3-29 所示。

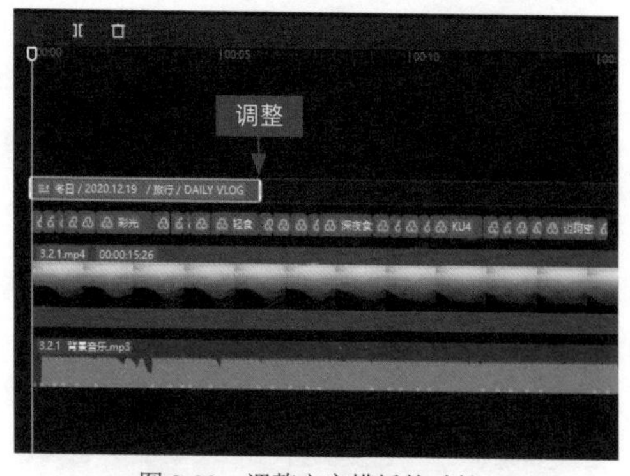

图 3-28 调整文字模板的时长

图 3-29 调整文字模板的大小

SETP 10 在“编辑”操作区中，① 删除第 1 段文本和第 3 段文本；② 修改第 2 段文本为“武 功 山”，如图 3-30 所示。

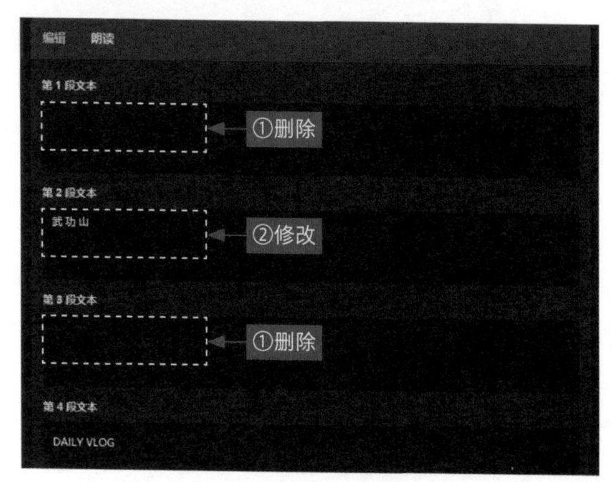

图 3-30 修改文字模板内容

SETP 11 在文字模板上方添加一个默认文本并调整其时长，如图 3-31 所示。

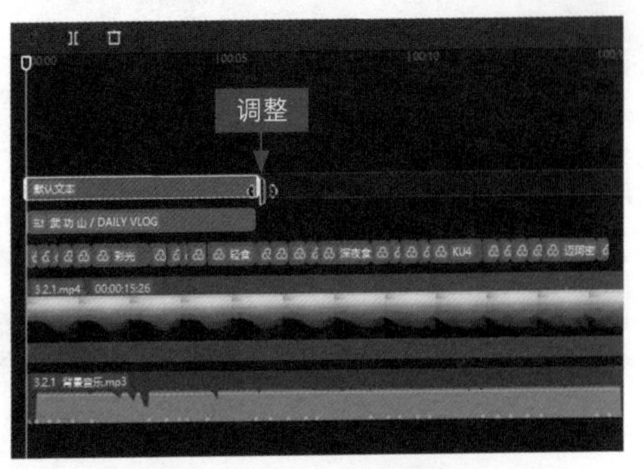

图 3-31 添加文本并调整时长

SETP 12 在“编辑”操作区的“文本”选项卡中，输入文字内容“山顶”，如图 3-32 所示。

图 3-32 输入文字内容

SETP 13 设置文本字体后，在预览窗口中调整文本的位置和大小，如图 3-33 所示。

图 3-33 调整文本的位置和大小（1）

SETP 14 ① 切换至“动画”操作区的“入场”选项卡中；② 选择“向

上滑动”动画，如图 3-34 所示。

图 3-34 选择“向上滑动”动画

SETP 15 ① 复制并粘贴“山顶”文本，在“编辑”操作区的“文本”选项卡中，修改文字内容为“日出”；② 在预览窗口中调整文本的位置和大小，如图 3-35 所示。执行上述操作后，即可完成滤镜卡点视频的制作。

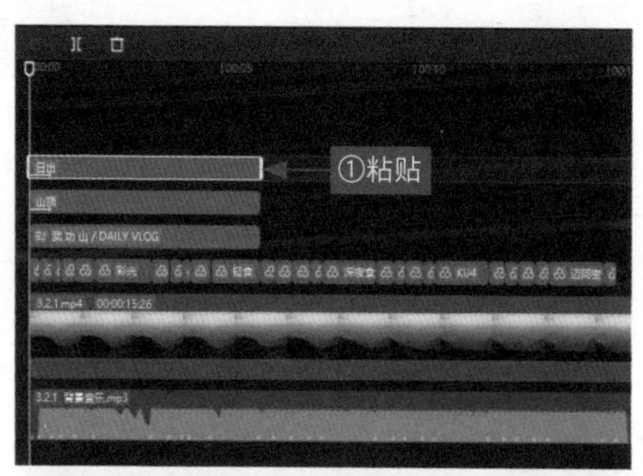

图 3-35 调整文本的位置和大小（2）

3.2.2 自动踩点制作多屏卡点

效果说明

多屏卡点视频效果主要使用剪映的"自动踩点"功能和"分屏"特效制作，从而实现一个视频画面根据节拍点自动分出多个相同的视频画面，效果如图 3-36 所示。

扫码看案例效果

扫码看教学视频

图 3-36 多屏卡点视频效果展示

SETP 01 ① 在剪映中导入一段视频素材；② 在音频轨道中添加一首合适的卡点背景音乐，并调整音乐的时长，如图 3-37 所示。

SETP 02 ① 选择音频素材；② 单击"自动踩点"按钮；③ 在弹出的列表框中选择"踩节拍 I"选项，如图 3-38 所示。执行操作后，即可添加节拍点。

图 3-37 添加视频素材和背景音乐

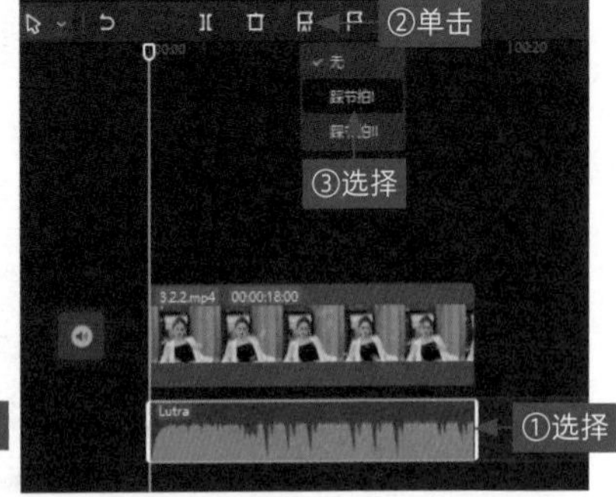

图 3-38 选择"踩节拍 I"选项

SETP 03 将时间指示器拖曳至第 2 个节拍点上，① 切换至“特效”功能区；②展开“分屏”选项卡；③ 单击“两屏”特效中的按钮，如图 3-39 所示。

SETP 04 执行操作后，即可在轨道上添加“两屏”特效，适当调整特效的时长，使其刚好卡在第 2 个和第 3 个节拍点之间，如图 3-40 所示。

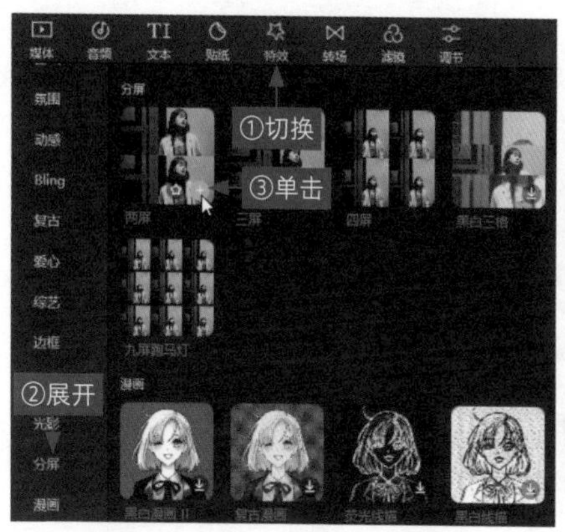

图 3-39 单击“两屏”特效中的“添加到轨道”按钮

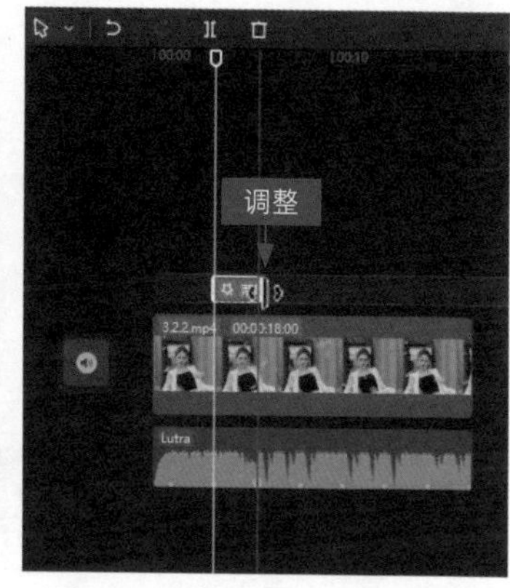

图 3-40 调整“两屏”特效的时长

SETP 05 使用同样的操作方法，在每两个节拍点之间，分别添加“三屏”特效、“四屏”特效、“六屏”特效、“九屏”特效以及“九屏跑马灯”特效，如图 3-41 所示。执行操作后，即可播放视频，查看制作的多屏卡点效果。

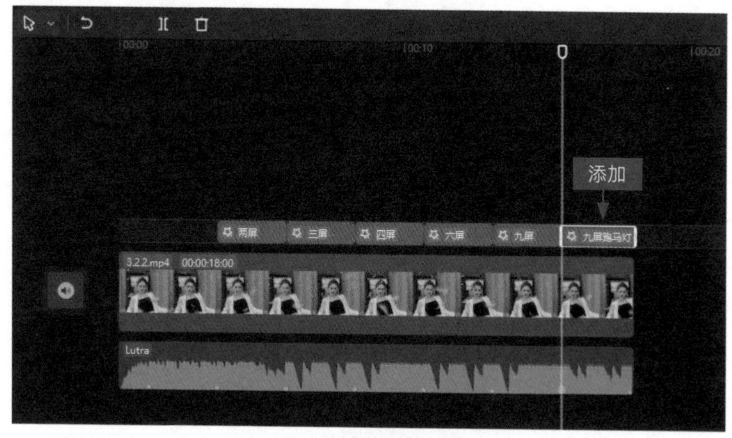

图 3-41 添加相应的分屏特效

▶ 专家指点

在剪映中，“九屏”特效是彩色的，而“九屏跑马灯”特效与“九屏”特效不同，当其中一个屏亮时，其他屏都是黑白色的。

3.2.3 制作动感炫酷甩入卡点

效果说明

使用剪映的“手动踩点”功能和“雨刷”动画效果可以制作动感炫酷的甩入卡点视频，效果如图 3-42 所示。

扫码看案例效果

扫码看教学视频

图 3-42　甩入卡点视频效果展示

SETP 01 在视频轨道和音频轨道中添加多个素材和一段音频素材，如图 3-43 所示。

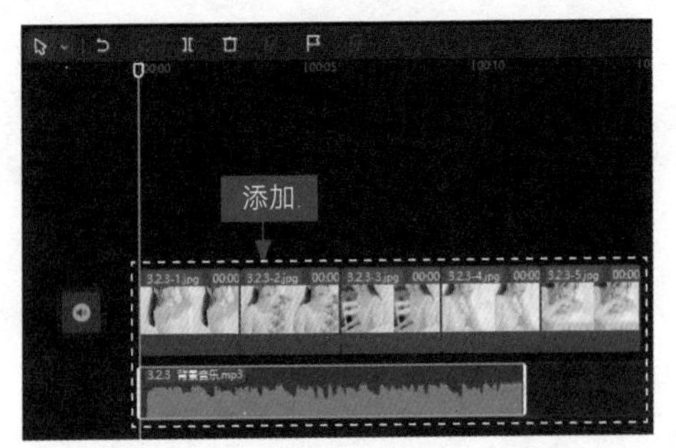

图 3-43　添加多个素材和一段音频素材

SETP 02 ① 选择背景音乐；② 根据音乐节奏的起伏单击“手动踩点”按钮；③ 即可在音频素材上添加节拍点，如图 3-44 所示。

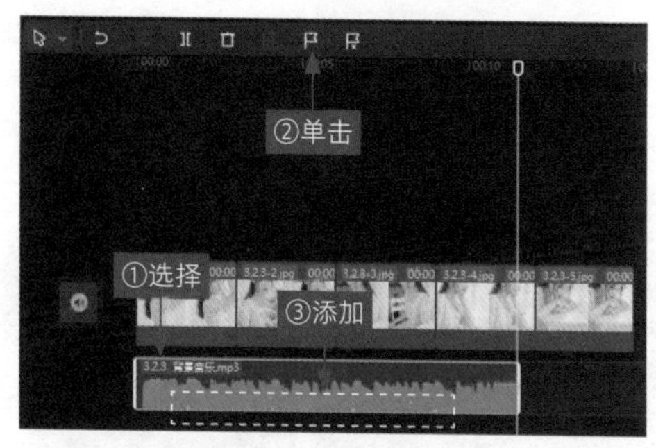

图 3-44　添加节拍点

SETP 03 在视频轨道中，调整素材文件的时长，使素材长度对准音频轨道中的各个节拍点，如图 3-45 所示。

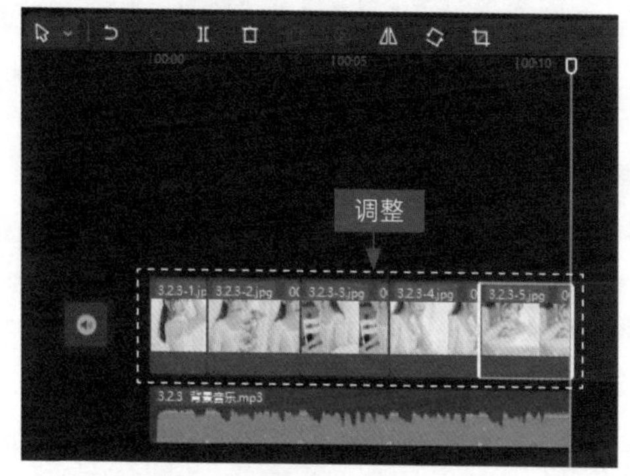

图 3-45　调整素材文件的时长

SETP 04 ① 切换至“动画”操作区；② 在“入场”选项卡中选择“雨刷”选项，为除了第 1 个素材的其他素材添加动画效果，如图 3-46 所示。

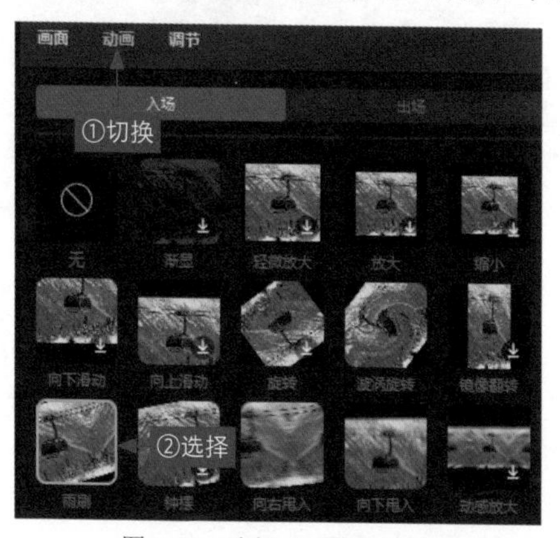

图 3-46　选择“雨刷”选项

SETP 05 拖曳时间指示器至起始位置，如图 3-47 所示。

SETP 06 ① 切换至“特效”功能区；② 在“基础”选项卡中单击“变清晰”特效中的按钮，如图 3-48 所示。

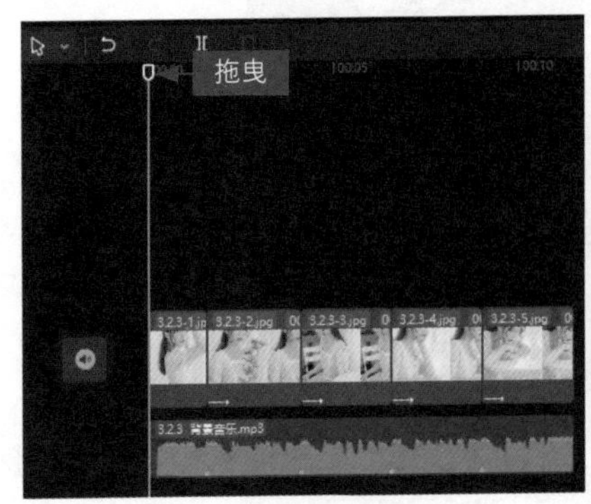

图 3-47 拖曳时间指示器

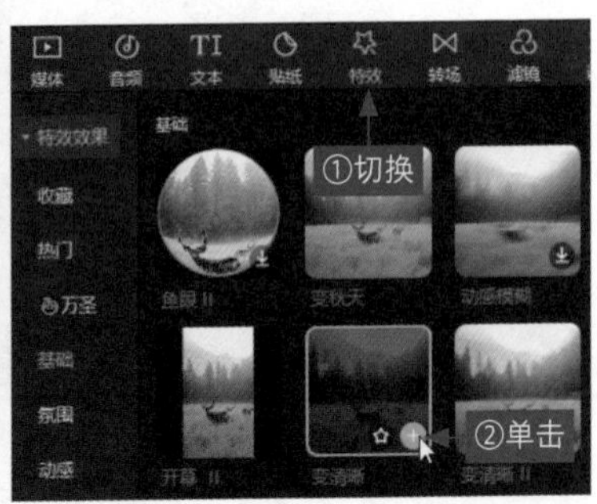

图 3-48 单击“变清晰”特效中的“添加到轨道”按钮

SETP 07 执行上述操作后，即可在轨道上添加一个“变清晰”特效，将特效时长调整为与第 1 个素材文件一致，在“特效”操作区中，设置“对焦速度”为 70、“模糊强度”为 20，如图 3-49 所示。

SETP 08 在“特效”功能区中，① 切换至“氛围”选项卡；② 单击“星火炸开”特效中的按钮，如图 3-50 所示。

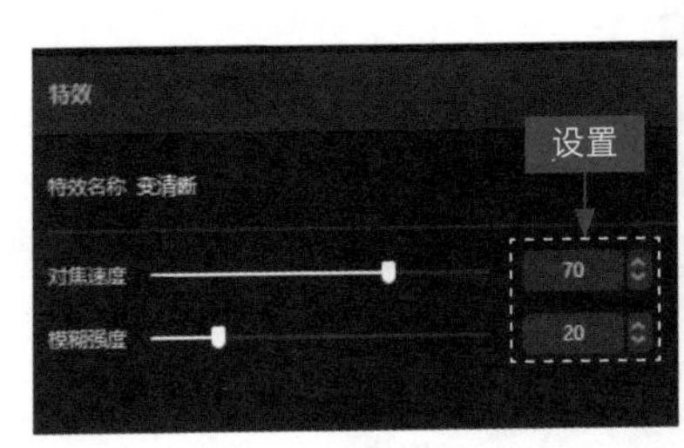

图 3-49 设置参数

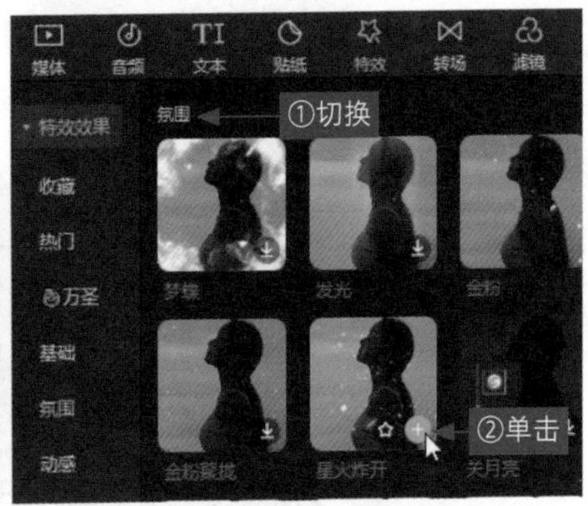

图 3-50 单击“星火炸开”特效中的“添加到轨道”按钮

SETP 09 执行操作后，在第 2 个素材文件的上方添加一个时长一致的“星火炸开”特效，如图 3-51 所示。

SETP 10 复制“星火炸开”特效，将其粘贴到其他素材文件上方，并适当调整时长，如图 3-52 所示。执行操作后，即可播放视频，查看制作的甩入卡点视频。

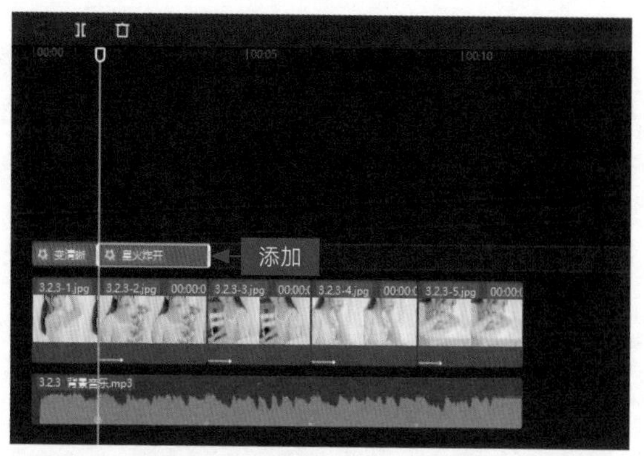

图 3-51 添加“星火炸开”特效

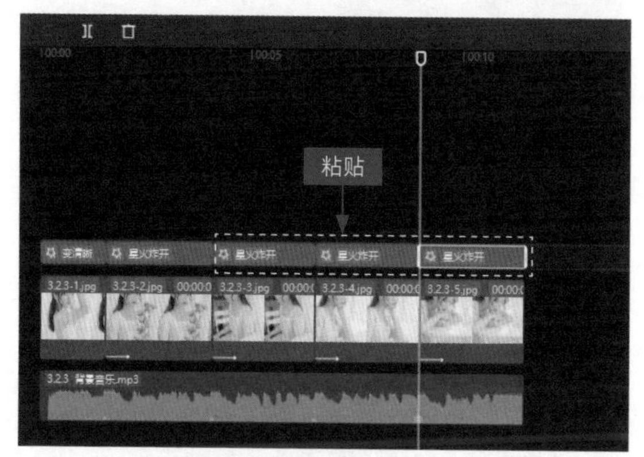

图 3-52 复制并粘贴“星火炸开”特效

3.2.4 制作色彩渐变显示卡点

效果说明

扫码看案例效果

扫码看教学视频

色彩渐变显示卡点视频是短视频卡点类型中比较热门的一种，视频画面会随着音乐的节奏点从黑白色渐变为有颜色的画面，主要使用剪映的“自动踩点”功能和“变彩色”特效，制作出色彩渐变显示卡点短视频，效果如图 3-53 所示。

SETP 01 在视频轨道中添加多个素材，在音频轨道中添加一段背景音乐，如图 3-54 所示。

SETP 02 ① 选择音频轨道中的素材；② 单击“自动踩点”按钮；③ 在弹出的列表框中选择“踩节拍Ⅰ”选项，如图 3-55 所示。

图 3-53　色彩渐变显示卡点视频效果展示

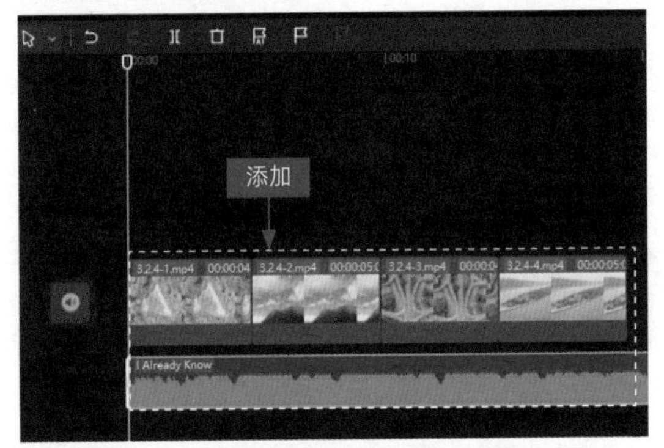

图 3-54　添加多个素材和一段音频素材

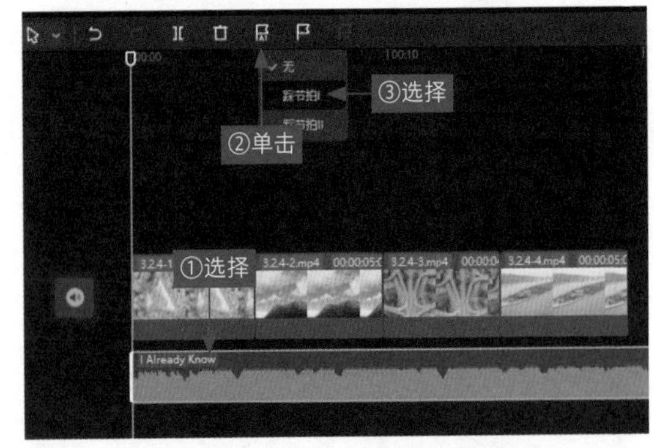

图 3-55　选择“踩节拍 I”选项

SETP 03 执行操作后，① 即可在音频上添加黄色的节拍点；② 拖曳第 1 个素材文件右侧的白色拉杆，使其长度对准音频上的第 2 个节拍点，如图 3-56 所示。

SETP 04 使用同样的操作方法，① 调整后面的素材文件时长，使其与相应的节拍点对齐；② 并剪掉多余的背景音乐，如图 3-57 所示。

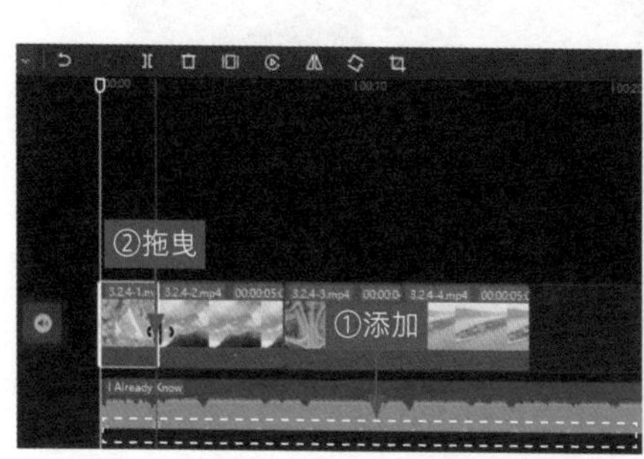

图 3-56 调整素材的时长

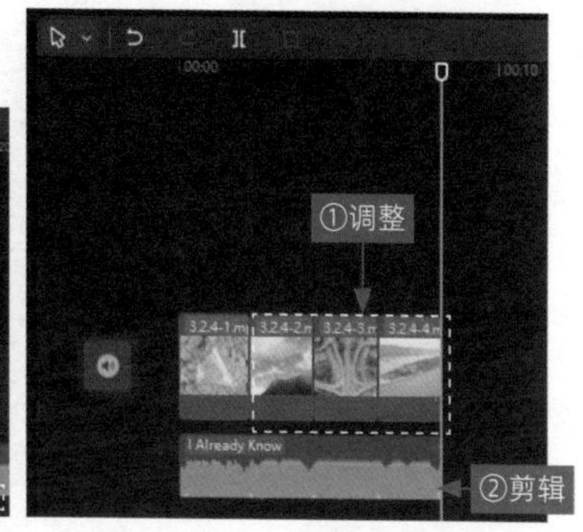

图 3-57 剪掉多余的背景音乐

SETP 05 将时间指示器拖曳至开始位置处，① 切换至“特效”功能区；② 在“基础”选项卡中单击“变彩色”特效中的按钮，如图 3-58 所示。

SETP 06 执行操作后，即可在轨道上添加“变彩色”特效，如图 3-59 所示。

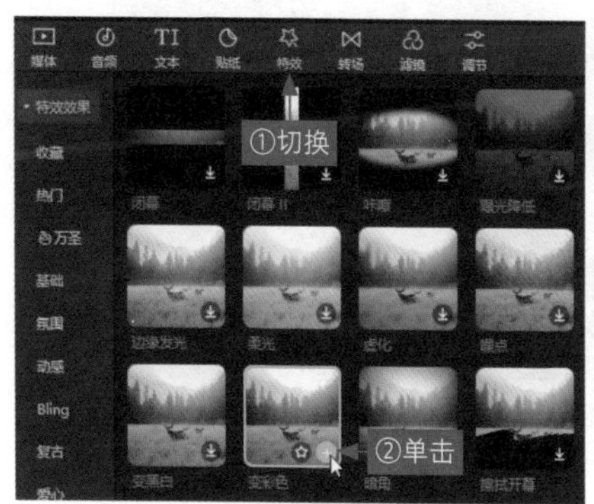

图 3-58 单击“变彩色”特效中的“添加到轨道”按钮

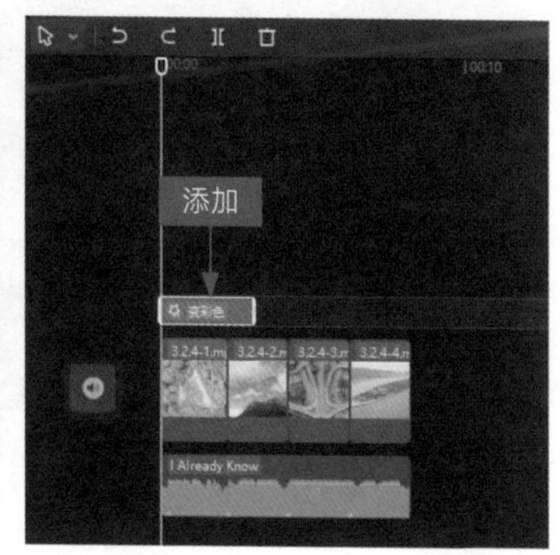

图 3-59 添加“变彩色”特效

SETP 07 拖曳特效右侧的白色拉杆，调整特效时长，使其与第 1 段视频时长一致，如图 3-60 所示。

SETP 08 通过复制粘贴的方式，在其他 3 个视频的上方添加与视频同长的“变彩色”特效，如图 3-61 所示。执行上述操作后，即可在预览窗口中查看渐变卡点视频效果。

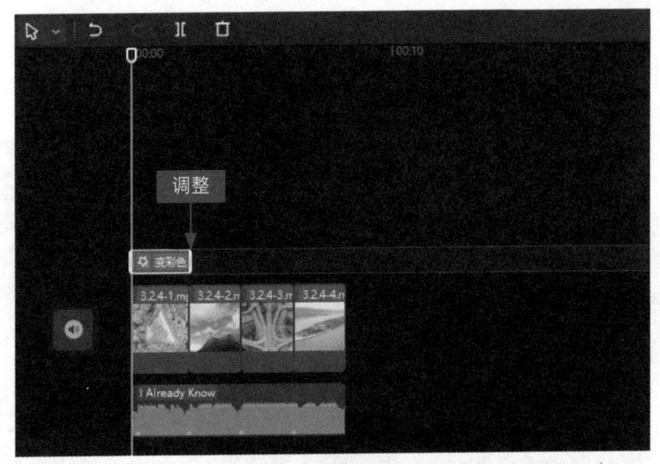

图 3-60　调整特效时长

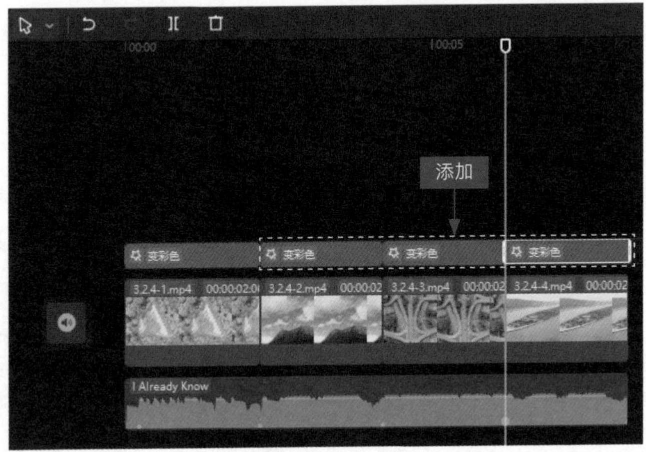

图 3-61　添加多个“变彩色”特效

04

热门视频：助你快速成为视频达人

◎ **章前知识导读**

抖音上有许多热门、好玩的视频效果，想要让自己的短视频也拥有这些效果吗？本章将介绍制作时空穿越、滑屏 Vlog、光影交错、延时视频以及分身视频等多种视频效果的具体操作方法，助你快速成为视频达人。

◎ **新手重点索引**

制作炫酷合成效果
制作抖音热门效果

◎ **效果图片欣赏**

4.1 制作炫酷合成效果

剪映电脑版的功能非常完善，使用蒙版、关键帧以及智能抠像等功能，可以轻松做出一些很炫酷的合成效果，包括时空穿越、抠取人像更换背景、遮挡视频水印和滑屏 Vlog 等。本节将介绍这些合成效果的制作方法。

4.1.1 使用蒙版制作穿越时空效果

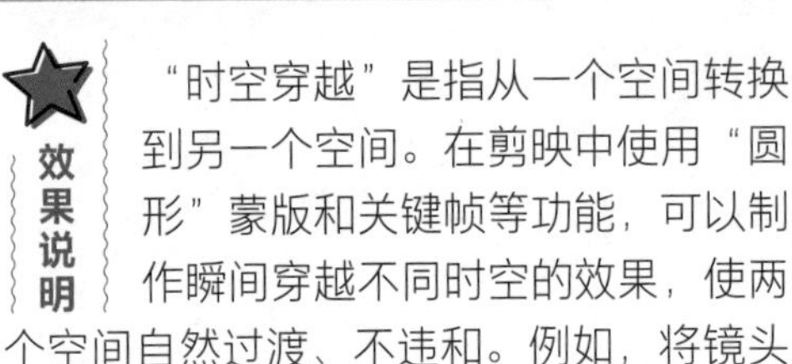

效果说明

"时空穿越"是指从一个空间转换到另一个空间。在剪映中使用"圆形"蒙版和关键帧等功能，可以制作瞬间穿越不同时空的效果，使两个空间自然过渡、不违和。例如，将镜头对准当前空间的某一处，慢慢将镜头推近，然后迅速推近被摄物体穿越到另一个空间，完成时空转换，效果如图 4-1 所示。

扫码看案例效果

扫码看教学视频

图 4-1　穿越时空效果展示

SETP 01 在剪映中导入两个视频素材和一个音频素材，如图 4-2 所示。

SETP 02 ① 将第 1 个视频添加到视频轨道中；② 将第 2 个视频添加到画中画轨道中，如图 4-3 所示。

SETP 03 将时间指示器拖曳至 00:00:03:14 的位置，如图 4-4 所示。

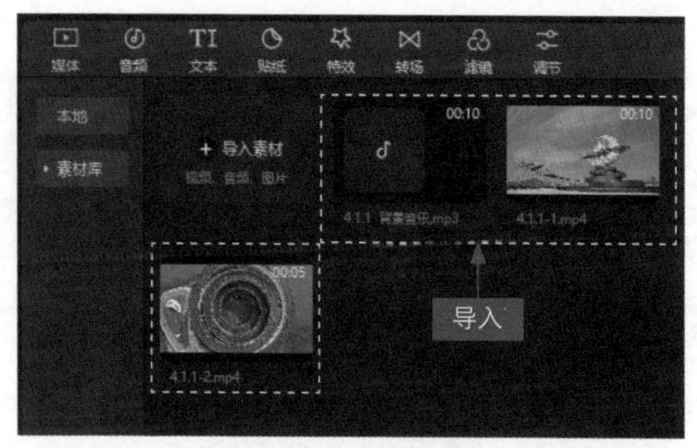

图 4-2　导入素材文件

图 4-3　添加两个视频素材

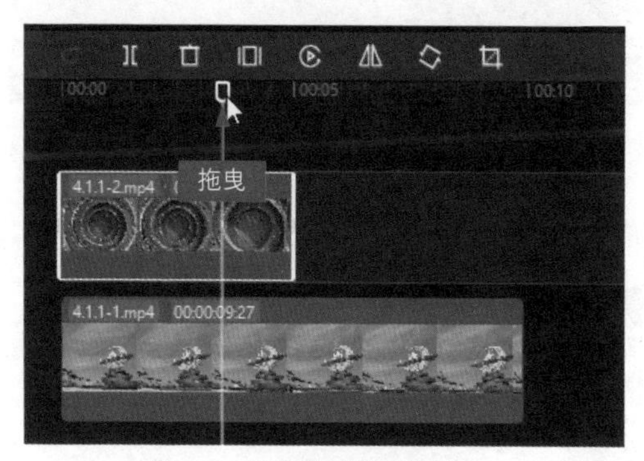

图 4-4　拖曳时间指示器（1）

SETP 04 在“画面”操作区的“基础”选项卡中，单击“缩放”右侧的“添加关键帧”按钮，如图 4-5 所示。

SETP 05 执行操作后，① 即可在画中画素材上添加一个关键帧；② 将时间指示器拖曳至画中画素材的结束位置，如图 4-6 所示。

SETP 06 在“画面”操作区的“基础”选项卡中，① 设置“缩放”参数为 500%；② 此时右侧的关键帧按钮会自动点亮，表示自动生成关键帧，如图 4-7 所示。

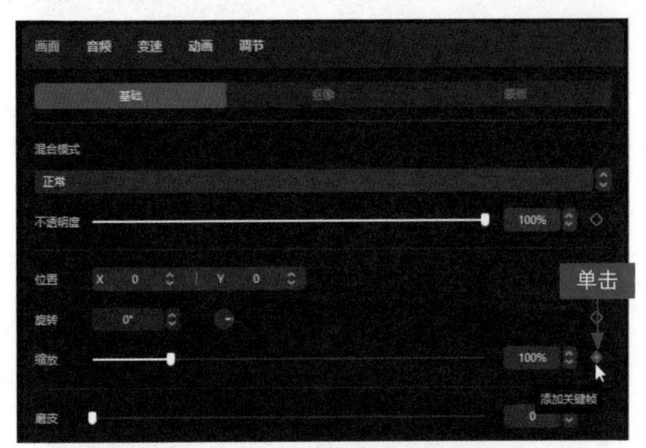

图 4-5　单击“添加关键帧”按钮

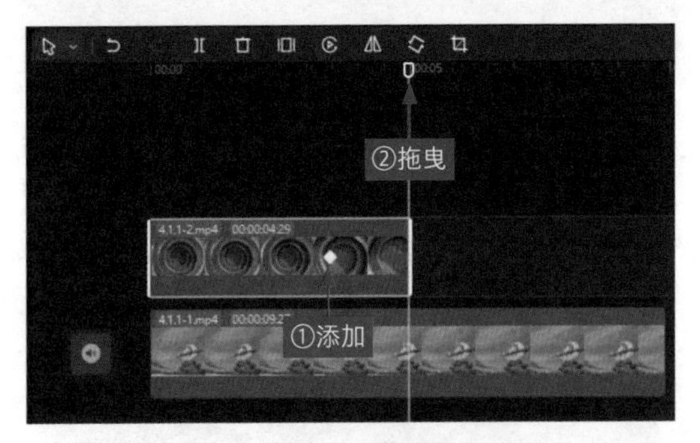

图 4-6　拖曳时间指示器（2）

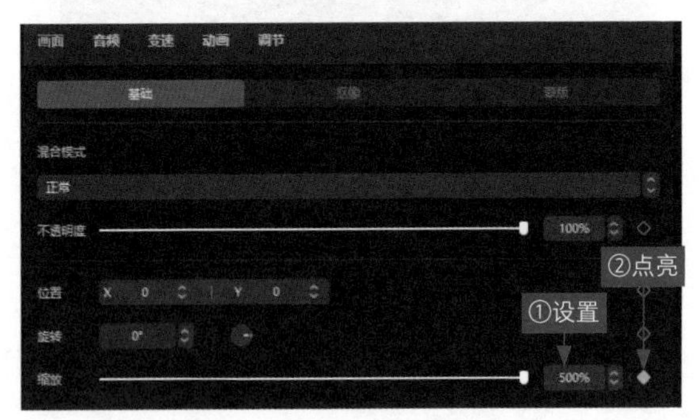

图 4-7　设置“缩放”参数

SETP 07 将时间指示器拖曳至开始位置处，在“画面”操作区中，① 切换至“蒙版”选项卡；② 选择“圆形”蒙版；③ 设置“位置”X 参数为 26、Y 参数为 −22；④ 设置“大小”参数，“长”为 153、“宽”

为 154；⑤ 设置“羽化”参数为 5；⑥ 点亮“位置”“大小”“羽化”3 个关键帧；⑦ 最后单击下方的“反转”按钮，如图 4-8 所示。

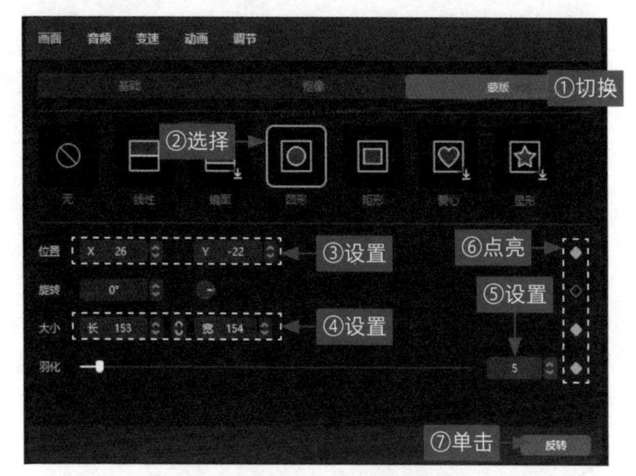

图 4-8　单击“反转”按钮

SETP 08 将时间指示器再次拖曳至 00:00:03:14 的位置，在“画面”操作区中，① 切换至“蒙版”选项卡；② 设置“大小”参数，“长”为 440、“宽”为 444，此时“大小”关键帧会自动点亮，如图 4-9 所示。

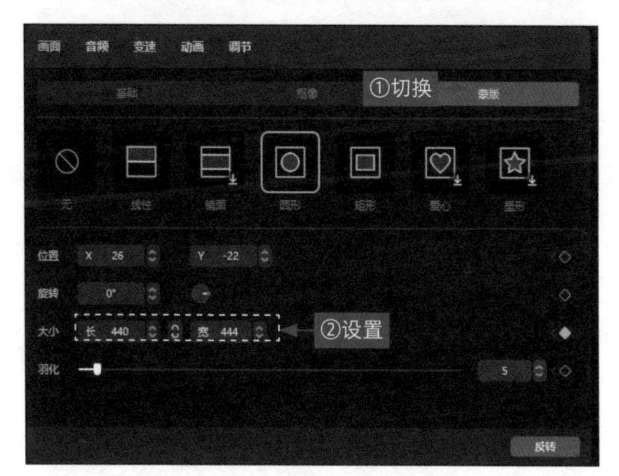

图 4-9　设置“大小”参数

SETP 09 执行操作后，① 切换至“音频”功能区；② 展开“音效素材”|“转场”选项卡；③ 找到并单击“嗖嗖”音效中的按钮，如图 4-10 所示。

SETP 10 执行操作后，即可在时间指示器的位置添加“嗖嗖”音效，如图 4-11 所示。

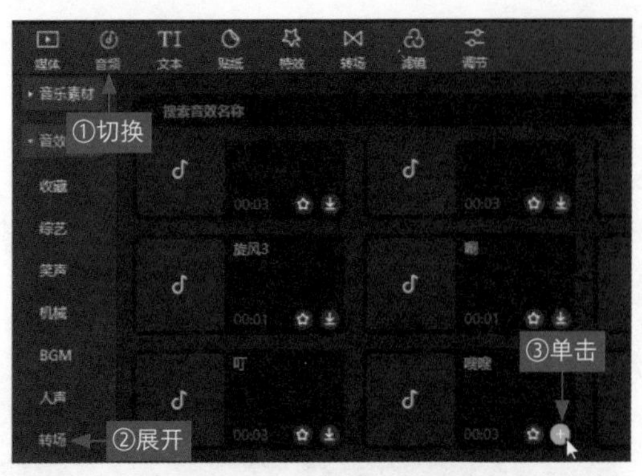

图 4-10　单击“嗖嗖”音效中的“添加到轨道”按钮

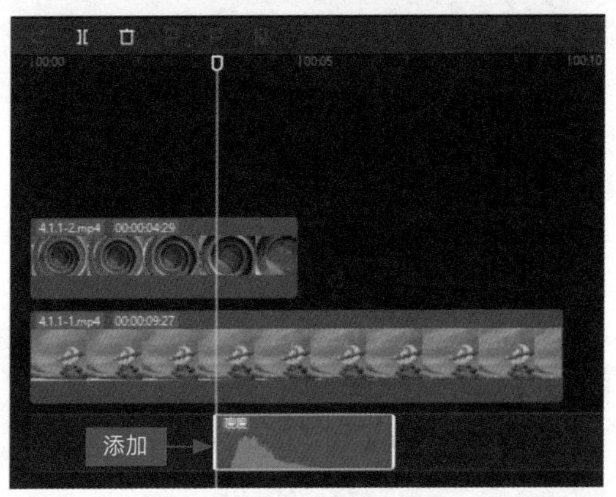

图 4-11　添加“嗖嗖”音效

SETP 11 在"媒体"功能区中将背景音乐添加到音频轨道中，如图4-12所示。在“播放器”面板中单击“播放”按钮，即可在预览窗口查看制作的穿越时空视频效果。

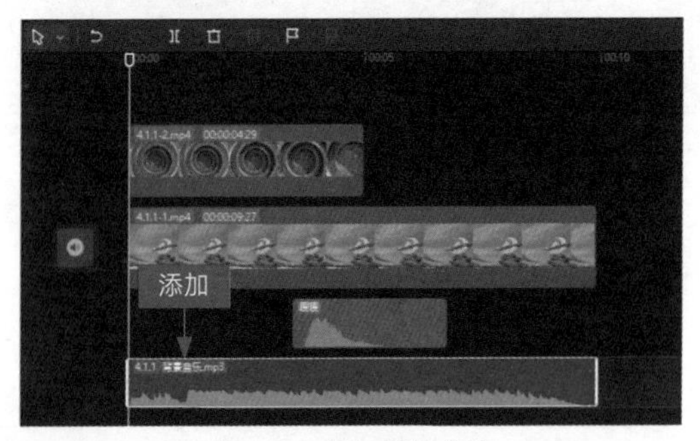

图 4-12　添加背景音乐

4.1.2 使用智能抠像更换视频背景

效果说明

在剪映中运用智能抠像功能可以更换视频的背景，做出季节变换的效果，原图与效果对比如图 4-13 所示。

扫码看案例效果

扫码看教学视频

图 4-13　更换背景效果展示

SETP 01 在剪映中导入一个视频素材，如图 4-14 所示。

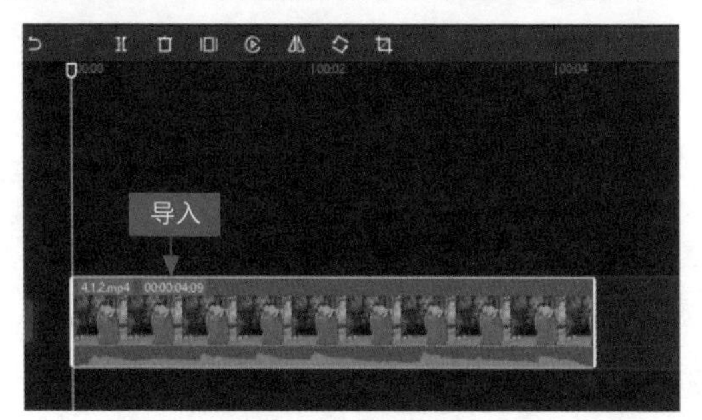

图 4-14　导入素材文件

SETP 02 复制并粘贴视频素材至画中画轨道中，如图 4-15 所示。

SETP 03 在“画面”操作区中，① 切换至“抠像”选项卡；② 单击“智能抠像”按钮，如图 4-16 所示。

SETP 04 ① 切换至“特效”功能区；② 展开“基础”选项卡；③ 单击“变

秋天”特效中的按钮，如图 4-17 所示。

图 4-15　复制并粘贴素材

图 4-16　单击“智能抠像”按钮

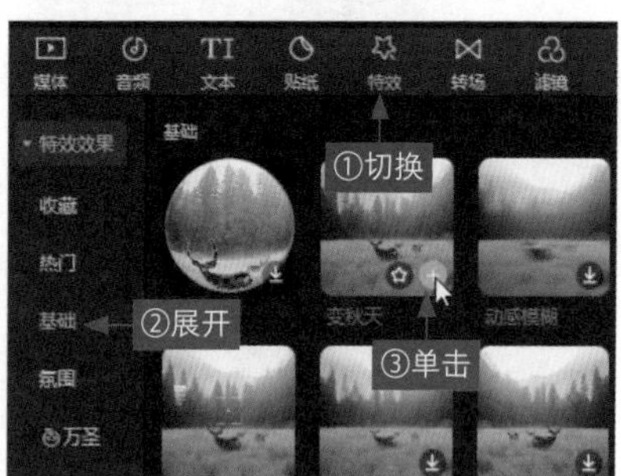

图 4-17　单击“变秋天”特效中的“添加到轨道”按钮

SETP 05 执行操作后，即可添加“变秋天”特效，并调整特效的时长，使其与视频时长一致，如图 4-18 所示。

图 4-18　添加并调整特效的时长

4.1.3 使用矩形蒙版遮挡视频水印

效果说明

当要用来剪辑的视频中有水印时，可以通过剪映的“模糊”特效和“矩形”蒙版遮挡视频中的水印，原图与效果图对比如图 4-19 所示。

扫码看案例效果

扫码看教学视频

图 4-19　原图与效果图对比展示

SETP 01 在剪映中导入视频素材，如图 4-20 所示。

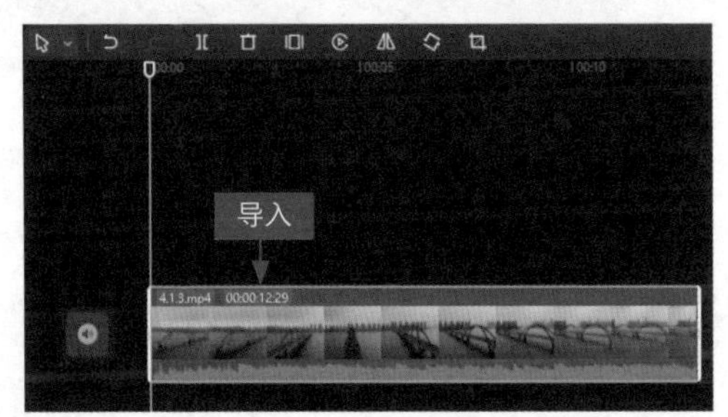

图 4-20　导入视频素材

SETP 02 ① 切换至“特效”功能区；② 在“基础”选项卡中单击“模糊”特效中的+按钮，如图 4-21 所示。

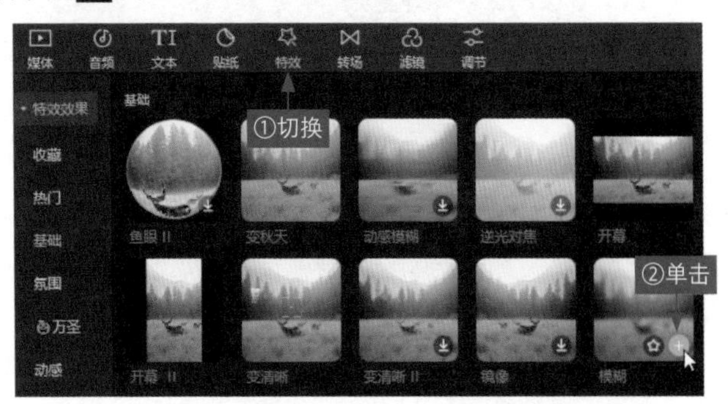

图 4-21　单击“模糊”特效中的“添加到轨道”按钮

SETP 03 执行操作后，即可在视频上方添加一个“模糊”特效，拖曳特效右侧的白色拉杆，调整其时长，使其与视频一致，如图 4-22 所示。

SETP 04 ① 在“特效”操作区设置“模糊度”为 100；② 单击“导出”按钮，如图 4-23 所示。

图 4-22 调整特效时长

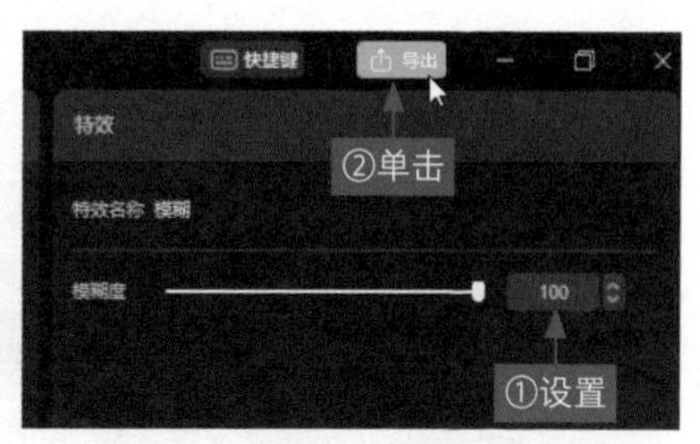

图 4-23 单击“导出”按钮（1）

SETP 05 弹出“导出”对话框，① 在其中设置导出视频的名称、位置以及相关参数；② 单击“导出”按钮，如图 4-24 所示。

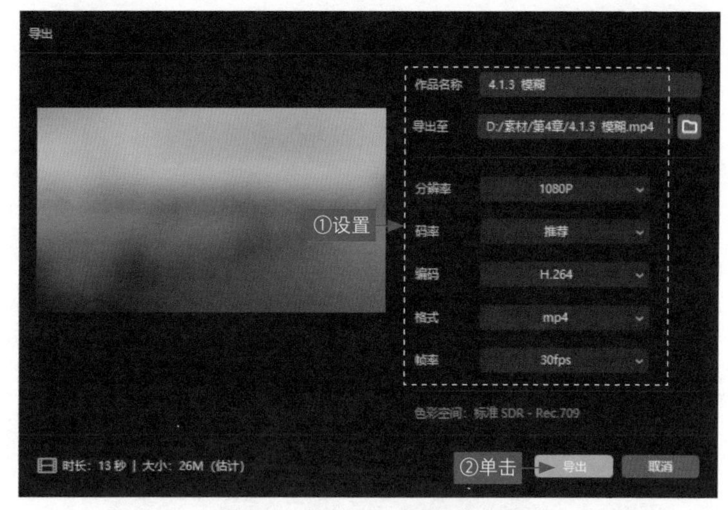

图 4-24 单击“导出”按钮（2）

SETP 06 稍等片刻，待导出完成后，① 选择特效；② 单击“删除”按钮，如图 4-25 所示。

SETP 07 在“媒体”功能区中，将前面导出的模糊效果视频再次导入“本地”选项卡，如图 4-26 所示。

SETP 08 通过拖曳的方式，将效果视频添加至画中画轨道中，如图 4-27 所示。

图 4-25 单击“删除”按钮

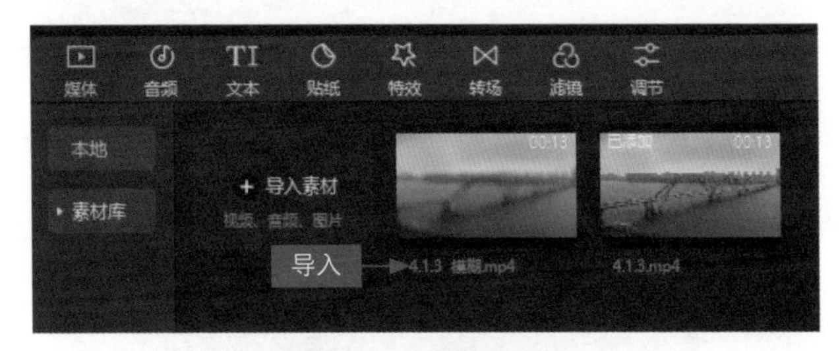

图 4-26 导入效果视频

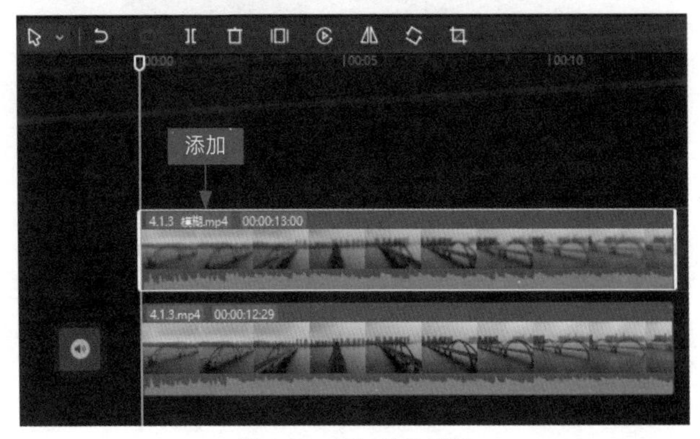

图 4-27 添加效果视频

SETP 09 在“画面”操作区中，① 切换至“蒙版”选项卡；② 选择“矩形”蒙版，如图 4-28 所示。

SETP 10 在预览窗口中可以看到矩形蒙版中显示的画面是模糊的，蒙版外的画面是清晰的，如图 4-29 所示。

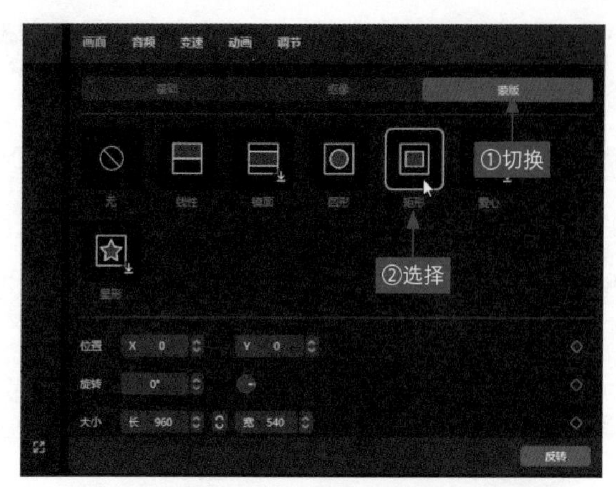

图 4-28　选择“矩形”蒙版

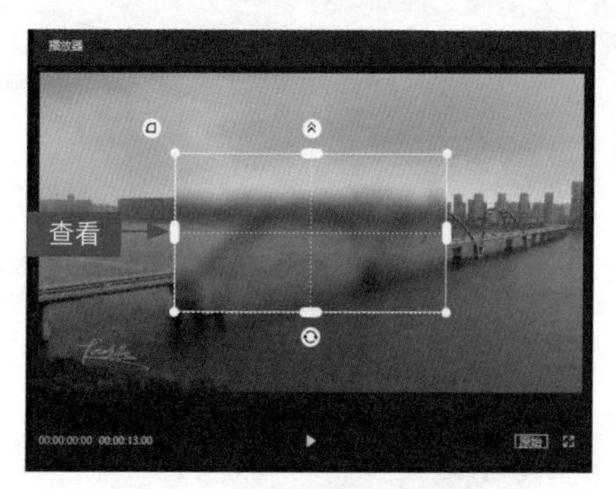

图 4-29　查看添加的矩形蒙版

SETP 11 拖曳蒙版四周的控制柄，调整蒙版的大小、角度，并将其拖曳至画面左下角的水印上，如图 4-30 所示。

SETP 12 在轨道中单击空白位置处，预览窗口中蒙版的虚线框将会隐藏起来，此时可以查看水印是否已被蒙版遮住，如图 4-31 所示。

图 4-30　调整蒙版大小、角度和位置

图 4-31　查看水印是否被遮住

4.1.4 使用关键帧制作滑屏 Vlog

效果说明

滑屏是一种可以展示多段视频的效果，适合用来制作旅行 Vlog、综艺片头等，效果如图 4-32 所示。

扫码看案例效果

扫码看教学视频

图 4-32　滑屏 Vlog 效果展示

SETP 01 在剪映“媒体”功能区中导入多个视频素材，如图 4-33 所示。

图 4-33　导入多个视频素材

SETP 02 将第 1 个视频素材添加到视频轨道上，如图 4-34 所示。

图 4-34　将第 1 个视频添加到视频轨道上

SETP 03 在“播放器”面板中，① 设置预览窗口的画布比例为 9:16；② 并适当调整视频的位置和大小，如图 4-35 所示。

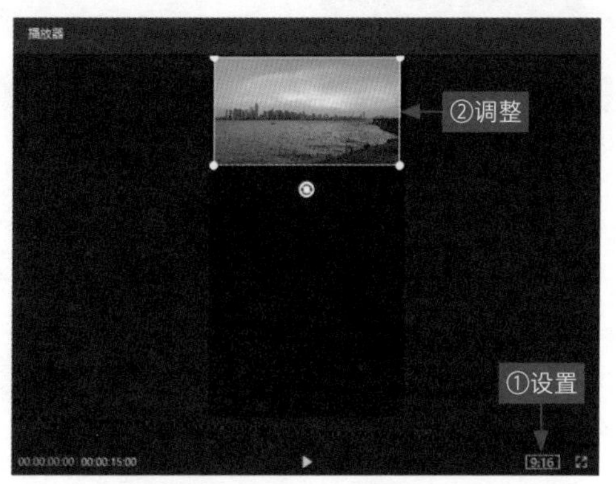

图 4-35　调整视频位置和大小

SETP 04 用与上同样的操作方法，依次将其他视频添加到画中画轨道中，并在预览窗口中调整视频的位置和大小，如图 4-36 所示。

图 4-36　调整其他视频的位置和大小

SETP 05 选择视频轨道中的素材，如图 4-37 所示。

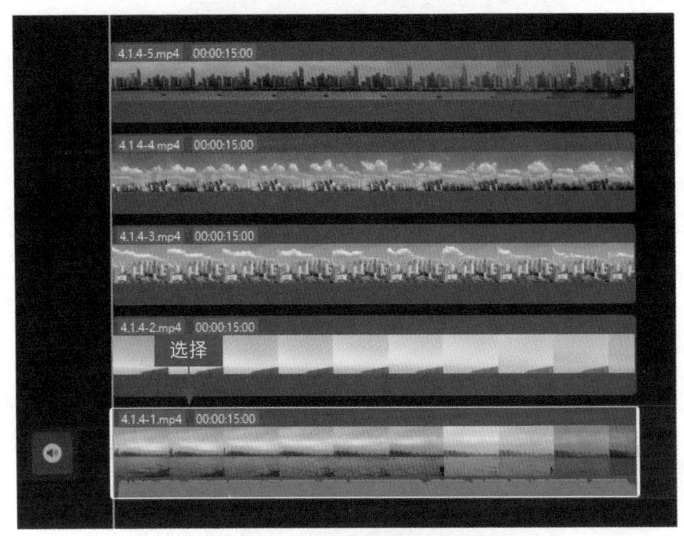

图 4-37 选择视频轨道中的素材

SETP 06 ① 切换至"画面"操作区; ② 展开"背景"选项卡; ③ 单击"背景填充"下方右侧的下拉按钮; ④ 在弹出的列表框中选择"颜色"选项，如图 4-38 所示。

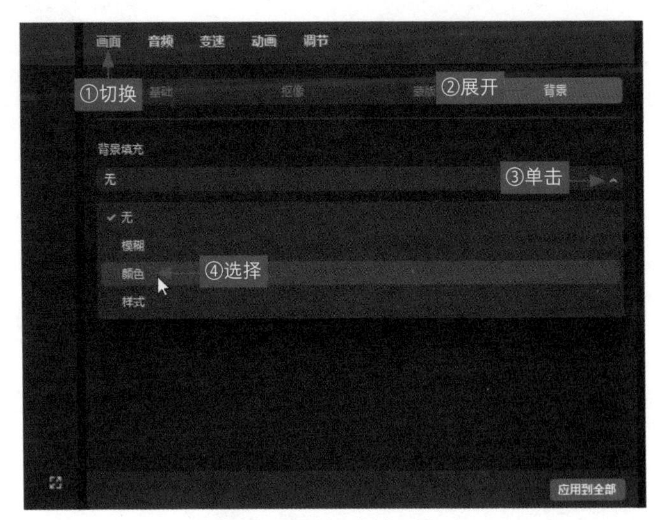

图 4-38 选择"颜色"选项

SETP 07 在"颜色"选项区中选择白色色块，如图 4-39 所示。

图 4-39 选择白色色块

SETP 08 将制作的效果视频导出，新建一个草稿文件，将导出的效果视频重新导入"媒体"功能区中，如图 4-40 所示。

图 4-40 导入效果视频

SETP 09 通过拖曳的方式，将效果视频添加到视频轨道上，如图 4-41 所示。

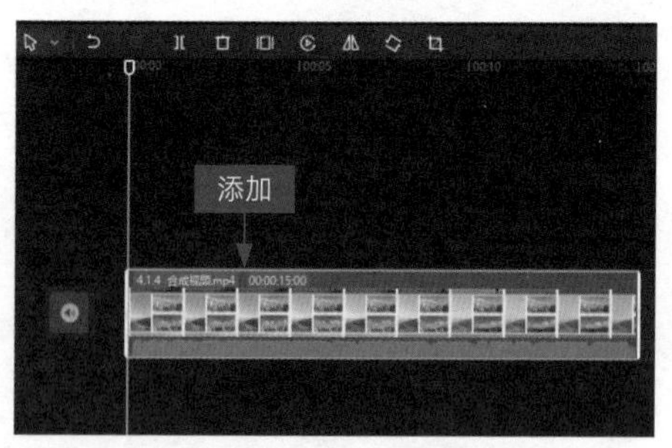

图 4-41 添加效果视频

SETP 10 在"播放器"面板中设置预览窗口的视频画布比例为 16:9，如图 4-42 所示。

SETP 11 拖曳视频画面四周的控制柄，调整视频画面大小，使其铺满整个预览窗口，如图 4-43 所示。

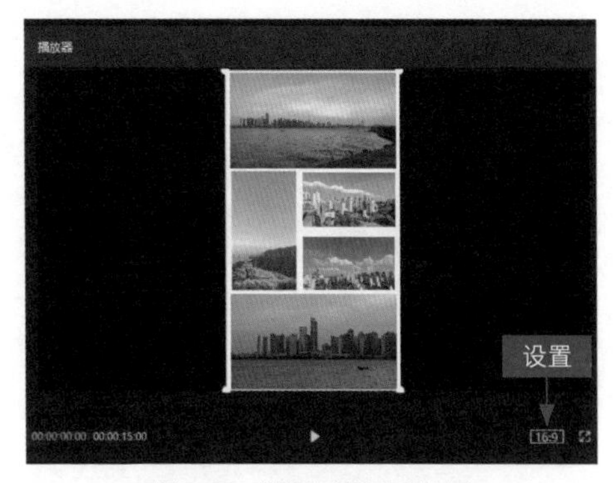

图 4-42　设置视频画布比例

图 4-43　调整视频画面大小

SETP 12 ① 切换至“画面”操作区的“基础”选项卡中；② 点亮“位置”最右侧的关键帧按钮，如图 4-44 所示。

图 4-44　点亮关键帧按钮

SETP 13 执行操作后，① 即可在视频轨道素材的开始位置添加一个关键帧；② 将时间指示器拖曳至结束位置，如图 4-45 所示。

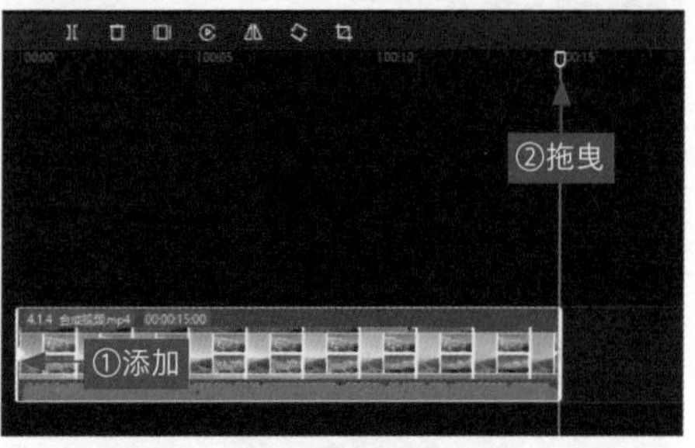

图 4-45　拖曳时间指示器

SETP 14 ① 切换至“画面”操作区的“基础”选项卡中；② 设置“位置”右侧的 Y 参数值为 2362；③ 此时“位置”右侧的关键帧按钮会自动点亮，如图 4-46 所示。执行操作后，在视频素材的结束位置即可添加一个关键帧，在预览窗口中可以播放查看制作的滑屏效果。

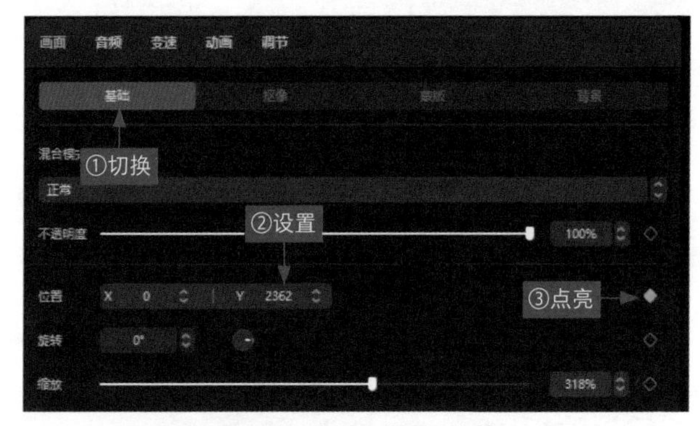

图 4-46　设置“位置”参数

▶ 专家指点

在本例中，设置第 2 个关键帧时，也可以在预览窗口中通过拖曳的方式，调整视频画面的位置，此时“画面”操作区的“位置”关键帧也会自动点亮。

4.2　制作抖音热门效果

除了前面介绍的炫酷合成效果，在剪映中，用户还可以将照片变为动态的视频、制作光影交错跳动效果、制作延时视频以及分身视频等抖音热门效果，本节将介绍这些抖音热门效果的制作方法。

4.2.1 将照片变为动态的视频

效果说明

在剪映中运用关键帧功能可以将全景照片变为动态的视频，方法也非常简单，效果如图 4-47 所示。

扫码看案例效果

扫码看教学视频

图 4-47　照片变视频效果展示

SETP 01 在剪映视频轨道和音频轨道中，导入一张照片素材和一段背景音乐，并调整照片时长，使其与音乐时长一致，如图 4-48 所示。

图 4-48　导入素材并调整时长

SETP 02 ① 单击"原始"按钮；② 在弹出的列表框中选择"16:9（西瓜视频）"选项，如图 4-49 所示。

SETP 03 在"画面"操作区的"基础"选项卡中，① 设置"缩放"参数为 196%；② 设置"位置"X 参数为 1840、Y 参数为 0；③ 点亮"位置"右侧的关键帧，如图 4-50 所示。

SETP 04 执行操作后，① 即可在视频的开始位置添加一个关键帧；② 拖曳时间指示器至视频末尾位置处，如图 4-51 所示。

图 4-49 选择“16:9（西瓜视频）”选项

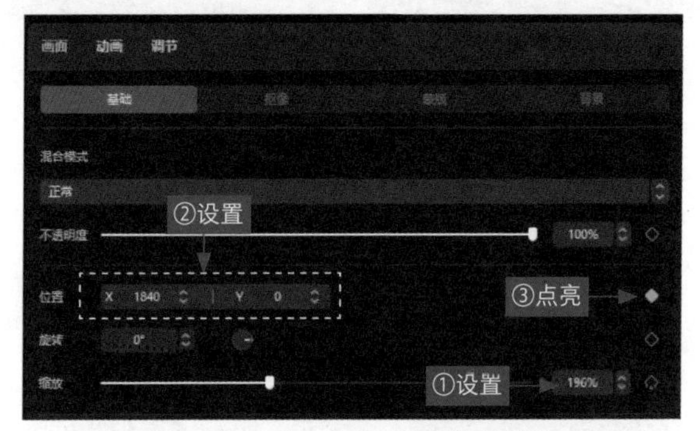

图 4-50 点亮“位置”右侧的关键帧

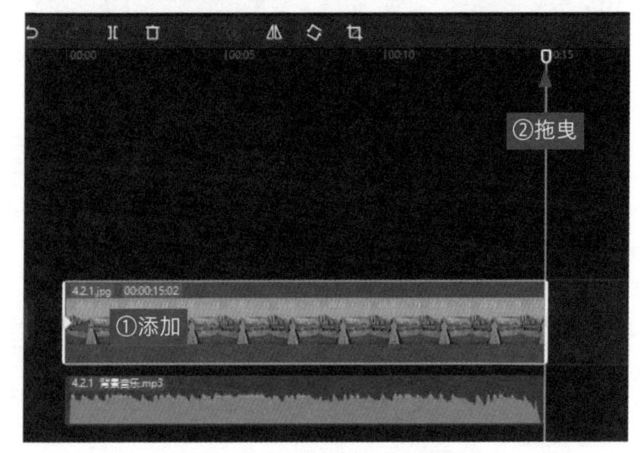

图 4-51 拖曳时间指示器

SETP 05 在“画面”操作区的“基础”选项卡中，① 设置“位置”X

参数为 -1840、Y 参数为 0，“位置”右侧的关键帧将会被自动点亮；② 此时预览窗口中的画面将显示照片素材的最右侧，效果如图 4-52 所示。

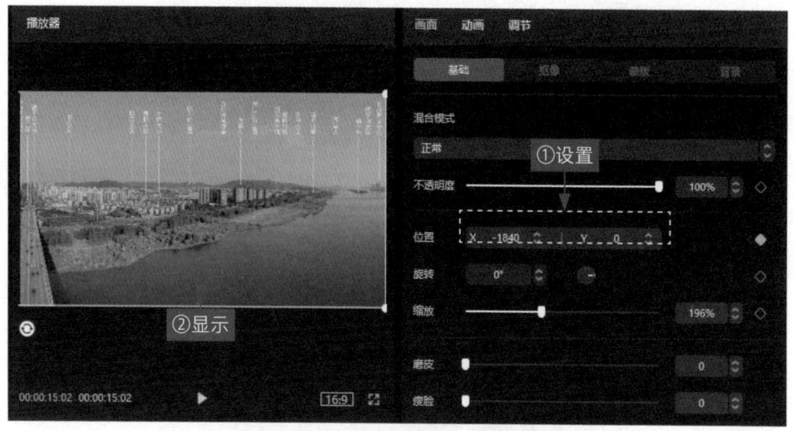

图 4-52　显示照片素材的最右侧

4.2.2　制作光影交错跳动效果

效果说明

抖音很火的光影交错短视频，在剪映中只需要用 1 张照片、几个“光影”特效，配合音乐踩点即可制作出来，效果如图 4-53 所示。

扫码看案例效果

扫码看教学视频

图 4-53　光影交错跳动效果展示

SETP 01 在剪映中导入一张照片和一段背景音乐，并将其分别添加到视频轨道和音频轨道中，如图 4-54 所示。

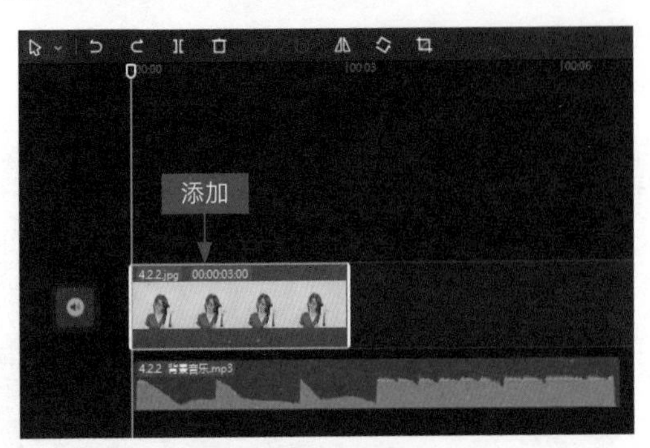

图 4-54　添加素材文件

SETP 02 拖曳照片素材右侧的白色拉杆，调整照片素材时长，使其与背景音乐时长一致，如图 4-55 所示。

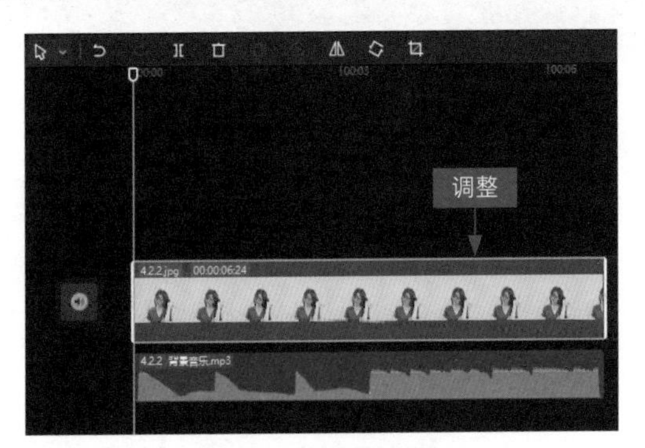

图 4-55　调整素材时长

SETP 03 选择背景音乐，① 拖曳时间指示器至音乐鼓点的位置；② 单击“手动踩点”按钮，如图 4-56 所示。

SETP 04 在音频素材上添加多个节拍点，如图 4-57 所示。

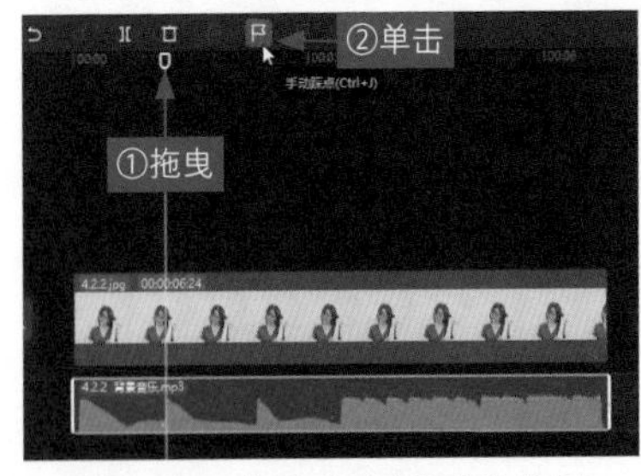

图 4-56　单击“手动踩点”按钮

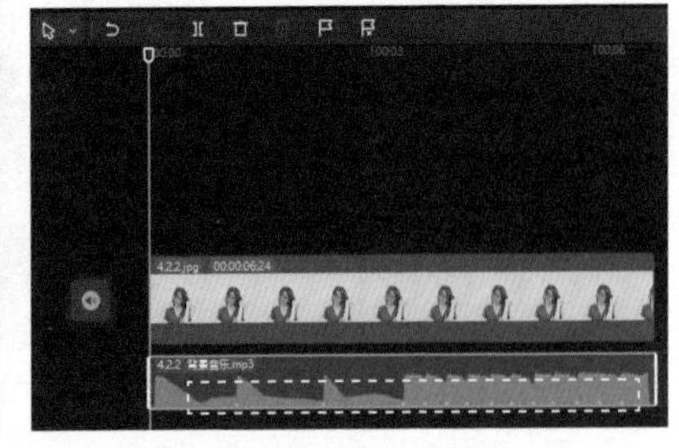

图 4-57　添加多个节拍点

SETP 05 ① 切换至“特效”功能区；② 在“光影”选项卡中单击“树影 II”特效中的按钮，如图 4-58 所示。

SETP 06 执行操作后，即可添加一个“树影 II”特效，拖曳特效右侧的白色拉杆，将其时长与第 1 个节拍点对齐，如图 4-59 所示。

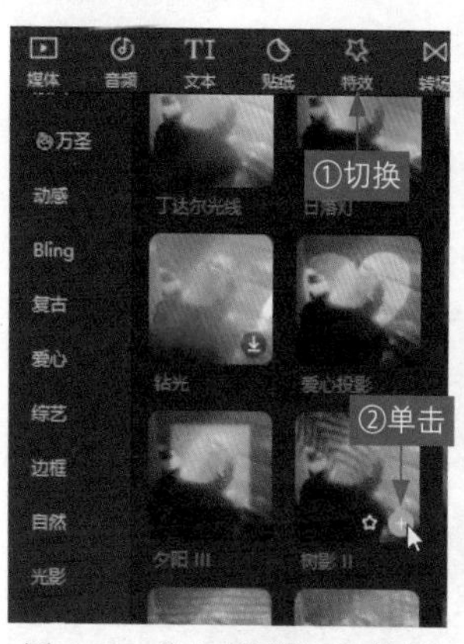

图 4-58 单击“树影 II”特效中的“添加到轨道”按钮

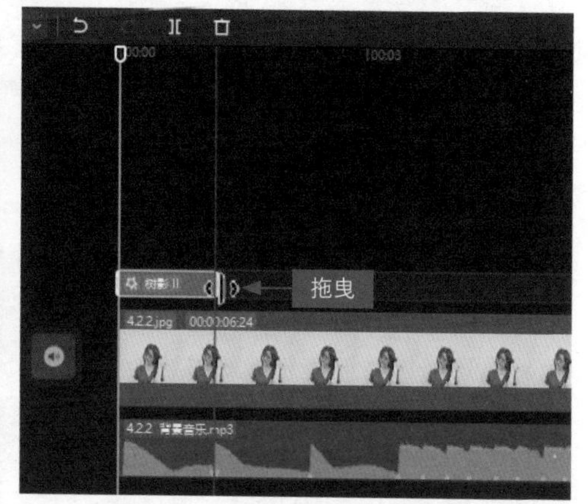

图 4-59 调整“树影 II”特效时长

SETP 07 用与上同样的方法，在各个节拍点的位置添加相应的光影特效，如图 4-60 所示。

图 4-60 添加多个光影特效

4.2.3 制作延时视频效果

效果说明

延时视频的亮点就在于几秒种就能预览几个小时的 画面，画面是非常大气和震撼人心的，效果如图 4-61 所示。

扫码看案例效果

扫码看教学视频

图 4-61　延时视频效果展示

SETP 01 在剪映中将 200 张照片素材导入视频轨道中，如图 4-62 所示。

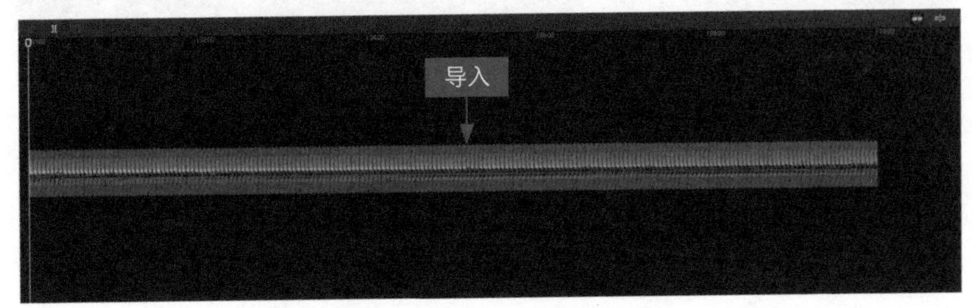

图 4-62　导入 200 张照片素材

SETP 02 单击“导出”按钮，将照片导出为视频，再新建一个草稿箱，将导出的视频和背景音乐导入“媒体”功能区中，如图 4-63 所示。

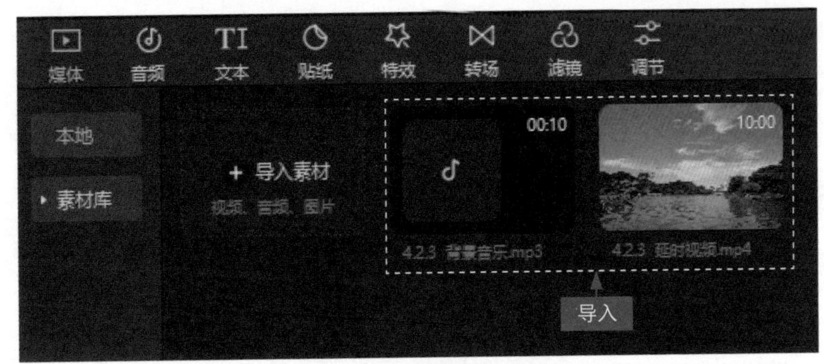

图 4-63　导入视频和背景音乐

SETP 03 通过拖曳的方式，将视频添加到视频轨道上，如图 4-64 所示。

SETP 04 ① 切换至“变速”操作区的“常规变速”选项卡；② 设置“自定时长”参数为 10.0s，如图 4-65 所示。

SETP 05 通过拖曳的方式，将背景音乐添加到音频轨道上，并调整其时长，如图 4-66 所示。

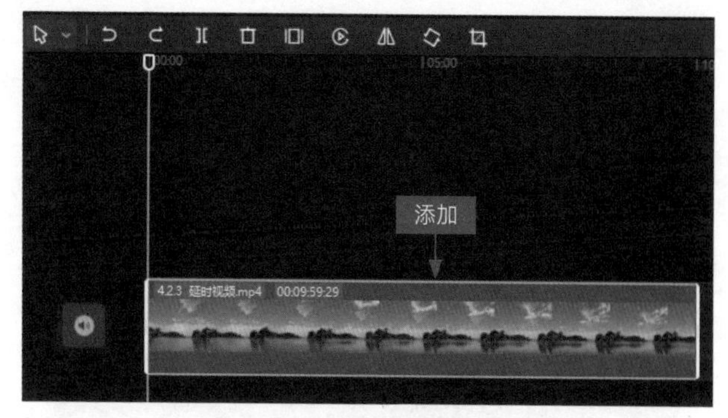

图 4-64 添加视频

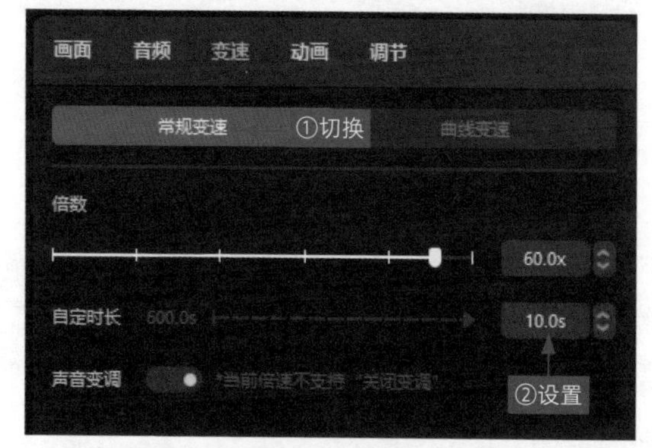

图 4-65 设置“自定时长”参数

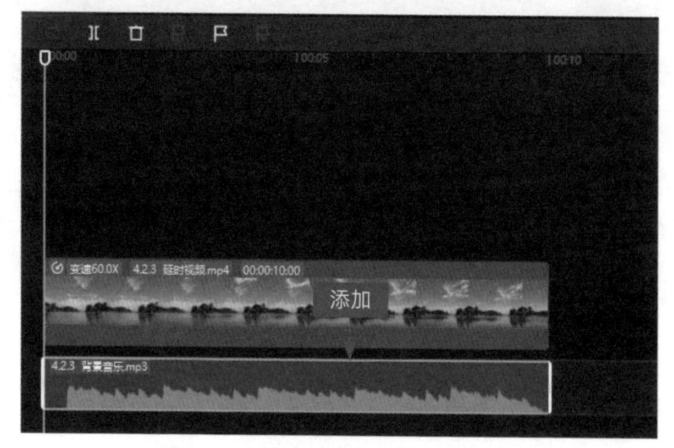

图 4-66 添加背景音乐并调整时长

SETP 06 在“播放器”面板中设置预览窗口的画布比例为 16:9，如图 4-67 所示。

图 4-67　设置窗口画布比例

SETP 07 在“画面”操作区的“基础”选项卡中，① 设置“缩放”参数为 120%；② 点亮“位置”和“缩放”右侧的关键帧，如图 4-68 所示。

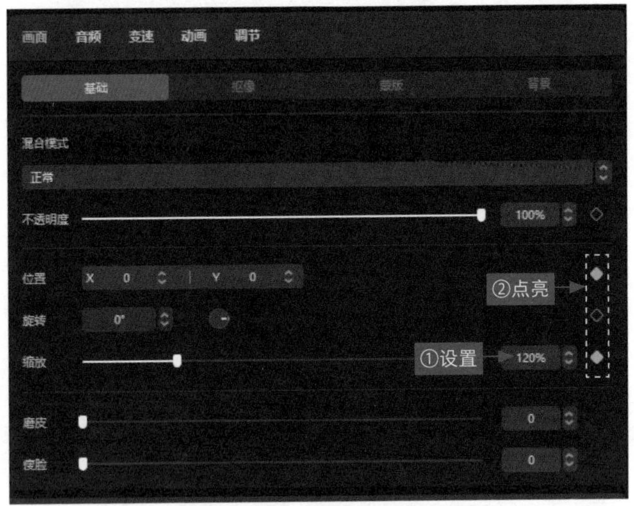

图 4-68　点亮相应关键帧

SETP 08 将时间指示器拖曳至结束位置处，如图 4-69 所示。

SETP 09 在“画面”操作区的“基础”选项卡中，① 设置“位置”X 参数为 -310、Y 参数为 0；② 设置“缩放”参数为 140%，如图 4-70 所示。此时“位置”和“缩放”右侧的关键帧会自动点亮，制作视频的摇动效果，将视频导出即可完成延时视频的操作。

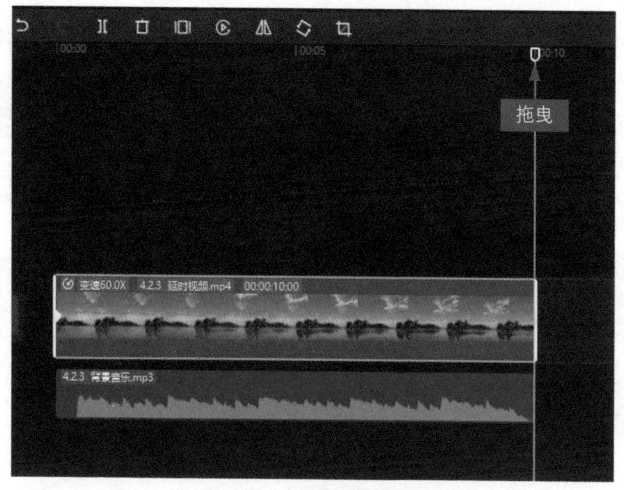

图 4-69　拖曳时间指示器

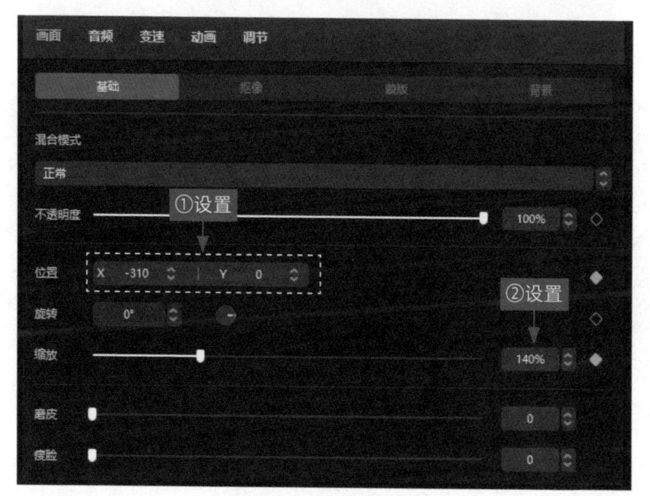

图 4-70　设置各参数

4.2.4 制作分身视频效果

效果说明

在剪映中运用线性蒙版功能可以制作分身视频，把同一场景中的两个人物视频合成在一个视频场景中，制作出自己给自己拍照的分身视频效果，如图 4-71 所示。

扫码看案例效果

扫码看教学视频

图 4-71　分身视频效果展示

SETP 01 在剪映中，将两段在同一场景、不同位置拍摄的人物视频分别添加到视频轨道和画中画轨道中，如图 4-72 所示。

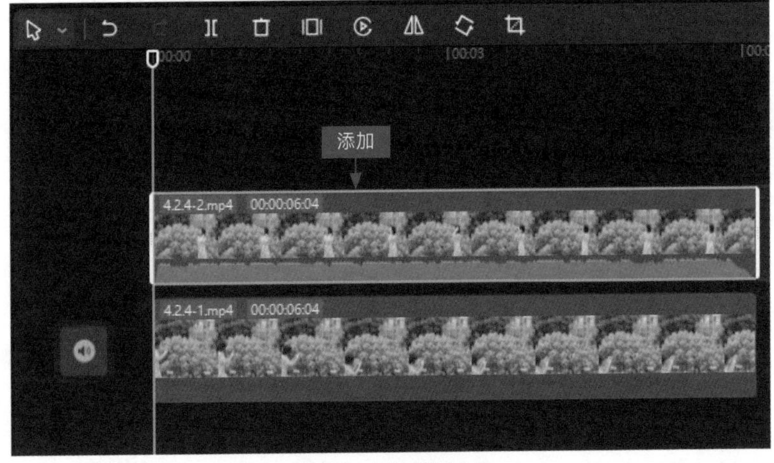

图 4-72　添加素材文件

SETP 02 选择画中画轨道中的素材，在"画面"操作区中，① 切换至"蒙版"选项卡；② 选择"线性"蒙版；③ 设置"旋转"角度为 90°；④ 设置"羽化"参数为 2，如图 4-73 所示。

SETP 03 执行上述操作后，在预览窗口中可以查看蒙版添加效果，如图 4-74 所示。

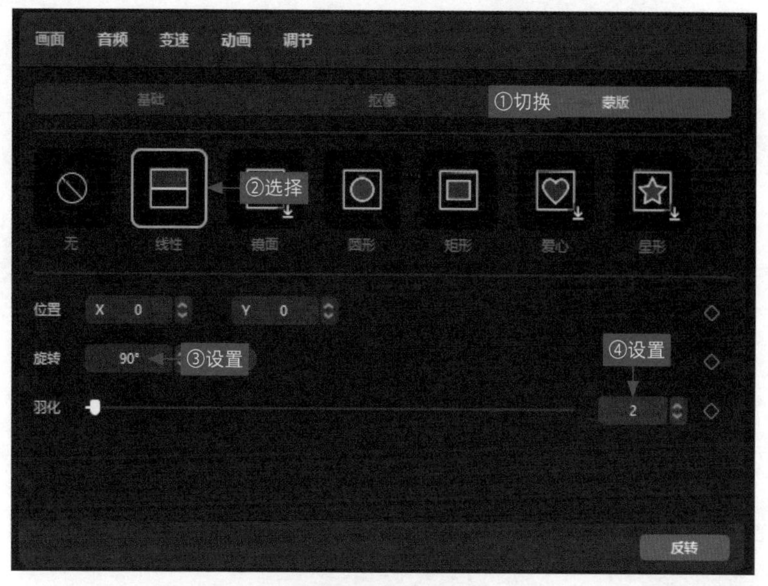

图 4-73　设置蒙版参数

图 4-74　查看蒙版添加效果

Premiere 篇

05

画面处理：在 Premiere 中剪辑视频

◎ 章前知识导读

Adobe Premiere Pro 2022 是一款适应性很强的视频编辑软件，可以对视频、照片以及音频等多种素材进行处理和加工，得到令人满意的视频效果。本章将介绍软件的基本功能和编辑、调整素材文件等内容，逐渐提升用户使用 Adobe Premiere Pro 2022 的熟练度。

◎ 新手重点索引

掌握软件基本功能

剪辑调整素材文件

◎ 效果图片欣赏

5.1 掌握软件基本功能

本节主要介绍的是 Adobe Premiere Pro 2022 的基本功能，包括认识软件的功能界面、创建项目文件、导入视频素材以及添加视频素材等操作方法。

5.1.1 认识软件界面

在启动 Adobe Premiere Pro 2022 后，便可以看到 Adobe Premiere Pro 2022 简洁的工作界面。界面中主要包括标题栏、工作区、菜单栏、“源监视器”面板、“节目监视器”面板、“项目”面板、“工具箱”面板以及“时间轴”面板等，如图 5-1 所示。

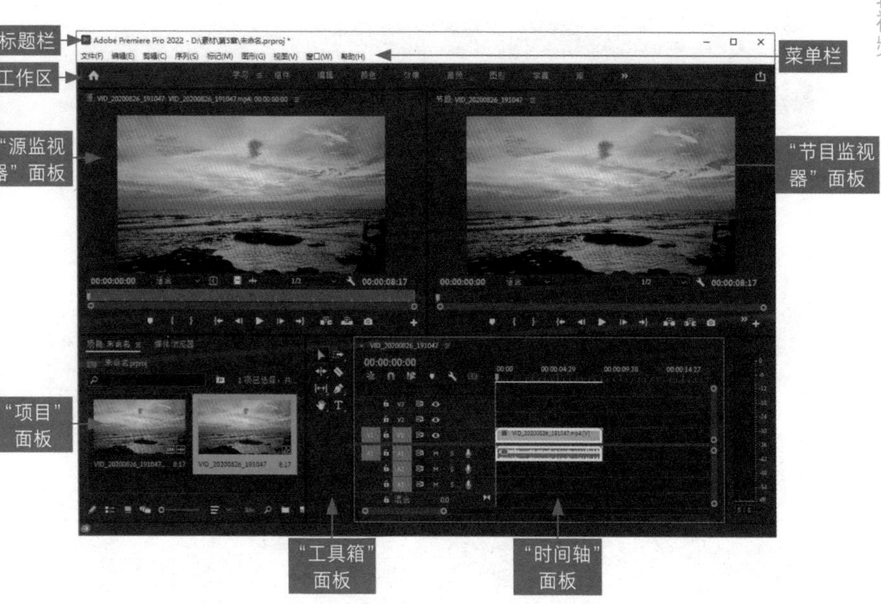

图 5-1　默认显示模式

标题栏位于 Adobe Premiere Pro 2022 软件窗口的最上方，显示了系统当前正在运行的程序名称、保存位置和项目名称等信息。Adobe Premiere Pro 2022（后文将简写为 Premiere）默认的文件名称为“未命名”，单击标题栏右侧的按钮组 – □ × ，可以最小化、最大化或关闭 Premiere 应用程序窗口。

在工作区中显示的是各个工作区的名称，单击对应的名称可以快速切换界面布局。在工作区中单击“主页”按钮，即可快速切换至主页界面；单击“快速导出”按钮，即可在弹出的面板中设置视频的文件名和位置，以及视频的输出品质等，待设置完成后，单击“导出”按钮即可将视频渲染导出。

启动 Premiere 软件并打开任意一个项目文件后，默认的“监视器”面板将分为“源监视器”和“节目监视器”两部分。界面中面板的显示模式有两种，分别是系统默认显示模式和浮动窗口模式，如图 5-2 所示。默认显示模式是嵌入式的，看上去跟其他面板镶嵌在一块；浮动窗口模式则是悬浮在各个面板的上方，通过拖曳的方式，可以随意移动面板的位置。

（a）“节目监视器”面板默认显示模式

图 5-2　面板的两种显示模式

（b）“节目监视器”面板浮动窗口模式

图 5-2　面板的两种显示模式（续）

5.1.2 创建项目文件

在启动 Premiere 后，首先需要做的就是创建一个新的工作项目。为此，Premiere 提供了多种创建项目的方法。

扫码看教学视频

当用户启动 Premiere 后，系统将自动弹出“主页”对话框，此时单击“新建项目”按钮，即可创建一个新的项目，如图 5-3 所示。

除了通过“开始”对话框新建项目外，也可以进入 Premiere 主界面中，通过“文件”菜单进行创建，具体操作方法如下。

SETP 01 选择“文件”|“新建”|“项目”命令，如图 5-4 所示。

图 5-3 “主页”对话框

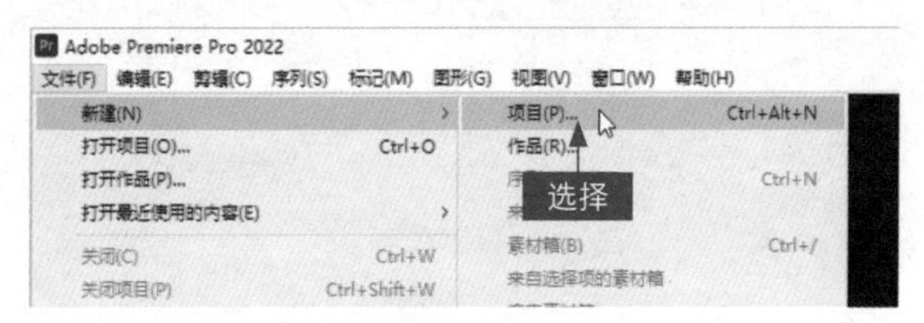

图 5-4 选择“项目”命令

SETP 02 在弹出的“新建项目”对话框中单击“浏览”按钮，如图 5-5 所示。

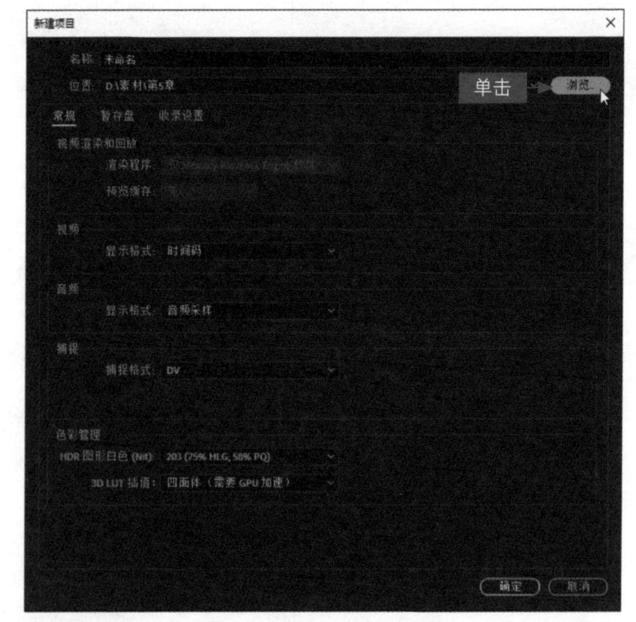

图 5-5 单击“浏览”按钮

SETP 03 弹出“请选择新项目的目标路径。”对话框，选择合适的文件夹，如图 5-6 所示。

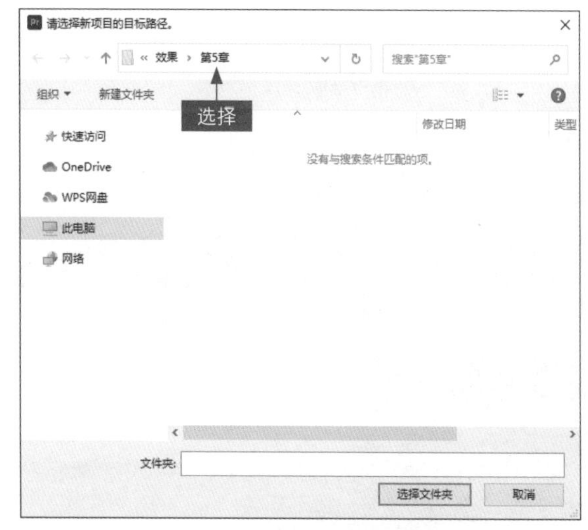

图 5-6　选择合适的文件夹

SETP 04 单击“选择文件夹”按钮，回到“新建项目”对话框，设置“名称”为 5.1.2，如图 5-7 所示。

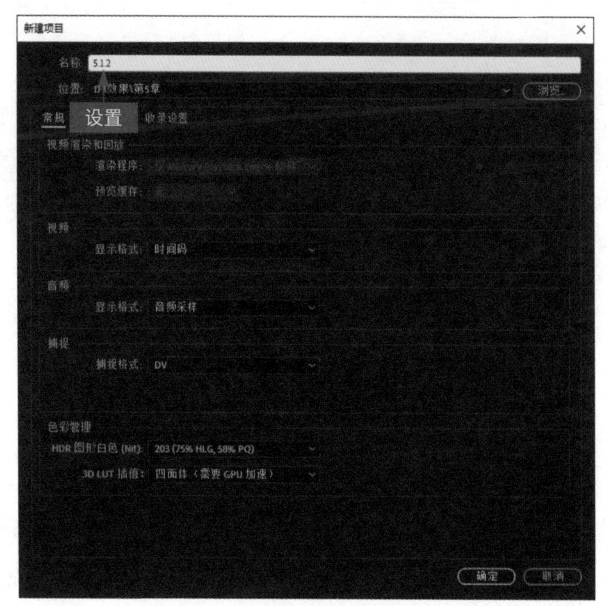

图 5-7　设置项目名称

> **▶ 专家指点**
>
> 除了上述两种创建新项目的方法，用户还可以使用 Ctrl+Alt+N 组合键，实现快速创建一个项目文件。

SETP 05 单击“确定”按钮，再选择“文件”|“新建”|“序列”命令，弹出“新建序列”对话框，单击“确定”按钮，如图 5-8 所示，即可使用“文件”菜单创建项目文件。

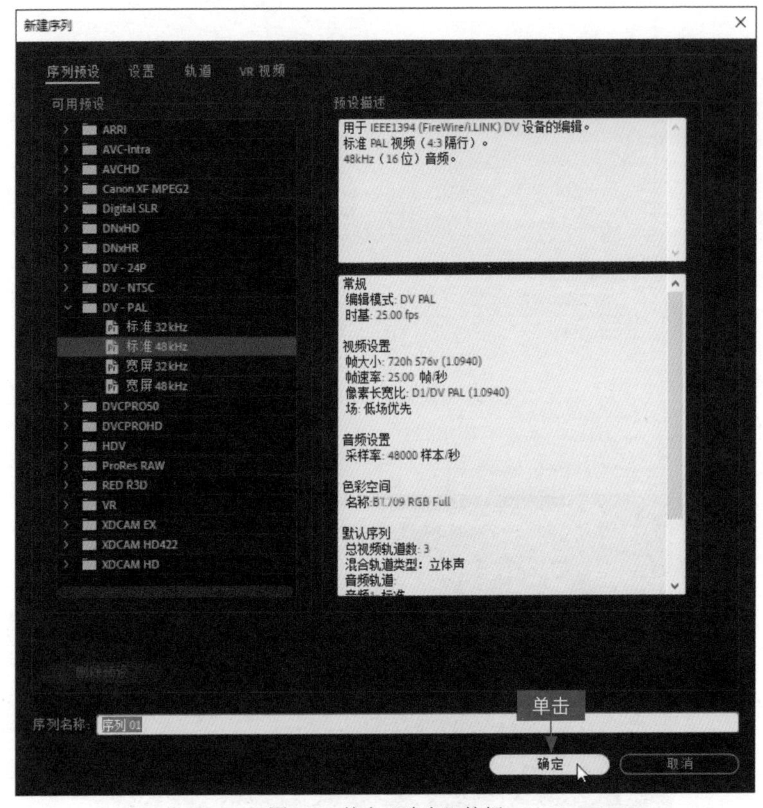

图 5-8 单击“确定”按钮

5.1.3 打开项目文件

效果说明

启动 Premiere 后，可以通过“文件”菜单打开项目文件的方式进入系统程序，效果如图 5-9 所示。

扫码看案例效果

扫码看教学视频

图 5-9　打开项目文件效果展示

SETP 01 选择“文件”|“打开项目”命令，如图 5-10 所示。

SETP 02 弹出“打开项目”对话框，选择相应的项目文件，如图 5-11 所示。

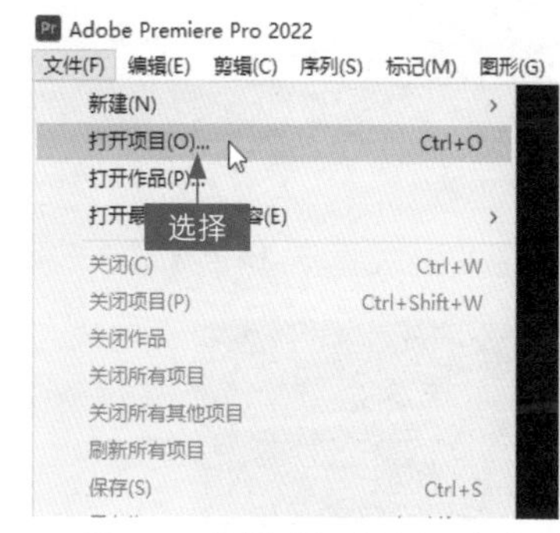

图 5-10　选择“打开项目”命令

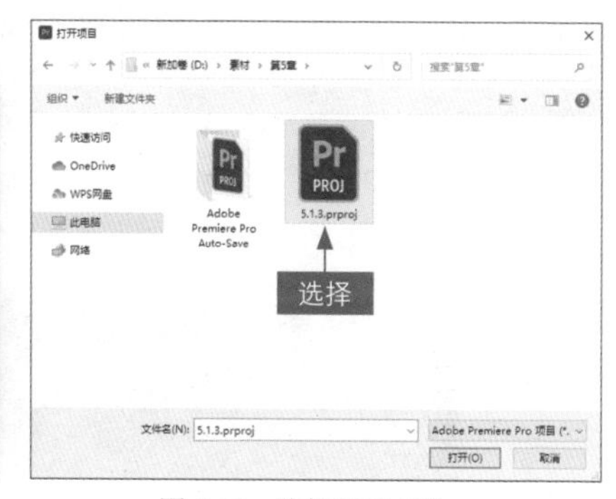

图 5-11　选择项目文件

SETP 03 单击“打开”按钮，即可打开项目文件，在预览窗口中，即可查看打开的项目文件，如图 5-12 所示。

图 5-12　查看打开的项目文件

> ▶ 专家指点
>
> 在“主页”对话框中除了可以创建项目文件，用户还可以单击“打开项目”按钮，打开项目文件。

5.1.4 保存项目文件

效果说明

为了确保所编辑的项目文件不会丢失，当编辑完当前项目文件后，可以对项目文件进行保存，以便下次进行修改操作，效果如图 5-13 所示。

扫码看案例效果

扫码看教学视频

图 5-13　保存项目文件效果展示

SETP 01 按 Ctrl+O 组合键打开一个项目文件，如图 5-14 所示。

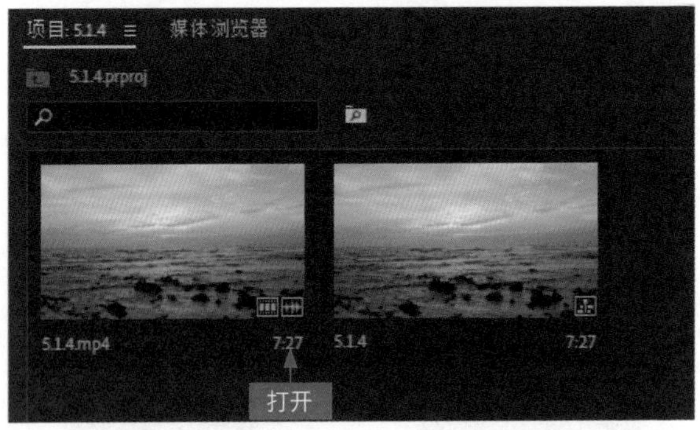

图 5-14　打开一个项目文件

SETP 02 在“时间轴”面板中调整素材的持续时间为 00:00:06:00，如图 5-15 所示。

SETP 03 选择“文件”|“保存”命令，如图 5-16 所示。

SETP 04 弹出“保存项目”对话框并显示进度，如图 5-17 所示。稍等片刻，即可保存项目。

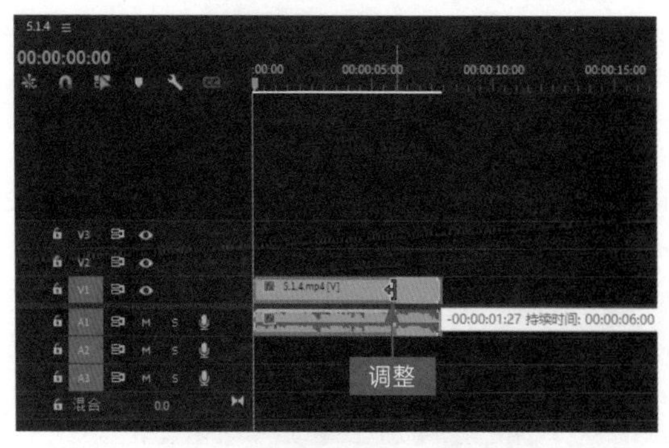

图 5-15　调整素材的持续时间

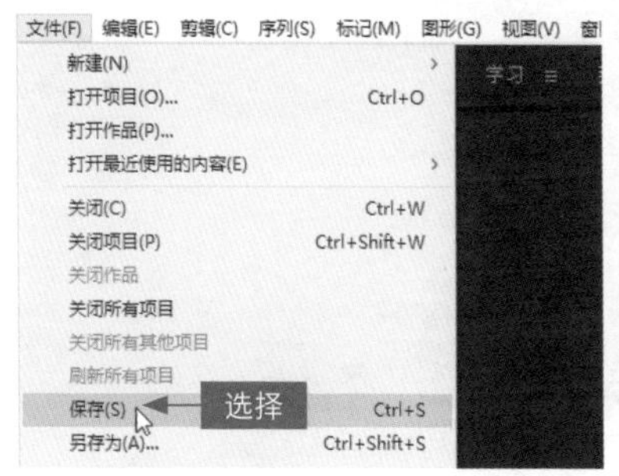

图 5-16　选择“保存”命令

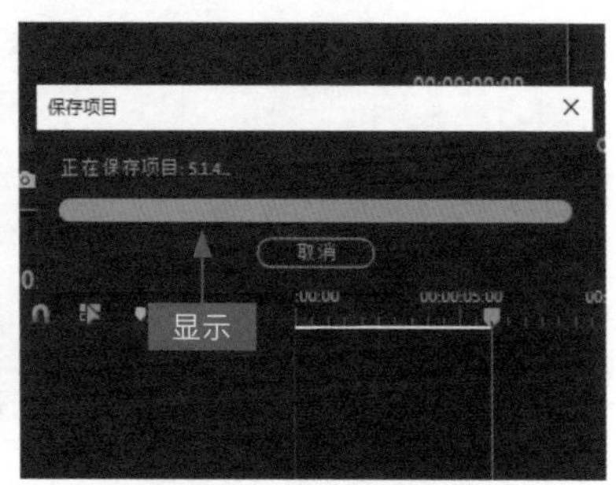

图 5-17　显示保存进度

5.1.5　导入导出文件

效果说明

导入素材是 Premiere 编辑的首要前提，通常所指的素材包括视频文件、音频文件、图像文件等。将音频和视频（或图像照片）添加到“时间轴”面板中合成为一个项目文件后，可以导出为一个视频文件，效果如图 5-18 所示。

扫码看案例效果

扫码看教学视频

图 5-18　视频效果展示

SETP 01 新建一个项目文件，选择“文件”|“导入”命令，如图 5-19 所示。

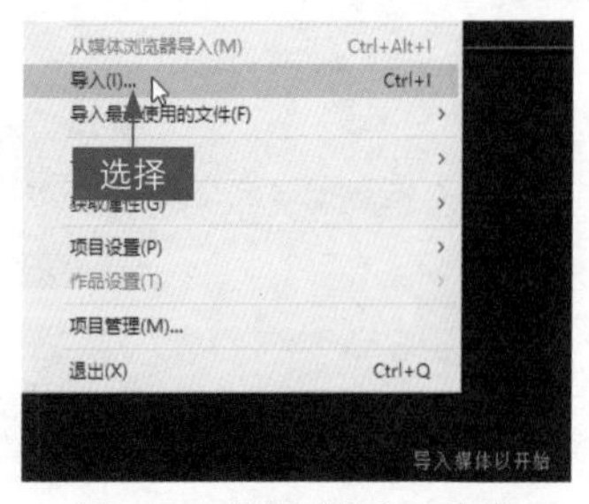

图 5-19　选择“导入”命令

SETP 02 弹出“导入”对话框，① 选择相应的视频素材和背景音乐；② 单击“打开”按钮，如图 5-20 所示。

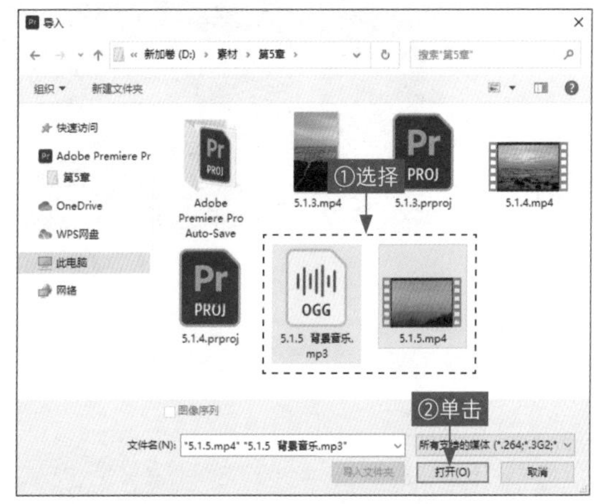

图 5-20　单击“打开”按钮

SETP 03 执行上述操作后，即可在“项目”面板中查看导入的素材文件缩略图，如图 5-21 所示。

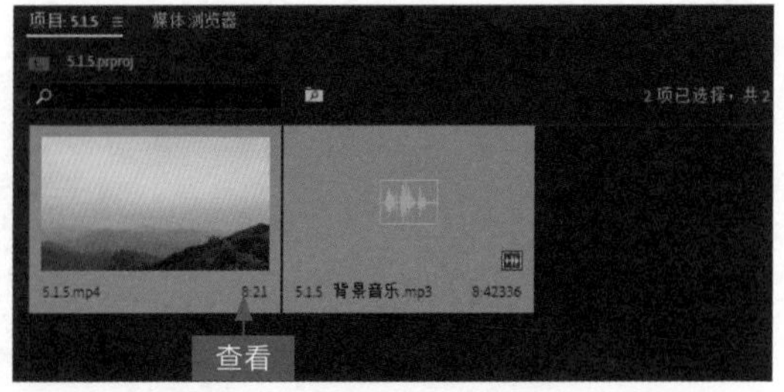

图 5-21　查看导入的素材文件

SETP 04 通过拖曳的方式，将其拖曳至“时间轴”面板中，如图 5-22 所示。

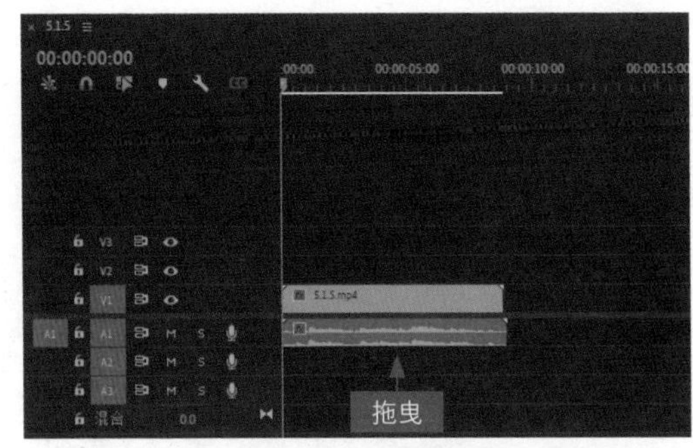

图 5-22 拖曳素材

SETP 05 ① 在工作区中单击“快速导出”按钮；② 在弹出的面板中单击“文件名和位置”下方的蓝色超链接，如图 5-23 所示。

图 5-23 单击蓝色超链接

SETP 06 弹出“另存为”对话框，在其中设置文件名和保存位置，如图 5-24 所示。

图 5-24 设置文件名和保存位置

SETP 07 单击"保存"按钮，在"快速导出"面板中，① 单击"预设"下方右侧的下拉按钮；② 在弹出的列表框中选择"高品质 1080p HD"选项，如图 5-25 所示。

图 5-25 选择"高品质 1080p HD"选项

SETP 08 单击"导出"按钮，即可将视频导出，如图 5-26 所示。

图 5-26 单击"导出"按钮

5.2 剪辑调整素材文件

对素材进行剪辑是整个视频编辑过程中的一个重要环节，同样也是 Premiere 的功能体现。本节将详细介绍剪辑调整素材文件的操作方法。

5.2.1 复制并粘贴素材

效果说明

复制也称拷贝，是指将文件从一处拷贝一份完全一样的到另一处，而原来的一份依然保留。复制并粘贴素材可以为用户节约许多不必要的重复操作，使工作效率得到提高。

扫码看案例效果

扫码看教学视频

在 Premiere 中，用户可以通过菜单命令复制粘贴素材文件，也可以通过快捷键复制粘贴素材文件，效果如图 5-27 所示。

图 5-27 复制并粘贴素材文件效果展示

SETP 01 按 Ctrl+O 组合键打开一个项目文件，① 单击 V1 轨道面板中的“切换轨道锁定”按钮，将 V1 轨道锁定；② 在 V2 轨道上选择图像素材，如图 5-28 所示。

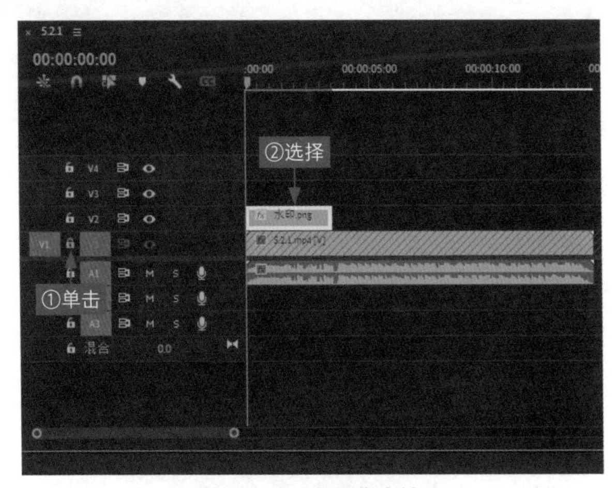

图 5-28 选择图像素材

SETP 02 拖曳时间指示器至 00:00:10:15 的位置，在菜单栏中选择“编辑”|“复制”命令，如图 5-29 所示。

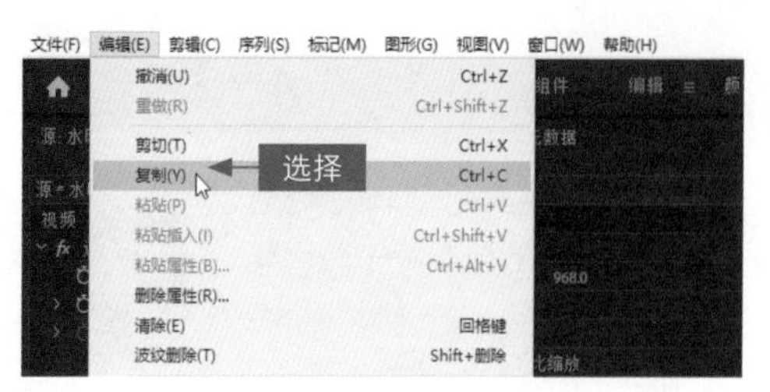

图 5-29　选择“复制”命令

SETP 03 执行操作后，即可复制文件，然后按 Ctrl+V 组合键，即可将复制的素材粘贴至 V2 轨道中，使视频的开头和结尾都有一个水印，如图 5-30 所示。

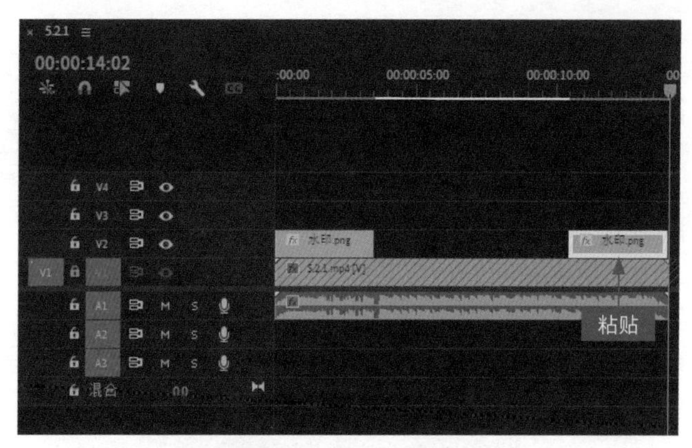

图 5-30　粘贴图像素材

SETP 04 将时间指示器移至视频的开始位置，单击“播放 - 停止切换”按钮▶，即可预览素材效果，如图 5-31 所示。

图 5-31　预览素材效果

5.2.2 分割并删除素材

效果说明

在 Premiere 中，用户可以对素材文件进行分割处理，将其分成两段或几段独立的素材片段，并将不需要的片段删除，效果如图 5-32 所示。

扫码看案例效果

扫码看教学视频

图 5-32　分割并删除素材文件效果展示

SETP 01 按 Ctrl+O 组合键打开一个项目文件，在"工具箱"面板中选取剃刀工具，如图 5-33 所示。

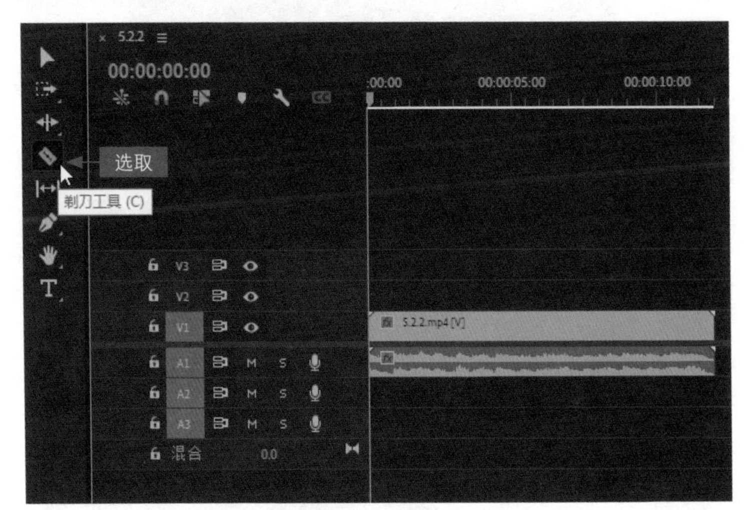

图 5-33　选取剃刀工具

SETP 02 在"时间轴"面板的素材上单击鼠标左键，即可分割素材，如图 5-34 所示。

SETP 03 选取选择工具，选择分割的后一段素材，按 Delete 键即可将其删除，如图 5-35 所示。

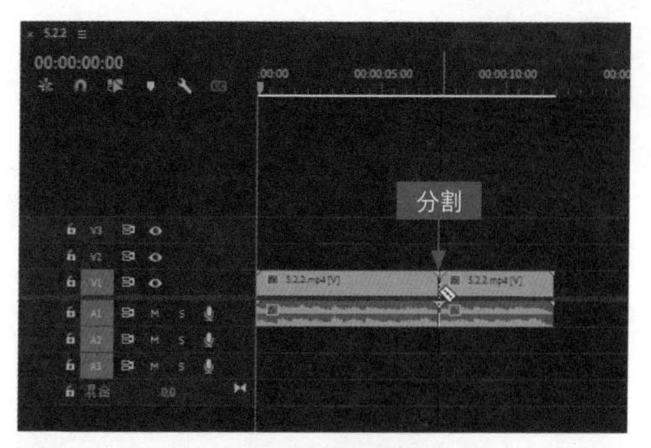

图 5-34　分割素材

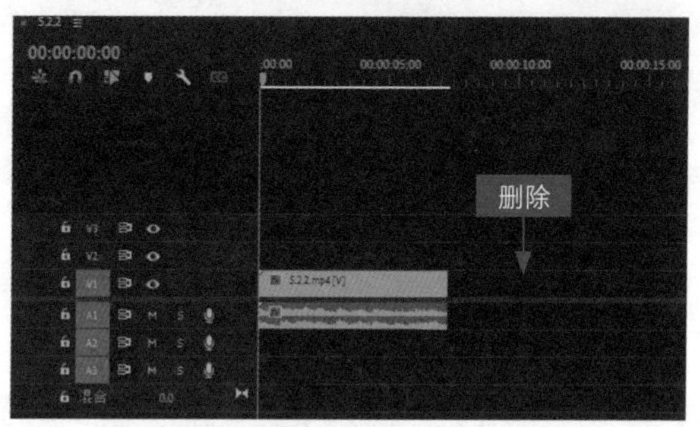

图 5-35　删除分割的后一段素材

5.2.3　移动素材的选区

效果说明

外滑工具用于移动“时间轴”面板中素材显示的选区，该工具会影响相邻素材片段的出入点和长度。使用外滑工具时，可以同时更改“时间轴”内某剪辑的入点和出点，并保留入点和出点之间的时间间隔不变，效果如图 5-36 所示。

扫码看案例效果

扫码看教学视频

图 5-36　移动素材位置效果展示

SETP 01 按 Ctrl+O 组合键打开一个项目文件，在“工具箱”面板中选取外滑工具，如图 5-37 所示。

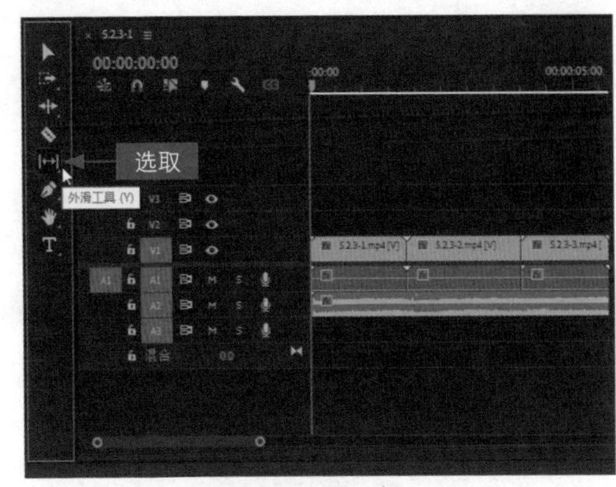

图 5-37　选取外滑工具

SETP 02 在 V1 轨道的第 2 段素材上按住鼠标左键并向右拖曳，在“节目监视器”面板中即可显示更改素材入点和出点的效果，如图 5-38 所示。

图 5-38　显示更改素材入点和出点的效果

5.2.4　分离视频与音频

效果说明

当原视频中的背景声音很嘈杂时，为了使视频具有更好的视听效果，很多人都会选择在后期重新配音，或者重新为视频匹配一段更合适的音乐，这时需要用到分离视频与背

扫码看案例效果

扫码看教学视频

景音频的操作，效果如图 5-39 所示。

图 5-39　分离视频与音频效果展示

SETP 01 按 Ctrl+O 组合键打开一个项目文件，如图 5-40 所示。

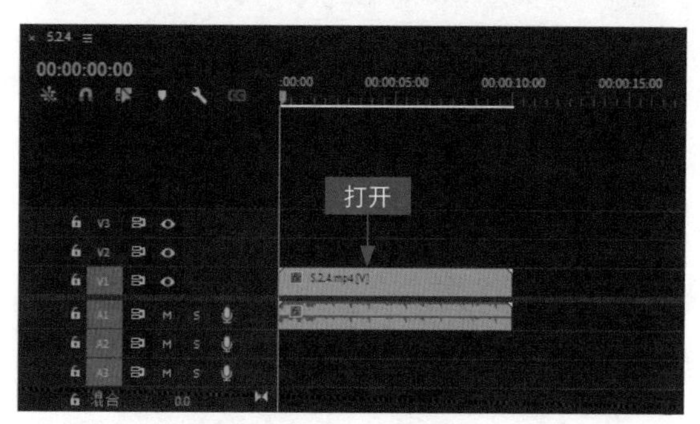

图 5-40　打开一个项目文件

SETP 02 选择 V1 轨道上的视频素材，单击鼠标右键，在弹出的快捷菜单中选择"取消链接"命令，如图 5-41 所示。

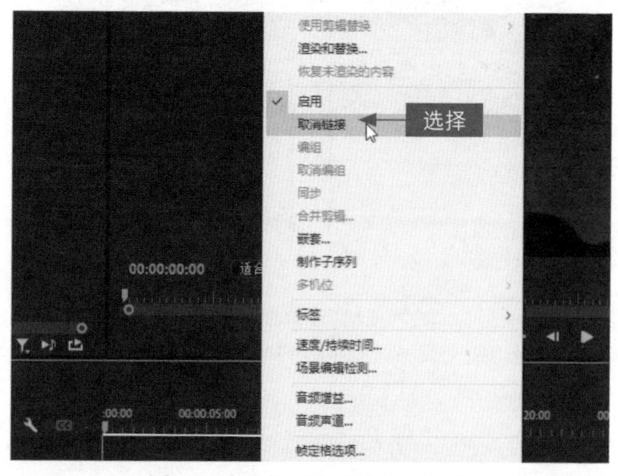

图 5-41　选择"取消链接"命令

SETP 03 执行操作后，即可将视频与音频分离，选择 V1 轨道上的视频素材，按住鼠标左键并拖曳，即可单独移动视频素材，如图 5-42 所示。

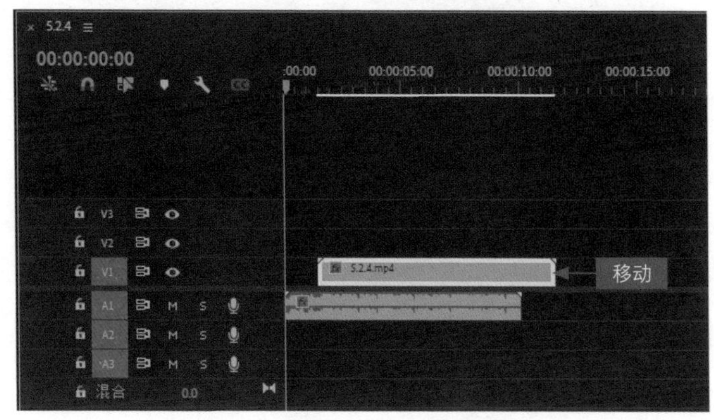

图 5-42　分离视频与音频并移动视频素材

5.2.5　组合视频与音频

效果说明

在对视频文件和音频文件重新进行编辑后，可以将两者进行组合操作，效果如图 5-43 所示。

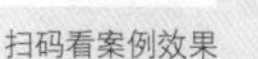

图 5-43　组合视频与音频效果展示

SETP 01 按 Ctrl+O 组合键打开一个项目文件，如图 5-44 所示。此时，时间轴中的视频和音频为两个单独的素材文件。

SETP 02 在“时间轴”面板中选择所有的素材，单击鼠标右键，在弹出的快捷菜单中选择“链接”命令，如图 5-45 所示。执行操作后，即可将视频与音频组合。

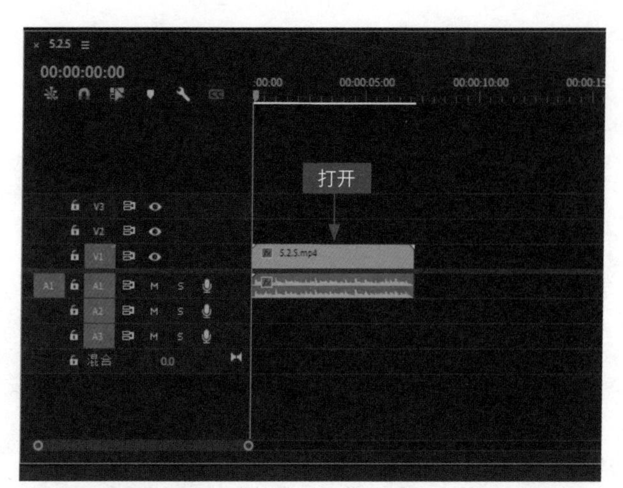

图 5-44　打开一个项目文件

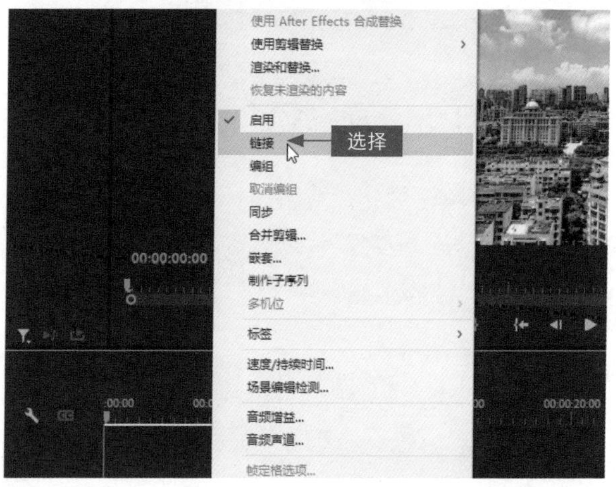

图 5-45　选择“链接”命令

5.2.6 调整播放的速度

效果说明

每一个素材都具有特定的播放速度，对于视频素材，可以通过调整视频素材的播放速度来制作快镜头或慢镜头效果。在 Premiere 中，可以通过“速度 / 持续时间”功能调整播放速度，效果如图 5-46 所示。

扫码看案例效果

扫码看教学视频

图 5-46　调整播放速度效果展示

SETP 01 按 Ctrl+O 组合键打开一个项目文件，如图 5-47 所示。

图 5-47　打开一个项目文件

SETP 02 选择 V1 轨道上的素材，单击鼠标右键，在弹出的快捷菜单中选择“速度 / 持续时间”命令，如图 5-48 所示。

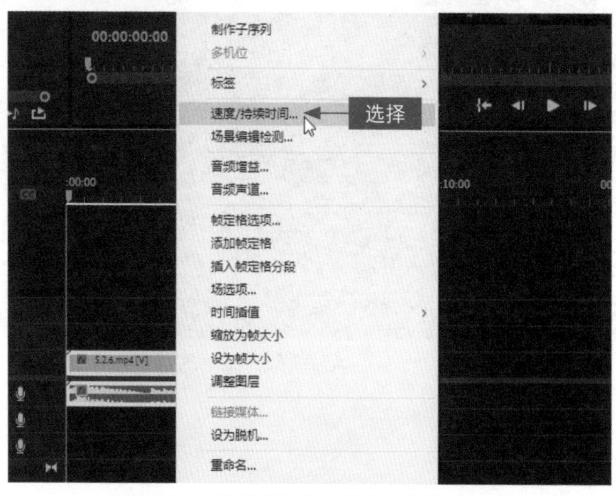

图 5-48　选择“速度 / 持续时间”命令

SETP 03 弹出“剪辑速度/持续时间”对话框，设置“速度”参数为 120%，如图 5-49 所示。

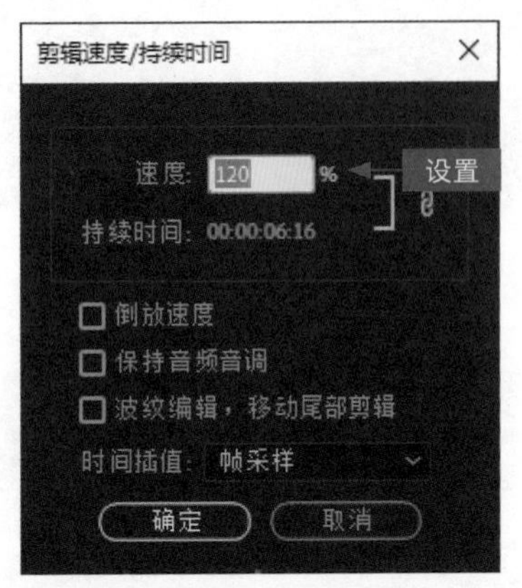

图 5-49 设置“速度”参数

SETP 04 执行操作后，即可将视频的播放速度调快，单击“确定”按钮，即可在“节目监视器”面板中查看调整播放速度后的效果，如图 5-50 所示。

图 5-50 查看调整播放速度后的效果

06

专业特效：制作酷炫的转场和滤镜

◎ **章前知识导读**

在 Premiere 强大特效功能的帮助下，用户可以为视频制作精彩、炫酷的转场和滤镜特效，从而使视频画面更加丰富。本章将讲解 Premiere 提供的多种视频过渡和视频效果的添加与制作方法。

◎ **新手重点索引**

编辑视频转场效果
制作视频转场特效
制作视频滤镜特效

◎ **效果图片欣赏**

6.1 编辑视频转场效果

大家都知道，影片是由镜头与镜头之间的链接组建起来的，因此在许多镜头与镜头之间的切换过程中，难免会显得不太自然。此时，用户可以在两个镜头之间添加视频过渡效果，使得镜头与镜头之间的转场更为平滑。本节主要介绍添加与编辑视频过渡效果的操作方法。

6.1.1 添加转场效果

效果说明 在 Premiere 中，转场效果被放置在“效果”面板的“视频过渡”文件夹中，用户只需将转场效果拖入视频轨道中即可，效果如图 6-1 所示。

扫码看案例效果

扫码看教学视频

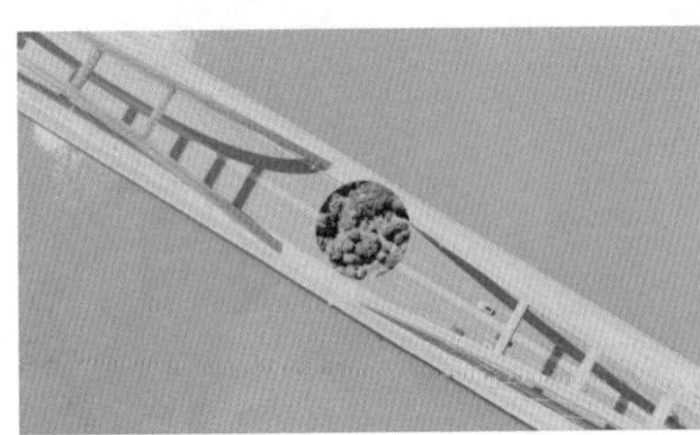

图 6-1 添加转场效果展示

SETP 01 按 Ctrl+O 组合键打开一个项目文件，如图 6-2 所示。

SETP 02 在“效果”面板中展开“视频过渡”选项，如图 6-3 所示。

图 6-2 打开一个项目文件

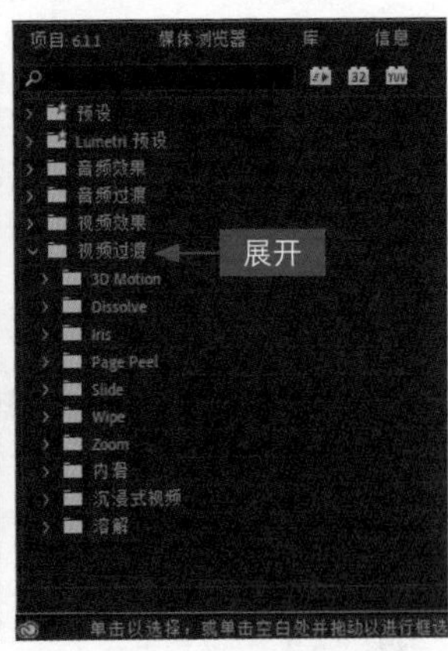

图 6-3 展开“视频过渡 ”选项

SETP 03 执行上述操作后，① 在其中展开 Iris（划像）选项；② 在下方选择 Iris Round（圆划像）效果，如图 6-4 所示。

SETP 04 按住鼠标左键将其拖曳至 V1 轨道的两个素材之间，添加转场效果，如图 6-5 所示。单击“节目监视器”面板中的“播放 - 停止切换”按钮▶，即可预览添加转场后的效果。

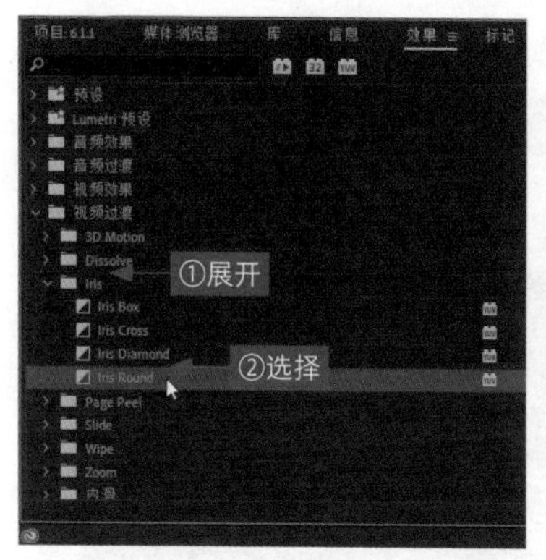

图 6-4 选择 Iris Round（圆划像）效果

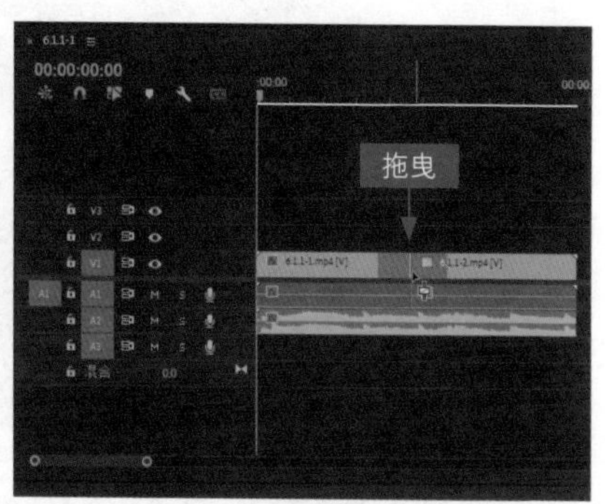

图 6-5 拖曳并添加转场效果

6.1.2 替换和删除转场

效果说明

在 Premiere 中，如果对添加的转场效果不满意，可以替换或删除转场，效果如图 6-6 所示。

扫码看案例效果

扫码看教学视频

图 6-6 替换和删除转场效果展示

SETP 01 按 Ctrl+O 组合键打开一个项目文件，并预览项目效果，如图 6-7 所示。

SETP 02 在“时间轴”面板的 V1 轨道中可以查看添加的效果，如图 6-8 所示。

图 6-7　预览项目效果

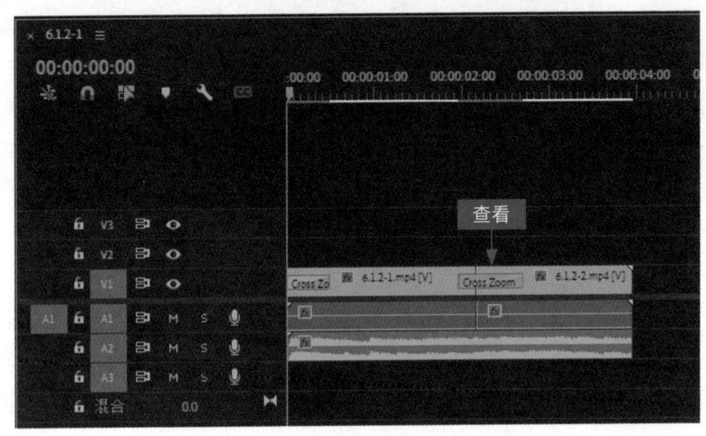

图 6-8　查看添加的效果

SETP 03 在“效果”面板中，① 展开“视频过渡” | Iris（划像）选项；② 选择 Iris Box（盒型划像）效果，如图 6-9 所示。

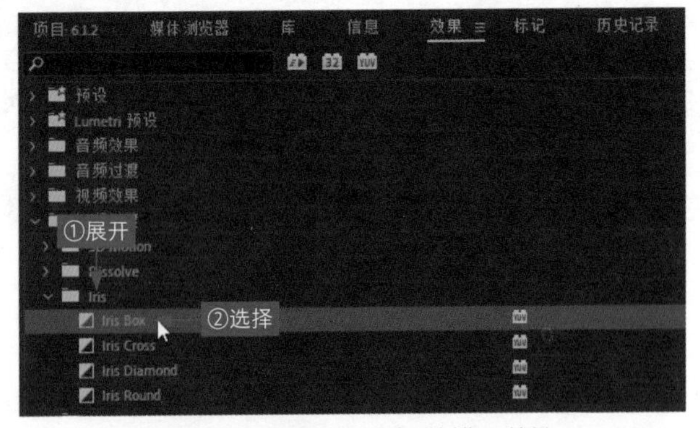

图 6-9　选择 Iris Box（盒型划像）效果

SETP 04 按住鼠标左键并将其拖曳至 V1 轨道的两个素材中间，如图 6-10 所示。释放鼠标左键，即可替换转场效果。

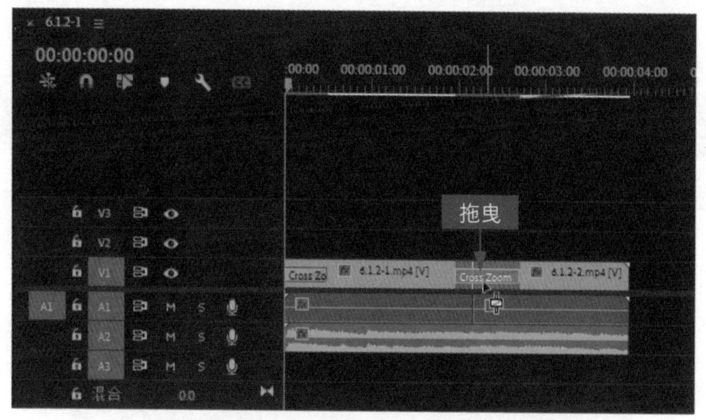

图 6-10 拖曳转场效果

SETP 05 执行上述操作后，单击“节目监视器”面板中的“播放 - 停止切换”按钮▶，即可预览替换后的转场效果，如图 6-11 所示。

SETP 06 在“时间轴”面板中选择开始位置处的转场效果，单击鼠标右键，在弹出的快捷菜单中选择“清除”命令，即可删除转场效果，如图 6-12 所示。

图 6-11 预览转场效果

图 6-12 选择“清除”命令

6.1.3 对齐转场效果

效果说明

在 Premiere 中，用户可以根据需要对添加的转场效果设置对齐方式，效果如图 6-13 所示。

扫码看案例效果

扫码看教学视频

图 6-13　对齐转场效果展示

SETP 01 按 Ctrl+O 组合键打开一个项目文件，如图 6-14 所示。

图 6-14　打开一个项目文件

SETP 02 ① 在“效果”面板中展开“视频过渡”｜Wipe（擦除）选项；② 选择 Inset（插入）效果，如图 6-15 所示。

图 6-15　选择 Inset（插入）效果

SETP 03 按住鼠标左键并将其拖曳至 V1 轨道的两个素材之间，即可添加转场效果，如图 6-16 所示。

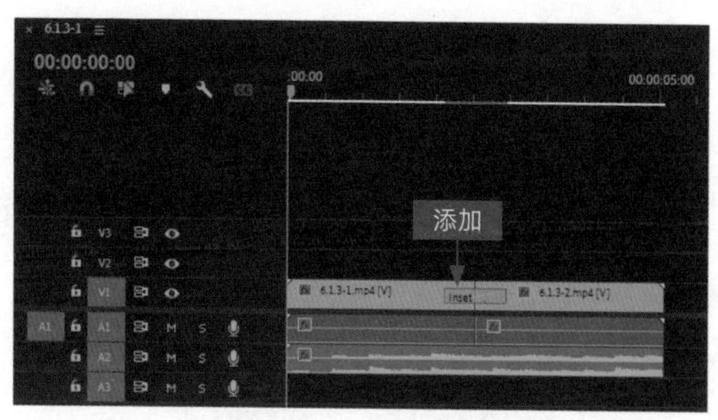

图 6-16　添加转场效果

SETP 04 选择添加的转场效果，① 在“效果控件”面板中单击“对齐”右侧的下拉按钮；② 在弹出的列表框中选择“起点切入”选项，如图 6-17 所示。

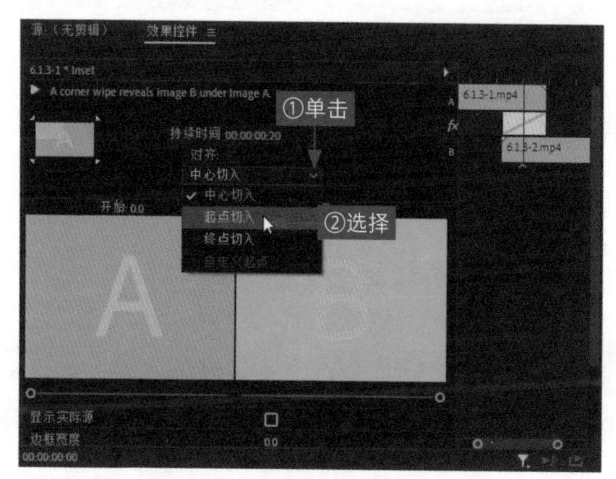

图 6-17　选择“起点切入”选项

SETP 05 执行操作后，V1 轨道上的效果即可对齐到第 2 个素材起点的位置，如图 6-18 所示。

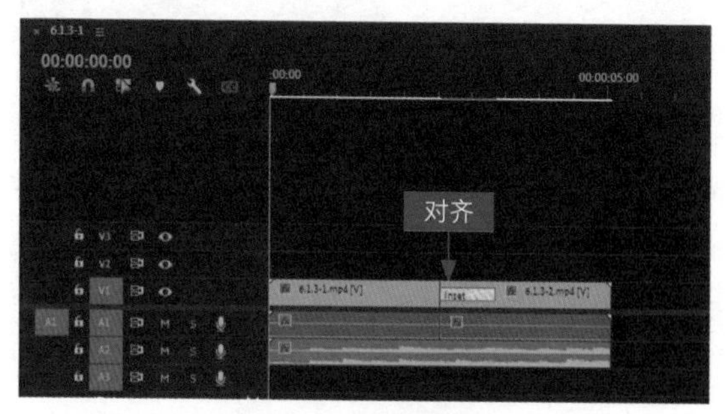

图 6-18　对齐转场效果

6.1.4 反向转场效果

在 Premiere 中，用户可以根据需要对转场效果进行反向插放，效果如图 6-19 所示。

扫码看案例效果

扫码看教学视频

图 6-19　反向转场效果展示

SETP 01 按 Ctrl+O 组合键打开一个项目文件，并预览项目效果，如图 6-20 所示。

图 6-20　预览项目效果

SETP 02 在“时间轴”面板中选择转场效果，如图 6-21 所示。

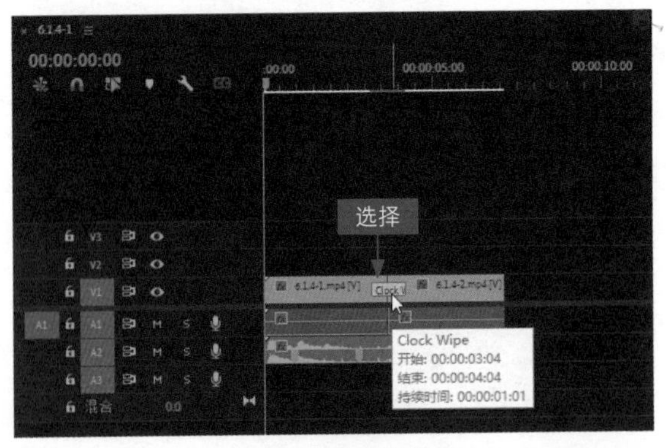

图 6-21　选择转场效果

SETP 03 执行操作后，展开“效果控件”面板，如图 6-22 所示。

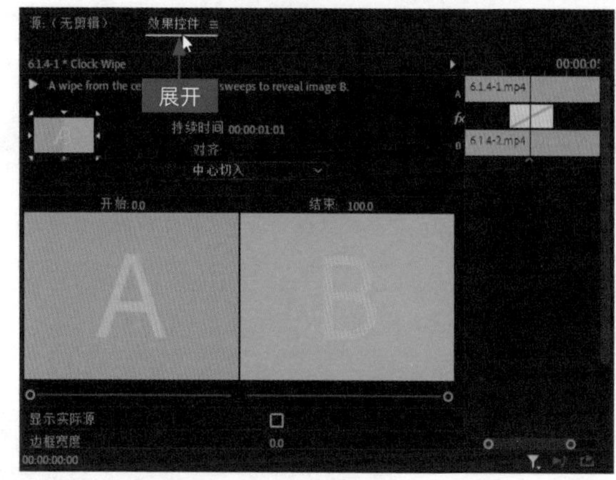

图 6-22　展开“效果控件”面板

SETP 04 在“效果控件”面板中选中“反向”复选框，如图 6-23 所示，使效果反向播放。

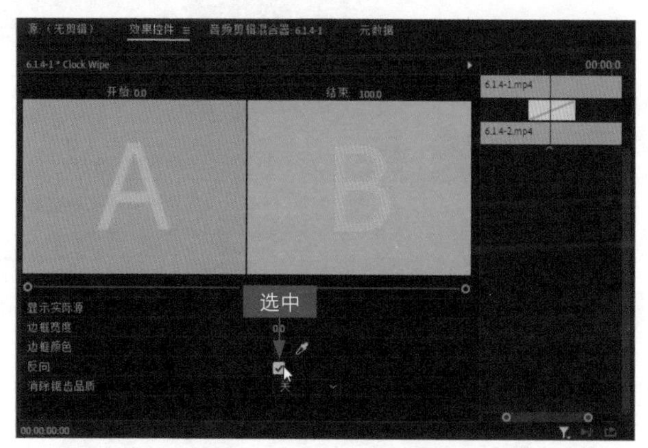

图 6-23　选中“反向”复选框

6.1.5 设置转场边框

效果说明

在 Premiere 中，不仅可以执行对齐转场、设置转场播放时间以及反向效果等操作，还可以设置边框宽度和边框颜色，效果如图 6-24 所示。

扫码看案例效果

扫码看教学视频

图 6-24　设置转场边框效果展示

SETP 01 按 Ctrl+O 组合键打开一个项目文件，并预览项目效果，如图 6-25 所示。

SETP 02 在“时间轴”面板中选择转场效果，如图 6-26 所示。

图 6-25　预览项目效果

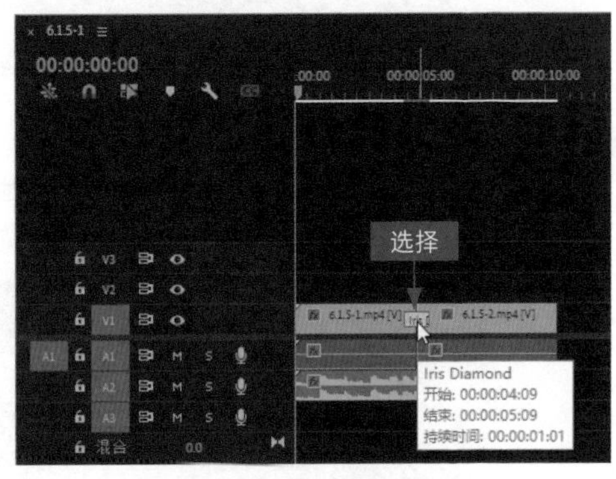

图 6-26　选择转场效果

SETP 03 在“效果控件”面板中单击“边框颜色”右侧的色块，弹出“拾色器”对话框，在其中设置 RGB 颜色值为 248、252、247，如图 6-27 所示。

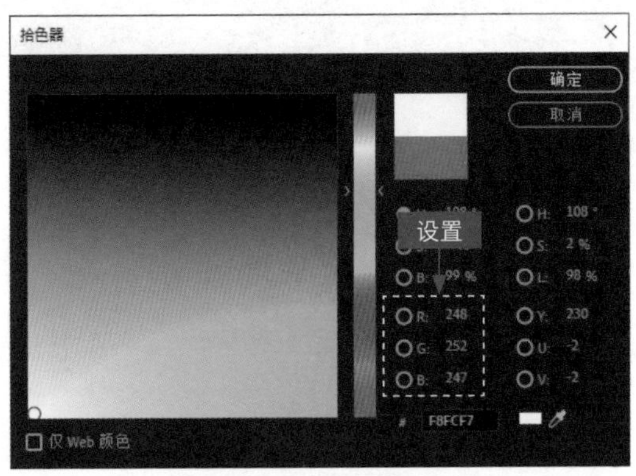

图 6-27　设置 RGB 颜色值

SETP 04 单击“确定”按钮，在“效果控件”面板中设置“边框宽度”参数为 5，如图 6-28 所示。执行操作后，在“节目监视器”面板中即可预览设置边框颜色后的转场效果。

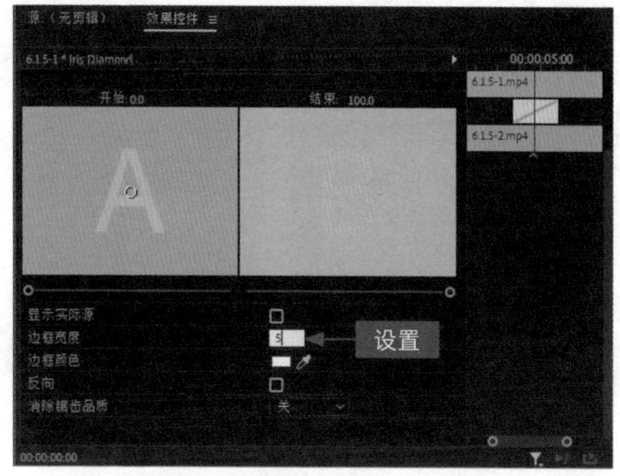

图 6-28 设置“边框宽度”参数

6.2 制作视频转场特效

Premiere 为用户提供了多种多样的转场效果，根据不同的类型，系统将其分别归类在不同的文件夹中。本节将介绍不同文件夹中各个转场效果的应用方法。

6.2.1 制作交叉溶解转场

效果说明

在 Premiere 中，“交叉溶解”是指在第 1 个视频画面融化消失时，第 2 个视频画面逐渐显示的转场效果，如图 6-29 所示。

扫码看案例效果

扫码看教学视频

图 6-29 交叉溶解转场效果展示

SETP 01 按 Ctrl+O 组合键打开一个项目文件，如图 6-30 所示。

SETP 02 在“节目监视器”面板中可以查看素材画面，如图 6-31 所示。

图 6-30　打开一个项目文件

图 6-31　查看素材画面

SETP 03 在“效果”面板中，① 依次展开“视频过渡”|“溶解”选项；② 在其中选择“交叉溶解”效果，如图 6-32 所示。

图 6-32　选择“交叉溶解”效果

SETP 04 将“交叉溶解”效果添加到“时间轴”面板中的两个素材文件之间，如图 6-33 所示。

SETP 05 在“时间轴”面板中选择“交叉溶解”效果，① 切换至“效果控件”面板；②将鼠标移至右侧的过渡转场效果上，当鼠标指针呈红色拉伸形状时，按住鼠标左键并向右拖曳，即可调整效果的播放时长，如图 6-34 所示。

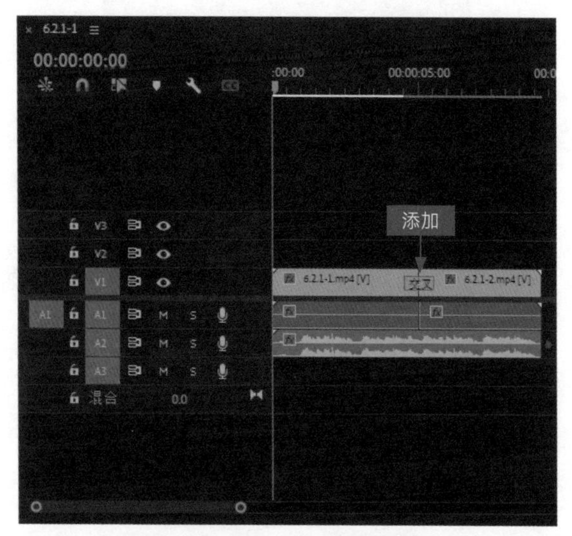

图 6-33 添加“交叉溶解”效果

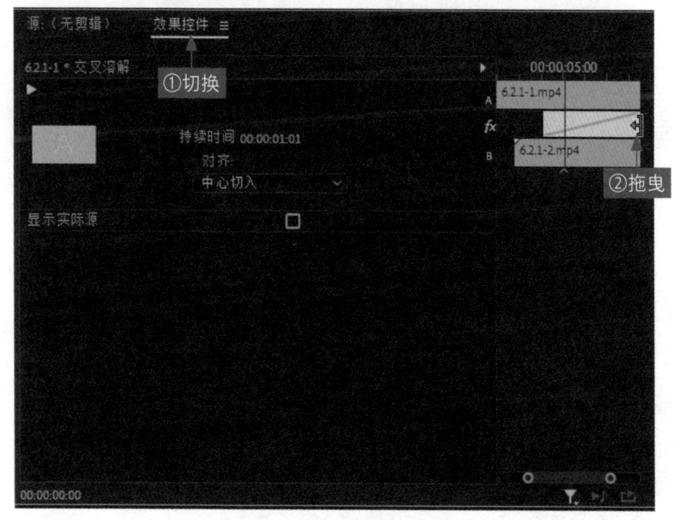

图 6-34 拖曳效果调整时长

SETP 06 执行上述操作后，即可在“节目监视器”面板中查看“交叉溶解”效果，如图 6-35 所示。

图 6-35 查看“交叉溶解”效果

6.2.2 制作中心拆分转场

在 Premiere 中，“中心拆分”转场是指将第 1 个视频的画面从中心拆分为 4 个画面，并向 4 个角落移动，逐渐过渡至第 2 个视频的转场效果，如图 6-36 所示。

扫码看案例效果

扫码看教学视频

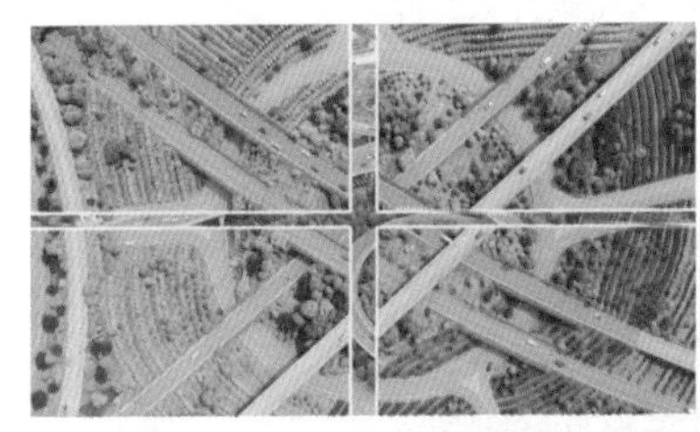

图 6-36 中心拆分转场效果展示

SETP 01 按 Ctrl+O 组合键打开一个项目文件，如图 6-37 所示。

SETP 02 在“节目监视器”面板中可以查看素材画面，如图 6-38 所示。

图 6-37 打开一个项目文件

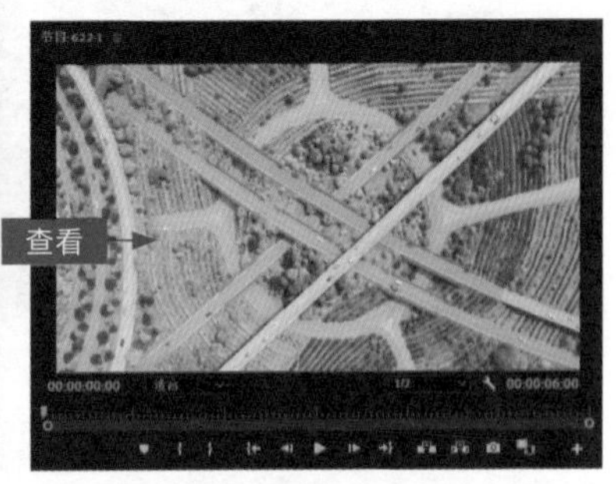

图 6-38 查看素材画面

SETP 03 在“效果”面板中，① 依次展开“视频过渡” | Slide（滑动）选项；② 在其中选择 Center Split（中心拆分）效果，如图 6-39 所示。

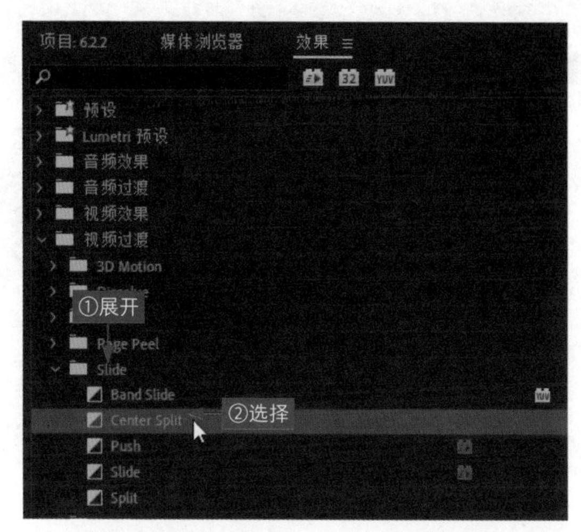

图 6-39 选择 Center Split（中心拆分）效果

SETP 04 将 Center Split（中心拆分）效果添加到“时间轴”面板中相应的两个素材文件之间，如图 6-40 所示。

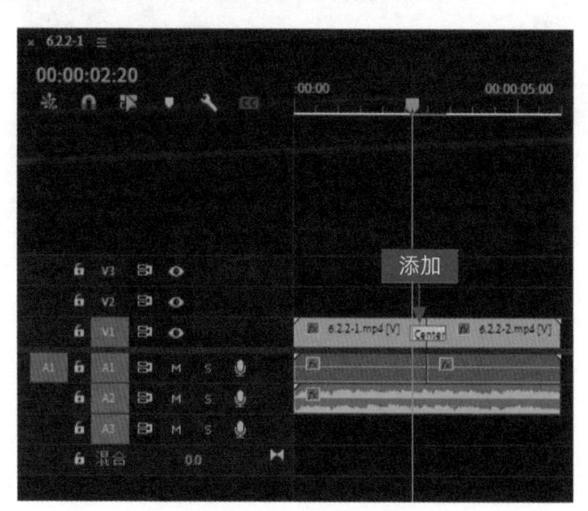

图 6-40 添加转场效果

SETP 05 在“时间轴”面板中选择 Center Split（中心拆分）效果，① 切换至“效果控件”面板；② 设置“边框宽度”参数为 10.0、“边框颜色”为白色，如图 6-41 所示。

SETP 06 执行上述操作后，即可查看中心拆分转场效果，如图 6-42

所示。

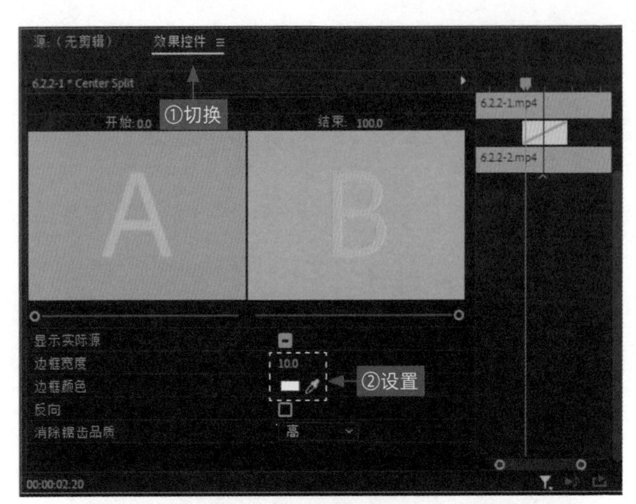

图 6-41　设置转场边框

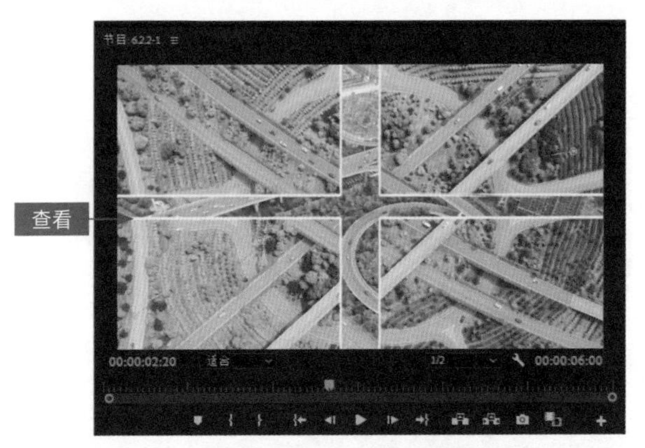

图 6-42　查看中心拆分转场效果

6.2.3　制作视频翻页转场

效果说明

在 Premiere 中，视频翻页转场效果是将第 1 个视频的画面以翻页的形式从一角卷起，最终将第 2 个视频画面显示出来，效果如图 6-43 所示。

扫码看案例效果

扫码看教学视频

图 6-43　视频翻页转场效果展示

SETP 01 按 Ctrl+O 组合键打开一个项目文件，如图 6-44 所示。

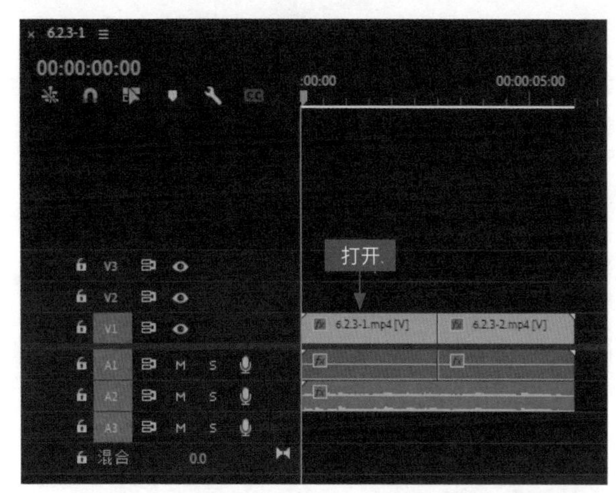

图 6-44　打开一个项目文件

SETP 02 在“节目监视器”面板中可以查看素材画面，如图 6-45 所示。

图 6-45　查看素材画面

SETP 03 在“效果”面板中，① 依次展开“视频过渡”｜Page Peel（卷页）选项；② 在其中选择 Page Turn（翻页）效果，如图 6-46 所示。

图 6-46 选择 Page Turn（翻页）效果

SETP 04 将 Page Turn（翻页）效果添加到“时间轴”面板中相应的两个素材文件之间，如图 6-47 所示。执行操作后，即可制作视频翻页转场效果。

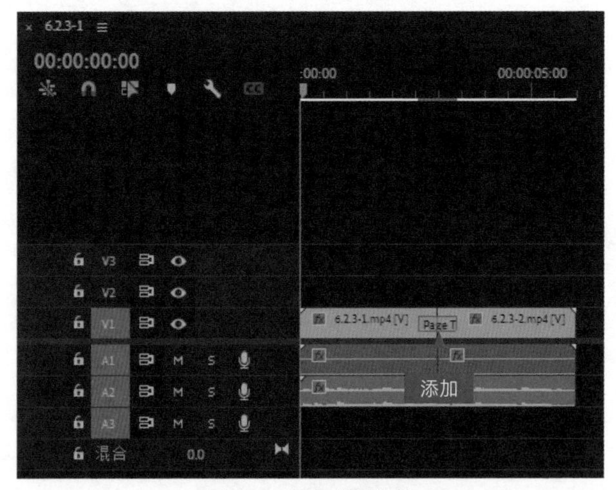

图 6-47 添加转场效果

6.2.4 制作带状滑动转场

效果说明

带状滑动转场效果能够将第 2 个视频画面从预览窗口中的左右两边以带状形式向中间滑动拼接显示出来，效果如图 6-48 所示。

扫码看案例效果

扫码看教学视频

图 6-48　带状滑动转场效果展示

SETP 01 按 Ctrl+O 组合键打开一个项目文件，如图 6-49 所示。

SETP 02 在"节目监视器"面板中可以查看素材画面，如图 6-50 所示。

图 6-49　打开一个项目文件

图 6-50　查看素材画面

SETP 03 在"效果"面板中，① 依次展开"视频过渡" | Slide（滑动）选项；② 在其中选择 Band Slide（带状滑动）效果，如图 6-51 所示。

SETP 04 将 Band Slide（带状滑动）效果添加到"时间轴"面板中

相应的两个素材文件之间，如图 6-52 所示。

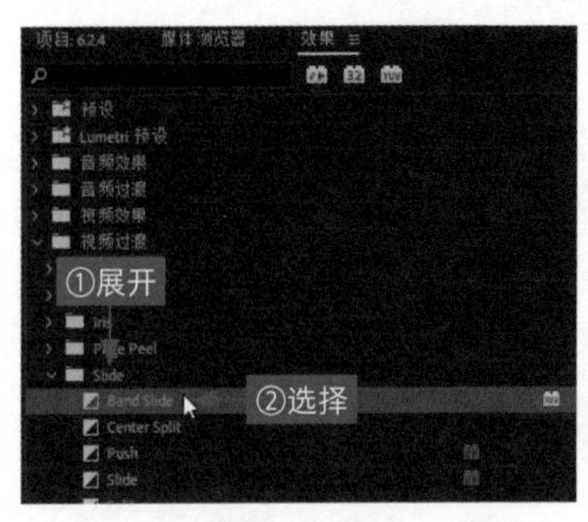

图 6-51 选择 Band Slide（带状滑动）效果

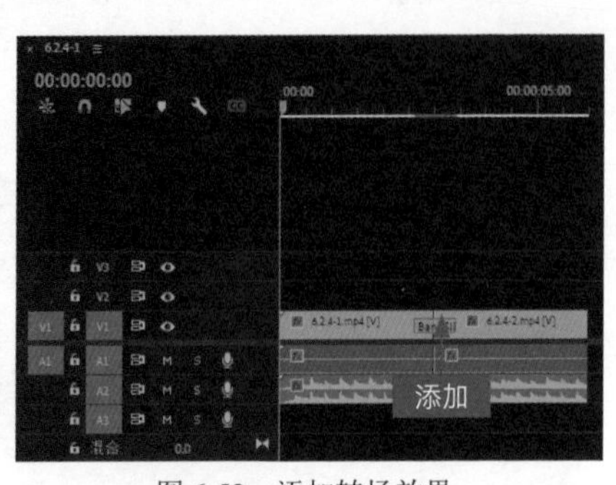

图 6-52 添加转场效果

SETP 05 在添加的过渡转场上单击鼠标右键，在弹出的快捷菜单中选择“设置过渡持续时间”命令，如图 6-53 所示。

SETP 06 在弹出的“设置过渡持续时间”对话框中，设置“持续时间”为 00:00:03:00，如图 6-54 所示。

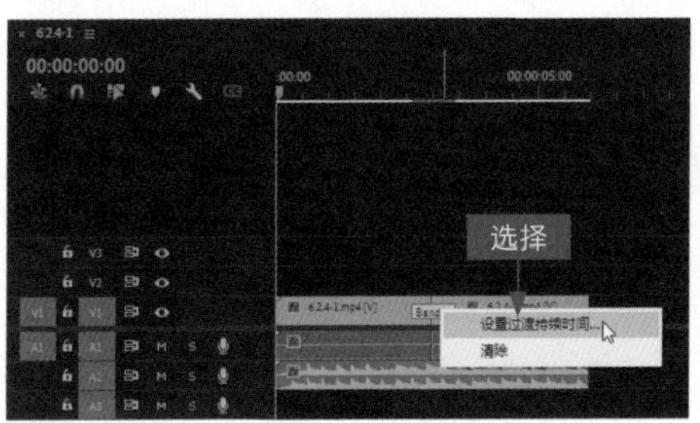

图 6-53 选择“设置过渡持续时间”命令

图 6-54 设置“持续时间”

SETP 07 单击“确定”按钮，即可在“时间轴”面板中查看转场时长，如图 6-55 所示。

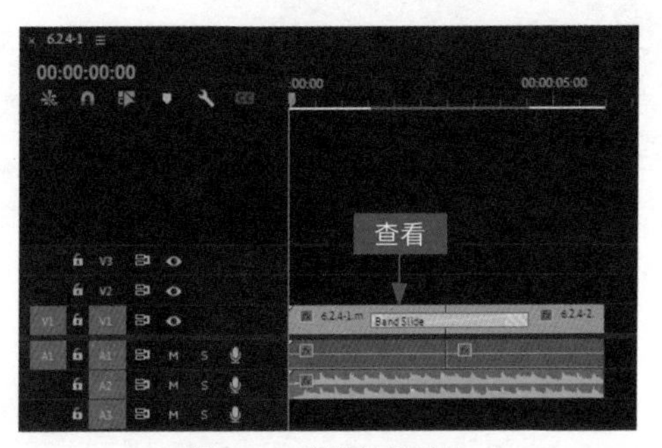

图 6-55 查看转场时长

SETP 08 执行上述操作后，即可查看带状滑动转场效果，如图 6-56 所示。

图 6-56　查看带状滑动转场效果

6.3　制作视频滤镜特效

Premiere 根据视频效果的作用，将提供的 160 多种视频效果分为 Obsolete、“变换”“图像控制”“实用程序”“扭曲”“时间”“杂色与颗粒”“模糊与锐化”“沉浸式视频”“生成”“视频”“调整”“过时”“过渡”“透视”“通道”“键控”“颜色校正”“风格化”等 19 个文件夹，放置在“效果”面板的“视频效果”选项文件夹中，如图 6-57 所示。为了可以更好地应用这些绚丽的效果，用户首先需要掌握视频效果的基本操作方法。

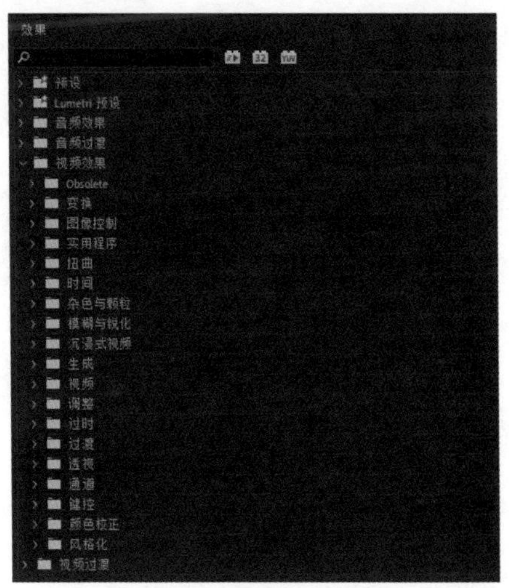

图 6-57　“视频效果”文件夹

已添加视频效果的素材右侧的“不透明度”按钮fx都会变成紫色fx，以便于区分素材是否添加了视频效果，在“不透明度”按钮fx上单击鼠标右键，即可在弹出的列表框中查看添加的视频效果，如图 6-58 所示。

图 6-58　查看添加的视频效果

6.3.1　制作水平翻转特效

效果说明

在 Premiere 中，“水平翻转”视频效果可以将视频中的每一帧从左向右翻转，原图与效果图对比如图 6-59 所示。

扫码看案例效果

扫码看教学视频

图 6-59　原图与效果图对比

SETP 01 按 Ctrl+O 组合键打开一个项目文件，如图 6-60 所示。

SETP 02 在“节目监视器”面板中可以查看素材画面，如图 6-61 所示。

SETP 03 在“效果”面板中，① 依次展开“视频效果”|“变换”选项；② 在其中选择“水平翻转”视频效果，如图 6-62 所示。

SETP 04 将“水平翻转”视频效果拖曳至“时间轴”面板中的素材文件上，释放鼠标左键，即可添加“水平翻转”视频效果，如图 6-63

所示。

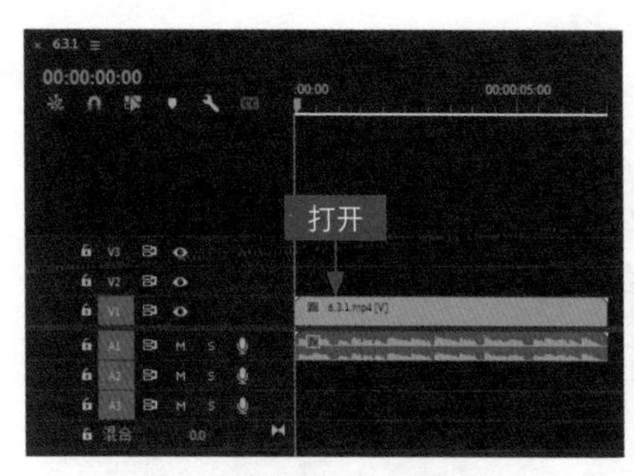

图 6-60　打开一个项目文件

图 6-61　查看素材画面

图 6-62　选择“水平翻转”视频效果

图 6-63　添加“水平翻转”效果

6.3.2　制作镜头光晕特效

效果说明

在 Premiere 中，“镜头光晕”视频效果用于修改明暗分界点的差值，以产生光线折射效果，原图与效果图对比如图 6-64 所示。

扫码看案例效果

扫码看教学视频

图 6-64　原图与效果图对比

SETP 01 按 Ctrl+O 组合键打开一个项目文件，如图 6-65 所示。

SETP 02 在"效果"面板中，① 依次展开"视频效果"|"生成"选项；② 在其中选择"镜头光晕"视频效果，如图 6-66 所示。

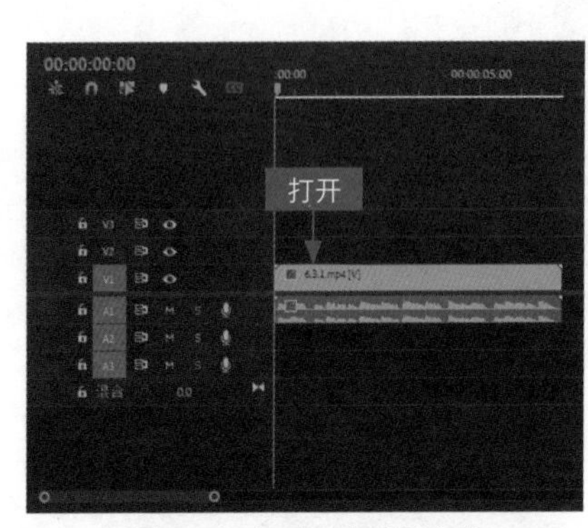

图 6-65 打开一个项目文件

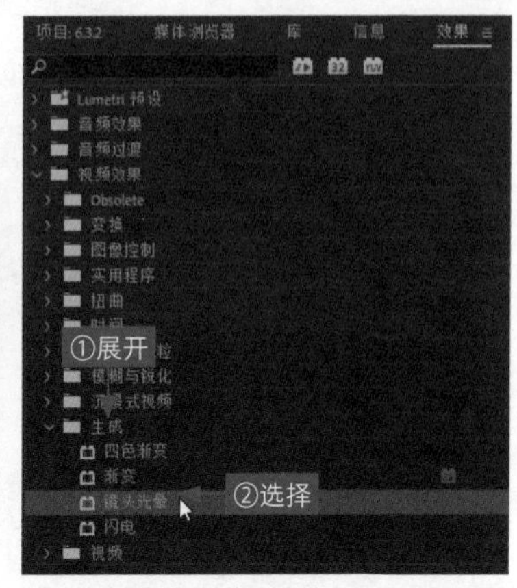

图 6-66 选择"镜头光晕"选项

SETP 03 按住鼠标左键，将其拖曳至 V1 轨道中的素材上，在"效果控件"面板中，设置"光晕中心"为（0.0,700.0）、"光晕亮度"为 135%，如图 6-67 所示。

图 6-67 设置参数值

SETP 04 执行操作后，即可添加"镜头光晕"视频效果，如图 6-68 所示。

图 6-68　添加“镜头光晕”视频效果

6.3.3　制作纯色合成特效

效果说明

在 Premiere 中，“纯色合成”视频效果是将一种颜色与视频混合，从而为视频进行调色处理，原图与效果图对比如图 6-69 所示。

扫码看案例效果

扫码看教学视频

图 6-69　原图与效果图对比

SETP 01 按 Ctrl+O 组合键打开一个项目文件，如图 6-70 所示。

SETP 02 在“效果”面板中依次展开“视频效果”|“过时”选项，在其中选择“纯色合成”选项，如图 6-71 所示。

SETP 03 将其拖曳至 V1 轨道的视频上，在“效果控件”面板中单击“颜色”右侧的色块，如图 6-72 所示。

SETP 04 弹出“拾色器”对话框，设置 RGB 颜色值为 232、140、186，如图 6-73 所示。

图 6-70　打开一个项目文件

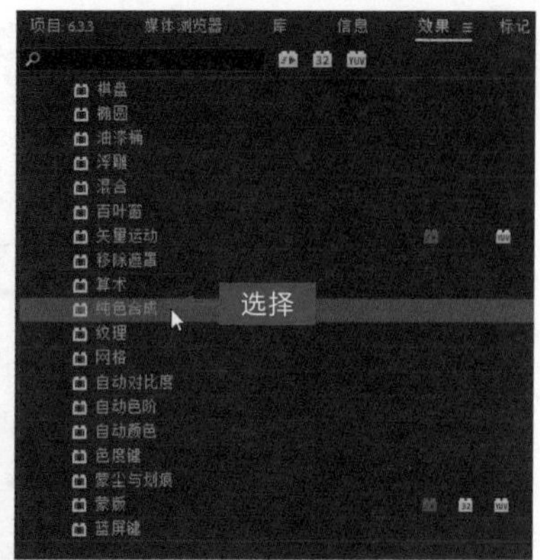

图 6-71　选择“纯色合成”选项

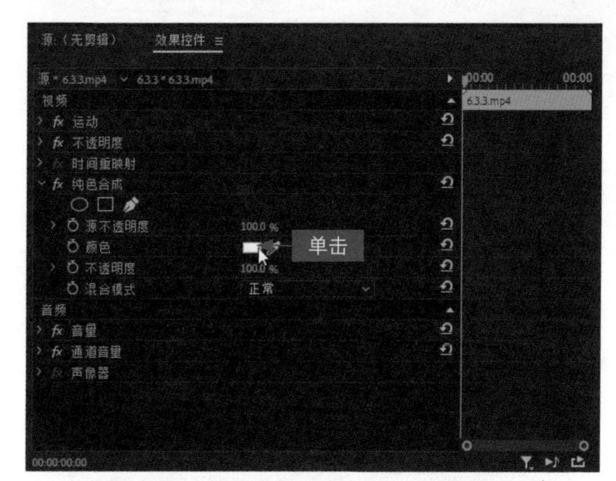

图 6-72　单击“颜色”右侧的色块

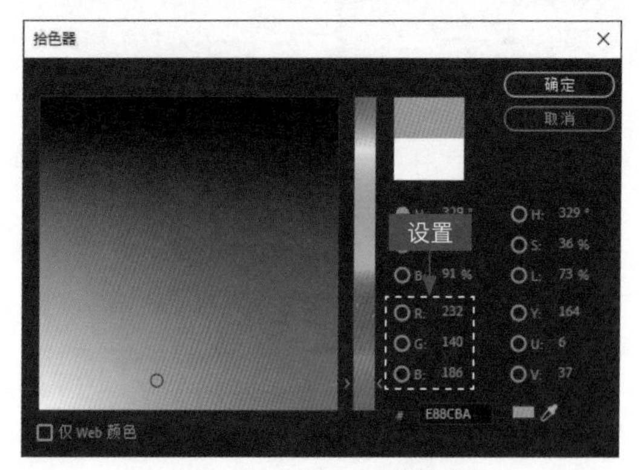

图 6-73　设置 RGB 颜色值

SETP 05 单击“确定”按钮，在“效果控件”面板中，① 设置“不透明度”为 50.0%；② 单击“混合模式”右侧的下拉按钮；③ 在弹出的列表框中选择“强光”选项，如图 6-74 所示。

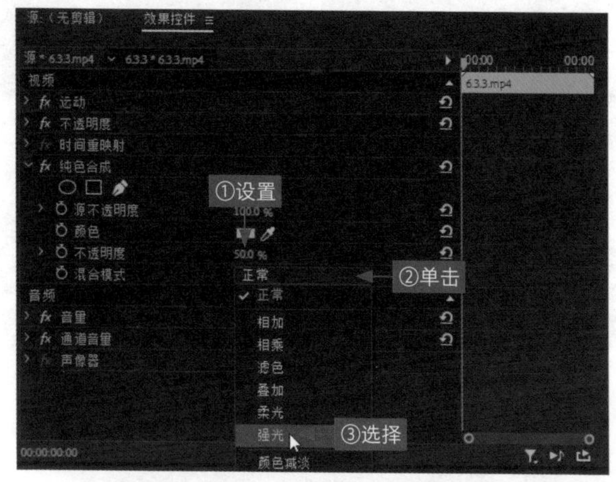

图 6-74　选择“强光”选项

SETP 06 执行上述操作后，即可在“节目监视器”面板中，① 单击“播放 - 停止切换”按钮■；② 预览视频效果，如图 6-75 所示。

图 6-75　预览视频效果

6.3.4　制作 3D 透视特效

效果说明

在 Premiere 中，“基本 3D”具有 3D 立体透视效果，主要用于在视频画面上添加透视效果，如图 6-76 所示。

扫码看案例效果

扫码看教学视频

图 6-76　3D 透视效果展示

SETP 01 按 Ctrl+O 组合键打开一个项目文件，如图 6-77 所示。

图 6-77　打开一个项目文件

SETP 02 在"节目监视器"面板中可以查看素材画面，如图 6-78 所示。

图 6-78　查看素材画面

SETP 03 在“效果”面板中，① 依次展开“视频效果”|“透视”选项；② 在其中选择“基本 3D”视频效果，如图 6-79 所示。

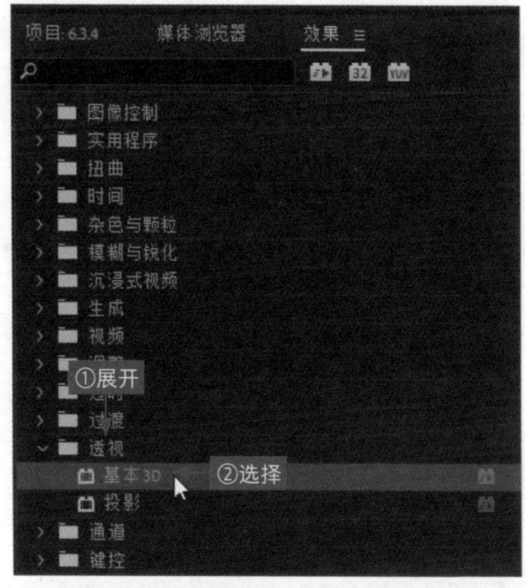

图 6-79 选择“基本 3D”视频效果

SETP 04 将“基本 3D”视频效果拖曳至“时间轴”面板中的素材文件上，选择 V1 轨道上的素材，如图 6-80 所示。

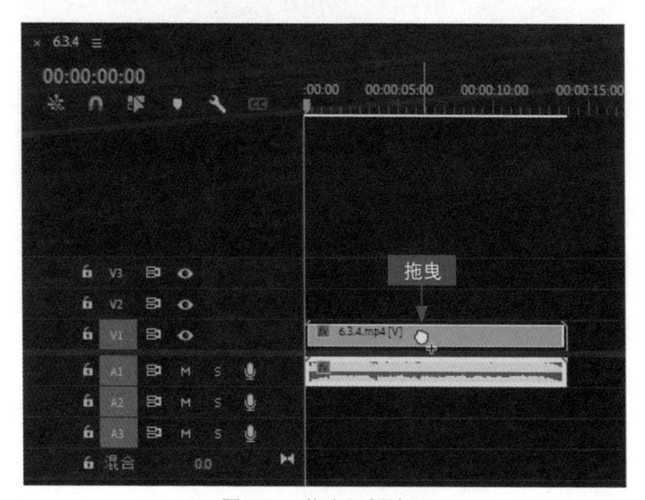

图 6-80 拖曳视频效果

SETP 05 在“效果控件”面板中展开“基本 3D”选项，如图 6-81 所示。

SETP 06 ① 设置“旋转”选项为 -100.0°；② 单击“旋转”选项

左侧的“切换动画”按钮■；③ 添加一个关键帧，如图 6-82 所示。

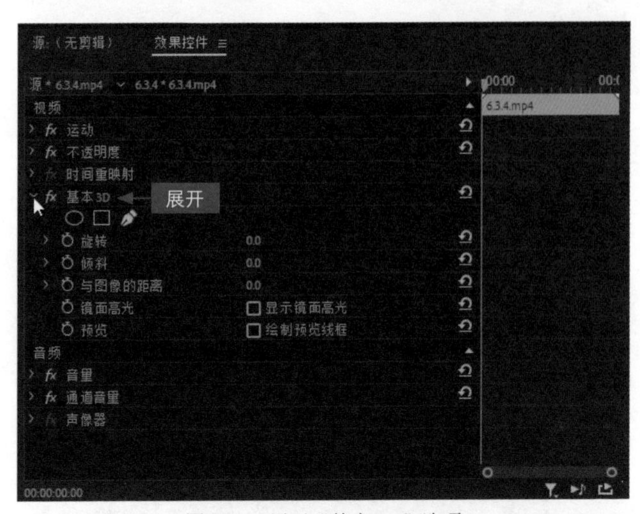

图 6-81　展开“基本 3D”选项

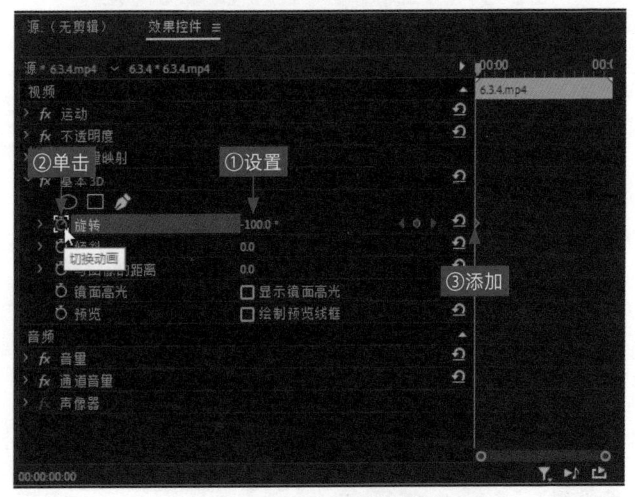

图 6-82　添加一个关键帧

SETP 07 拖曳时间指示器至 00:00:05:00 的位置处，如图 6-83 所示。

SETP 08 在“效果控件”面板中，① 设置“旋转”为 0.0°；② 即可自动添加一个关键帧，如图 6-84 所示。

SETP 09 执行上述操作后，即可在“节目监视器”面板中，① 单击“播放 - 停止切换”按钮■；② 预览视频效果，如图 6-85 所示。

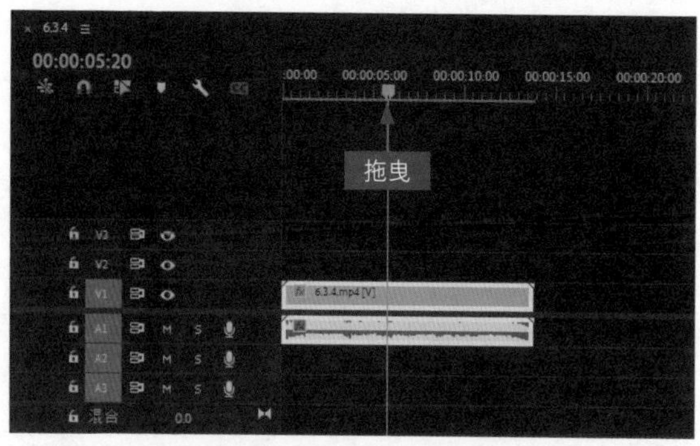

图 6-83　拖曳时间指示器

图 6-84　自动添加一个关键帧

图 6-85　预览视频效果

07

运动效果：为素材添加关键帧特效

◎ **章前知识导读**

动态效果是指在原有的视频画面中合成或创建移动、变形和缩放等运动效果。在 Premiere 中，为静态的素材加入适当的运动效果，可以让画面活动起来，显得更加逼真、生动。本章主要介绍影视运动效果的制作方法与技巧，让画面效果更为精彩。

◎ **新手重点索引**

运动关键帧的设置
制作视频运动特效
制作字幕运动特效

◎ **效果图片欣赏**

7.1 运动关键帧的设置

在 Premiere 中，关键帧可以帮助用户控制视频的运动、大小以及位置等变化，使视频更具观赏性。本节主要介绍运动关键帧的设置操作。

7.1.1 添加运动关键帧

效果说明

在 Premiere 中，除了可以在"效果控件"面板中为视频添加关键帧外，还可以通过设置选项参数的方法添加运动关键帧，效果如图 7-1 所示。

扫码看案例效果

扫码看教学视频

图 7-1 添加运动关键帧效果展示

SETP 01 按 Ctrl+O 组合键打开一个项目文件，并预览项目效果，如图 7-2 所示。

图 7-2 预览项目效果

SETP 02 选择"时间轴"面板中的素材，① 展开"效果控件"面板；② 单击"旋转"和"缩放"左侧的"切换动画"按钮；③ 添加第 1 组关键帧，如图 7-3 所示。

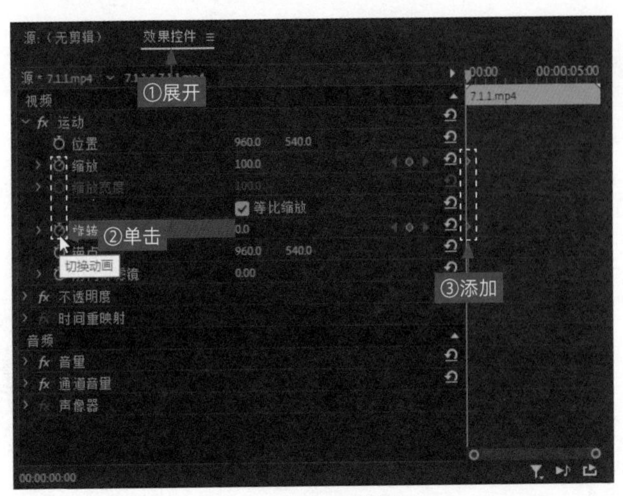

图 7-3　添加第 1 组关键帧

SETP 03 ❶ 拖曳时间指示器至合适位置；❷ 并设置“旋转”参数为 -5.0°、“缩放”参数为 115.0；❸ 添加第 2 组运动关键帧，如图 7-4 所示。

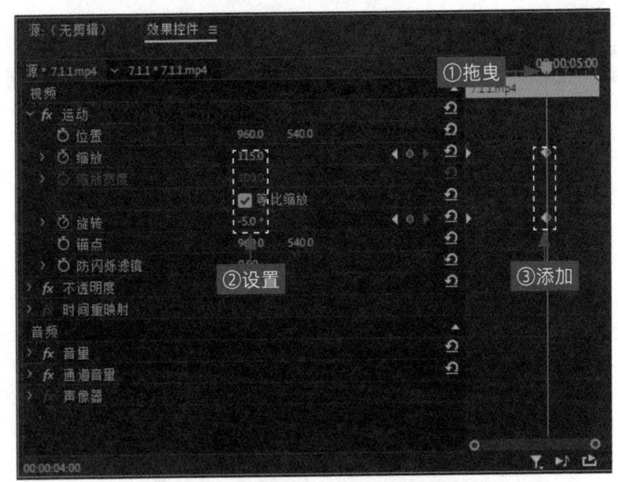

图 7-4　添加第 2 组运动关键帧

SETP 04 在“时间轴”面板中，❶ 单击“时间轴显示设置”按钮；❷ 在弹出的列表框中选择“显示视频关键帧”选项，如图 7-5 所示。执行上述操作后，即可指定展开轨道后关键帧的可见性。

SETP 05 再次在列表框中选择“显示视频关键帧”选项，如图 7-6 所示，取消该选项前的对勾符号，即可在时间轴中隐藏关键帧。

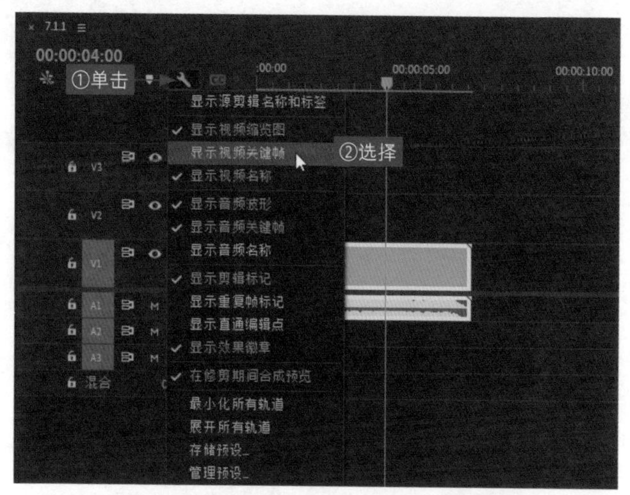

图 7-5 选择“显示视频关键帧”选项

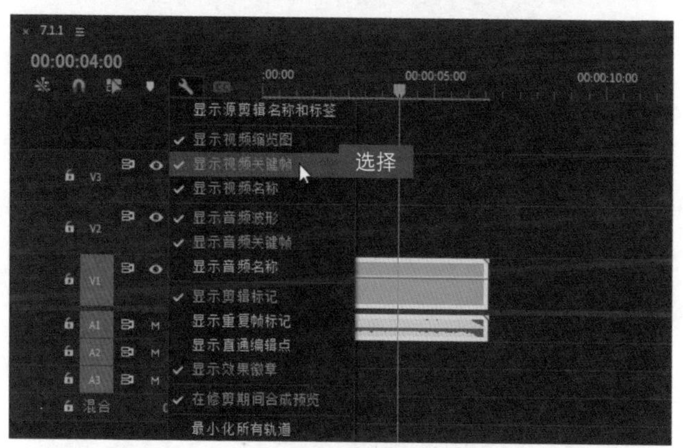

图 7-6 再次选择“显示视频关键帧”选项

7.1.2 调整关键帧位置

效果说明

在 Premiere 中，可以适当调整关键帧的位置和属性，使运动效果更加流畅。调整关键帧可以通过“时间轴”和“效果控件”面板来完成，调整效果如图 7-7 所示。

扫码看案例效果

扫码看教学视频

图 7-7　调整关键帧位置效果展示

SETP 01 按 Ctrl+O 组合键打开一个项目文件，并预览项目效果，如图 7-8 所示。

图 7-8　预览项目效果

SETP 02 在“效果控件”面板中选择需要调整的关键帧，如图 7-9 所示。

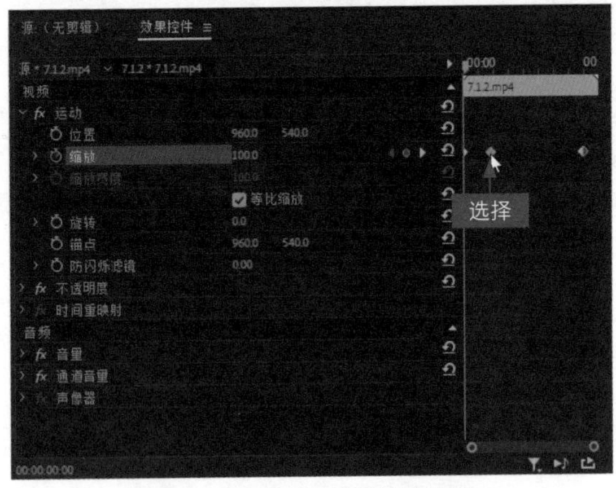

图 7-9　选择需要调整的关键帧

SETP 03 按住鼠标左键，将其拖曳至合适位置，即可调整关键帧的位置，如图 7-10 所示。

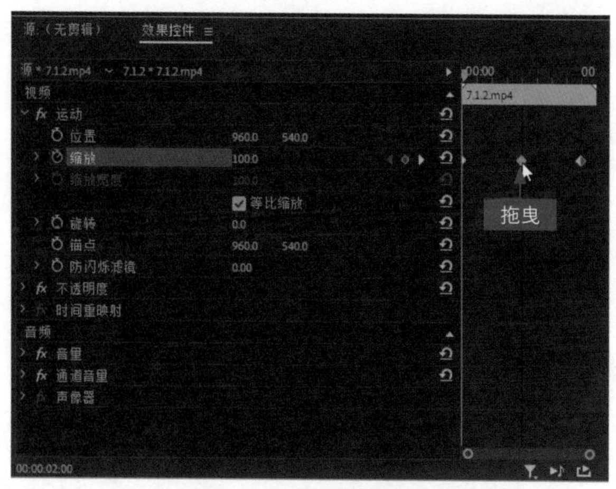

图 7-10　调整关键帧的位置

SETP 04 在“节目监视器”面板中可以查看素材画面效果，如图 7-11 所示。

图 7-11　查看素材画面效果

SETP 05 在 V1 轨道面板中双击鼠标左键，① 展开 V1 轨道；② 向下拖曳关键帧的参数线，则对应参数将减少，效果如图 7-12 所示。

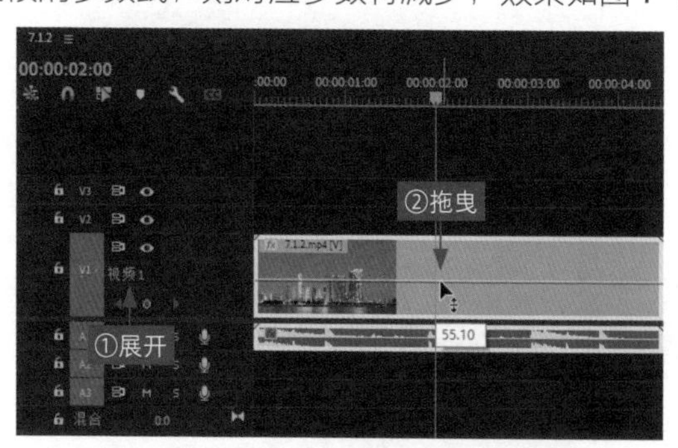

图 7-12　向下拖曳关键帧参数线及其效果

图 7-12　向下拖曳关键帧参数线及其效果（续）

▶ 专家指点

在“时间轴”面板中展开 V1 轨道，素材上关键帧的参数线默认状态为“不透明度”效果参数，用户可以在参数线上添加关键帧，通过拖曳关键帧可调整关键帧位置处的“不透明度”参数值。

SETP 06 反之，向上拖曳关键帧的参数线，对应参数将增加，效果如图 7-13 所示。

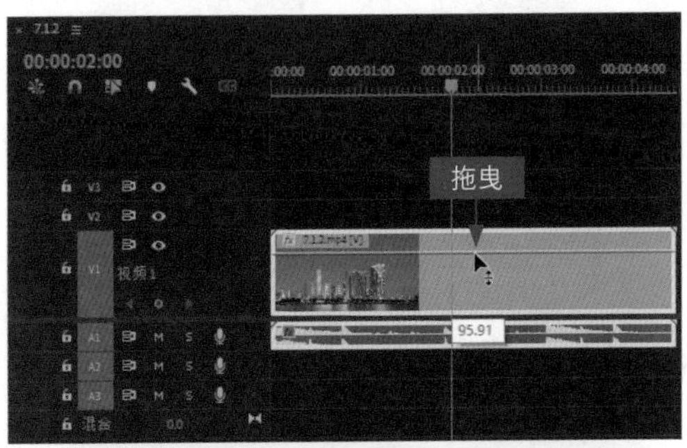

图 7-13　向上拖曳关键帧参数线及其效果

7.1.3 复制粘贴关键帧

效果说明

在 Premiere 中，当需要创建多个相同参数的关键帧时，可以使用复制与粘贴关键帧的方法快速添加关键帧，效果如图 7-14 所示。

扫码看案例效果　扫码看教学视频

图 7-14　复制粘贴关键帧效果展示

> ▶ 专家指点
>
> 在 Premiere 中，用户还可以通过以下方法复制和粘贴关键帧。
>
> • 选择“编辑”|“复制”命令或者按 Ctrl+C 组合键，复制关键帧。
>
> • 选择“编辑”|“粘贴”命令或者按 Ctrl+V 组合键，粘贴关键帧。

SETP 01 按 Ctrl+O 组合键打开一个项目文件，并预览项目效果，如图 7-15 所示。

图 7-15　预览项目效果

SETP 02 在“效果控件”面板中，① 选择需要复制的关键帧，单击鼠标右键；② 在弹出的快捷菜单中选择“复制”命令，如图 7-16 所示。

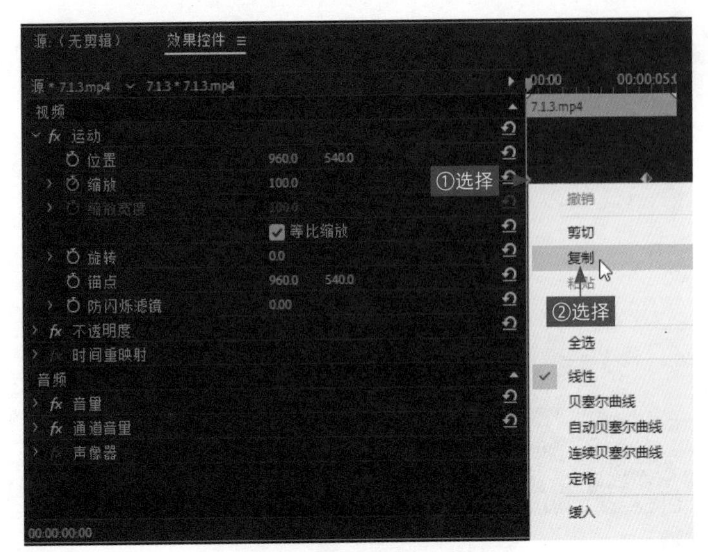

图 7-16　选择“复制”命令

SETP 03 拖曳时间指示器至合适位置，如图 7-17 所示。

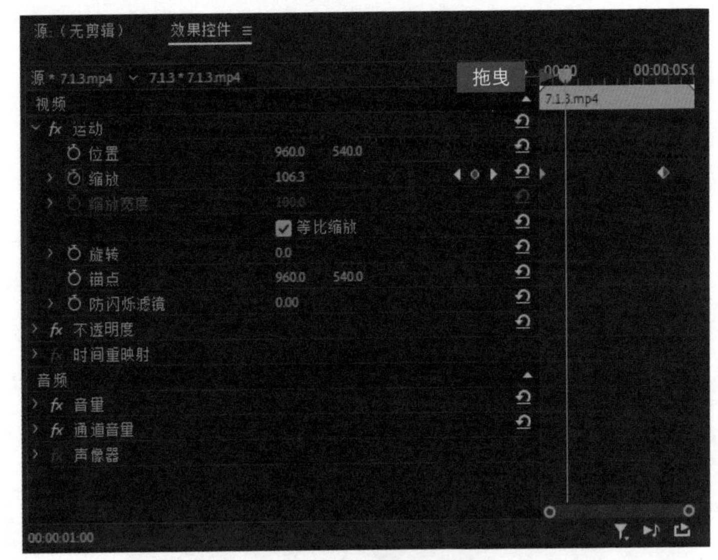

图 7-17　拖曳时间指示器

SETP 04 在“效果控件”面板中单击鼠标右键，在弹出的快捷菜单中选择“粘贴”命令，如图 7-18 所示。执行操作后，即可复制一个相同的关键帧。

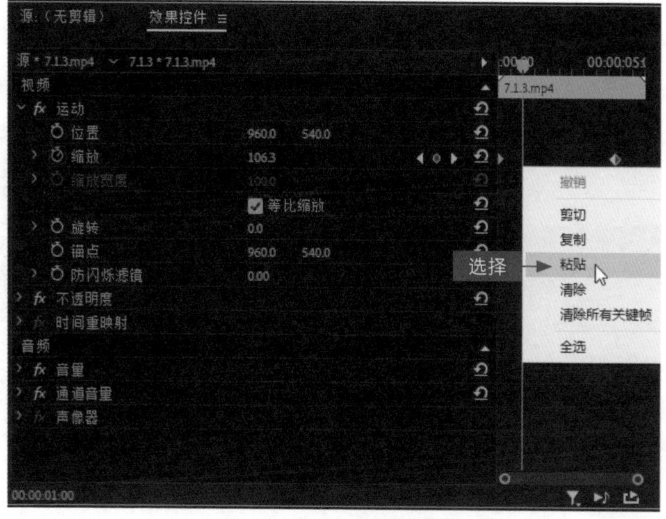

图 7-18　选择“粘贴”命令

7.1.4 切换关键帧跳转画面

效果说明

在 Premiere 中，用户可以在已添加的关键帧之间进行快速切换，跳转至下一个画面，效果如图 7-19 所示。

扫码看案例效果

扫码看教学视频

图 7-19　切换关键帧效果展示

SETP 01 按 Ctrl+O 组合键打开一个项目文件，如图 7-20 所示。

SETP 02 在“时间轴”面板中选择已添加关键帧的素材，如图 7-21 所示。

图 7-20　打开一个项目文件

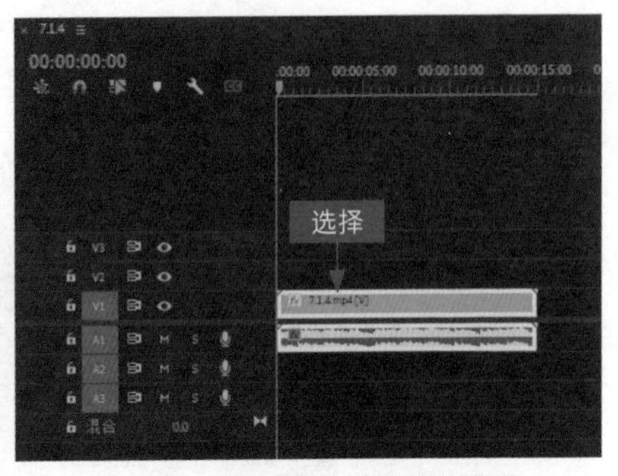

图 7-21　选择已添加关键帧的素材

SETP 03 在“效果控件”面板中，①单击“转到下一关键帧”按钮▶；②即可快速切换至第 2 个关键帧，如图 7-22 所示。

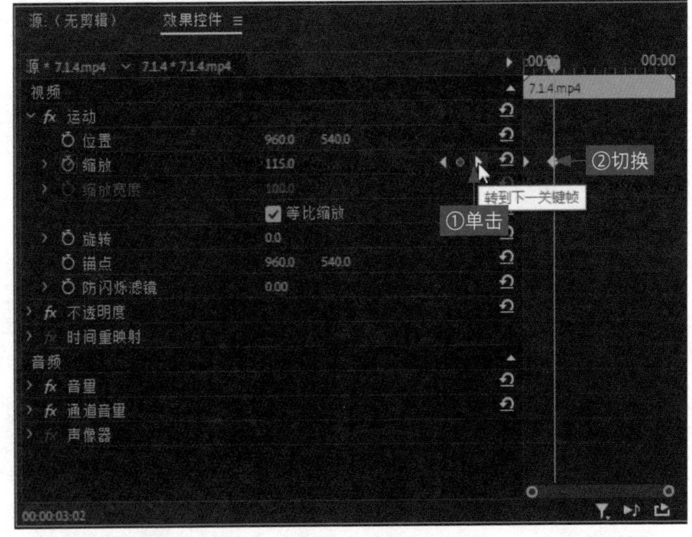

图 7-22　切换至第 2 个关键帧

SETP 04 在“节目监视器”面板中可以查看转到下一关键帧的效果，如图 7-23 所示。

SETP 05 ①单击“转到上一关键帧”按钮；②即可切换至第 1 个关键帧，如图 7-24 所示。

图 7-23　查看转到下一关键帧效果

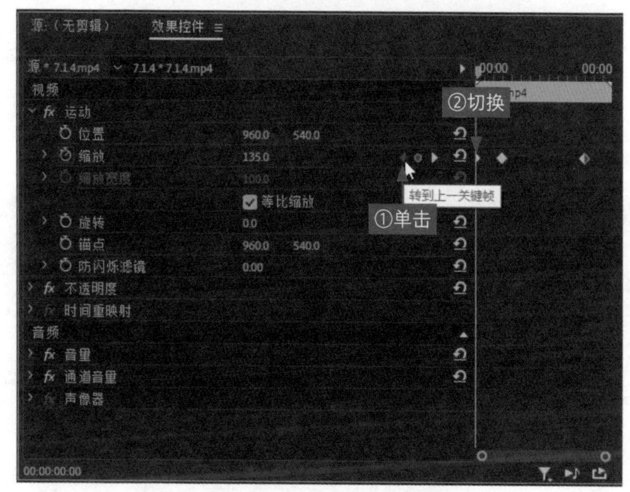

图 7-24　切换至第 1 个关键帧

SETP 06 在“节目监视器”面板中可以查看转到上一关键帧的效果，如图 7-25 所示。

图 7-25　查看转到上一关键帧效果

7.2 制作视频运动特效

通过前文对关键帧的学习，相信大家已经对运动效果的基本原理有所了解了。在本节中，用户可以从制作运动效果的一些基本操作开始学习，并逐渐熟练掌握各种运动特效的制作方法。

7.2.1 制作流星飞过特效

效果说明

在为视频制作运动特效的过程中，用户可以通过设置“混合模式”将两段视频素材进行合成，然后通过设置“位置”选项的参数，即可得到一段流星飞过的画面效果，制作出飞行运动特效，如图 7-26 所示。

扫码看案例效果

扫码看教学视频

图 7-26　流星飞过效果展示

SETP 01 按 Ctrl+O 组合键打开一个项目文件，如图 7-27 所示。可以看到“项目”面板中有两个视频，一个是背景为星空的视频，另一个是流星视频素材。

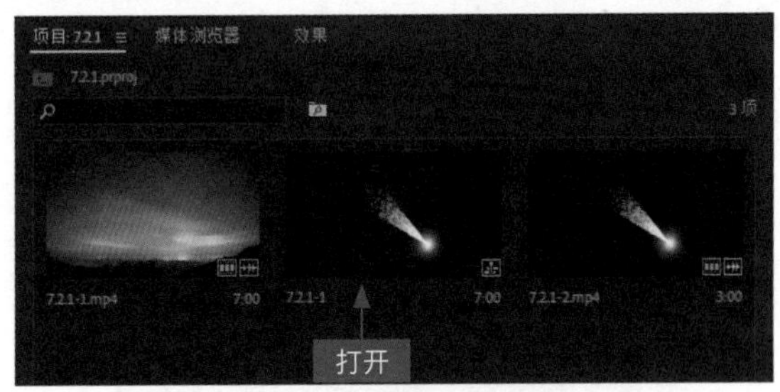

图 7-27　打开一个项目文件

SETP 02 在“时间轴”面板中选择 V2 轨道上的素材文件，如图 7-28 所示。

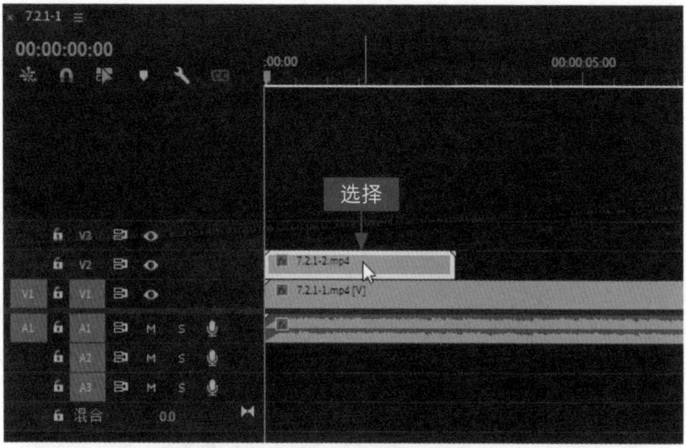

图 7-28　选择 V2 轨道上的素材文件

SETP 03 在“效果控件”面板中，① 单击“混合模式”右侧的下拉按钮；② 在弹出的列表框中选择“滤色”选项，如图 7-29 所示。

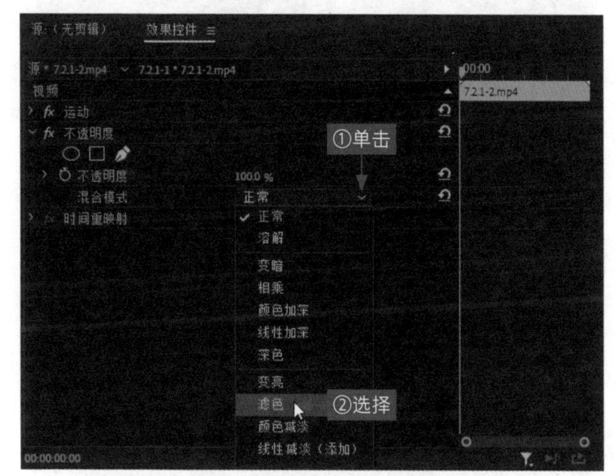

图 7-29　选择“滤色”选项

SETP 04 在“节目监视器”面板中可以查看画面合成效果，如图 7-30 所示。

SETP 05 ① 展开“运动”选项区；② 单击“位置”和“缩放”左侧的“切换动画”按钮；③ 设置“位置”为（-60.0、-50.0）、“缩放”为 25.0；④ 添加第 1 组关键帧，如图 7-31 所示。

SETP 06 ① 拖曳时间指示器至 00:00:02:29 的位置；② 在“效果控件”面板中设置“位置”为（1665.0、865.0）、“缩放”为 8.0；③ 添加第 2 组关键帧，如图 7-32 所示。

图 7-30　查看画面合成效果

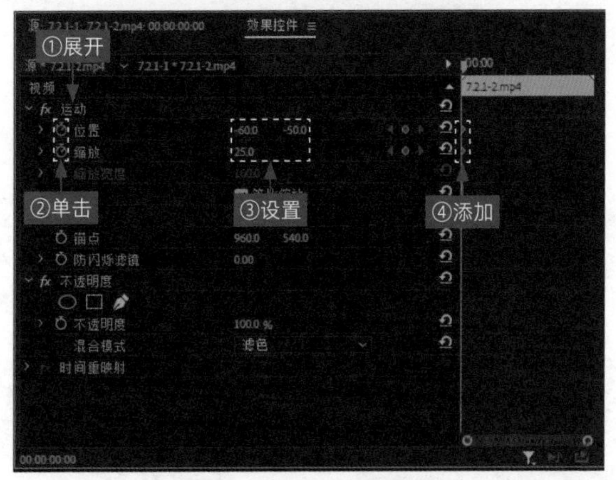

图 7-31　添加第 1 组关键帧

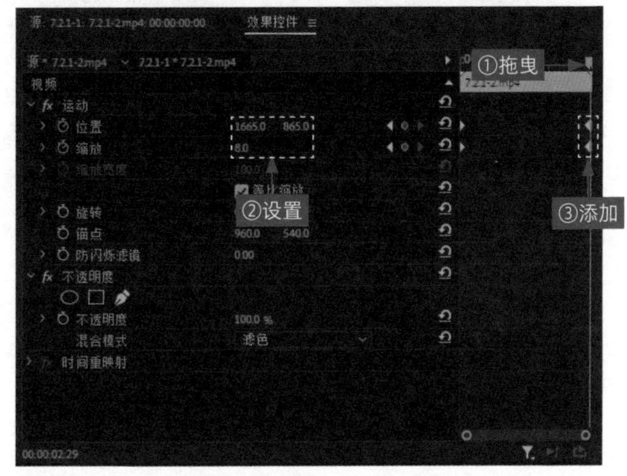

图 7-32　添加第 2 组关键帧

SETP 07 执行上述操作后，即可在“节目监视器”面板中查看流星飞行运动轨迹，如图 7-33 所示。

图 7-33　查看流星飞行运动轨迹

7.2.2 制作镜头推拉特效

效果说明

镜头推拉特效是指固定对象位置不变，将镜头画面以逐渐推近或拉远的形式，展现在观众的眼前。镜头推拉特效在影视节目中运用得也比较频繁，这个效果不仅操作简单，而且画面对比较强，表现力丰富。在 Premiere 中，可以通过设置“缩放”参数来制作该特效，效果如图 7-34 所示。

扫码看案例效果

扫码看教学视频

图 7-34　镜头推拉效果展示

SETP 01 按 Ctrl+O 组合键打开一个项目文件，并在“节目监视器”面板中预览项目效果，如图 7-35 所示。

图 7-35　预览项目效果

SETP 02 选择 V1 轨道上的素材文件，在“效果控件”面板中，① 单击“缩放”选项左侧的“切换动画”按钮；② 添加第 1 个关键帧，如图 7-36 所示。

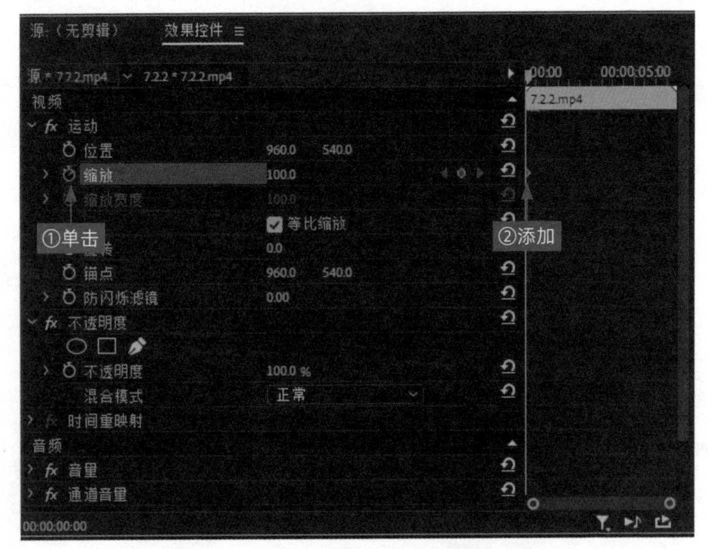

图 7-36　添加第 1 个关键帧

SETP 03 拖曳时间指示器至 00:00:03:10 的位置，如图 7-37 所示。

SETP 04 ① 设置“缩放”参数为 160.0；② 为视频添加第 2 个关键帧，

制作视频镜头推近效果，如图 7-38 所示。

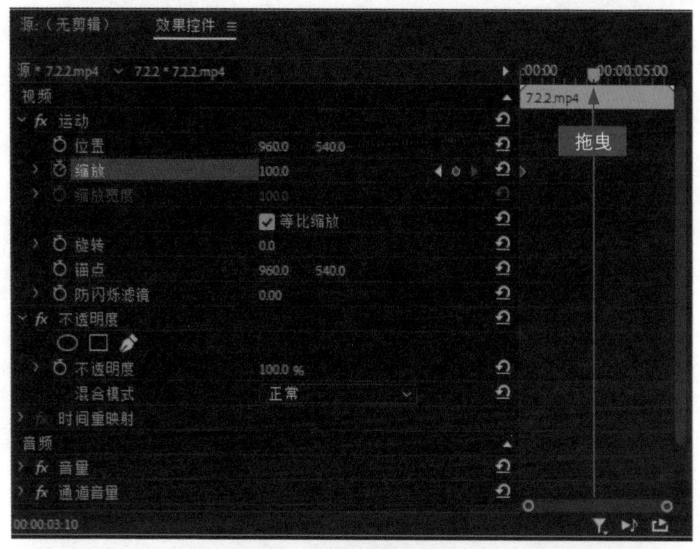

图 7-37　拖曳时间指示器（1）

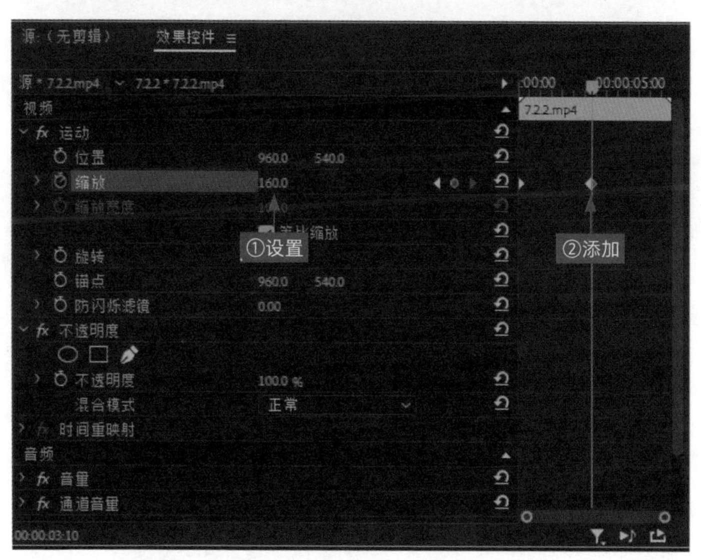

图 7-38　添加第 2 个关键帧

SETP 05 拖曳时间指示器至 00:00:06:26 的位置，如图 7-39 所示。

SETP 06 ① 设置“缩放”参数为 100.0；② 为视频添加第 3 个关键帧，制作视频镜头拉远效果，如图 7-40 所示。

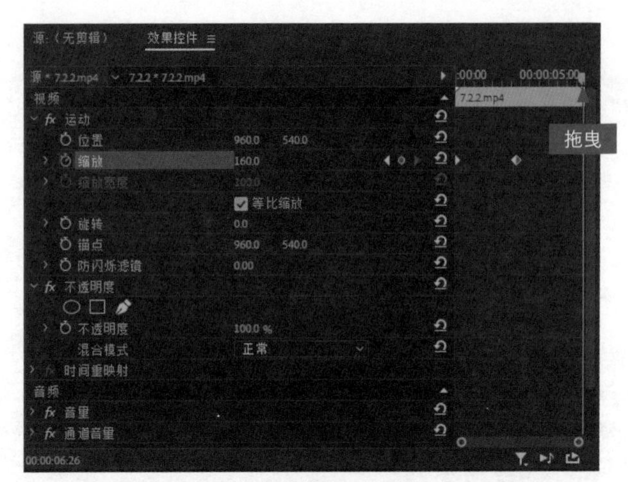

图 7-39　拖曳时间指示器（2）

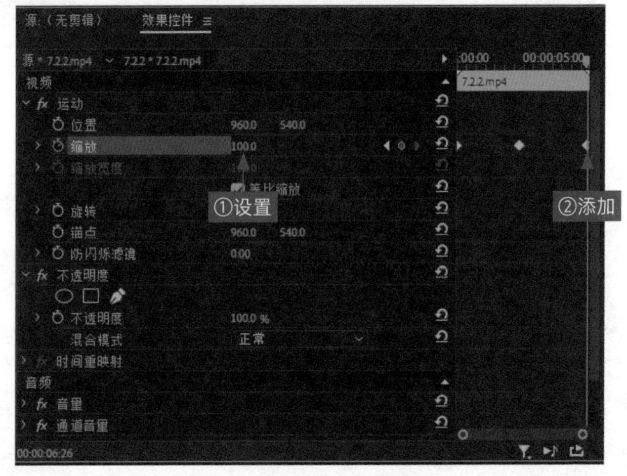

图 7-40　添加第 3 个关键帧

7.2.3　制作镜头横移特效

效果说明

镜头横移特效可以是左右横移，也可以是上下横移。为视频制作镜头横移特效，可以增强画面的视觉效果。在 Premiere 中，可以通过设置“位置”参数来制作该特效，效果如图 7-41 所示。

扫码看案例效果　扫码看教学视频

图 7-41　镜头横移效果展示

SETP 01 按 Ctrl+O 组合键打开一个项目文件，并在“节目监视器”面板中预览项目效果，如图 7-42 所示。

图 7-42　预览项目效果

SETP 02 选择 V1 轨道上的素材文件，在“效果控件”面板中设置“缩放”参数为 120.0，如图 7-43 所示。

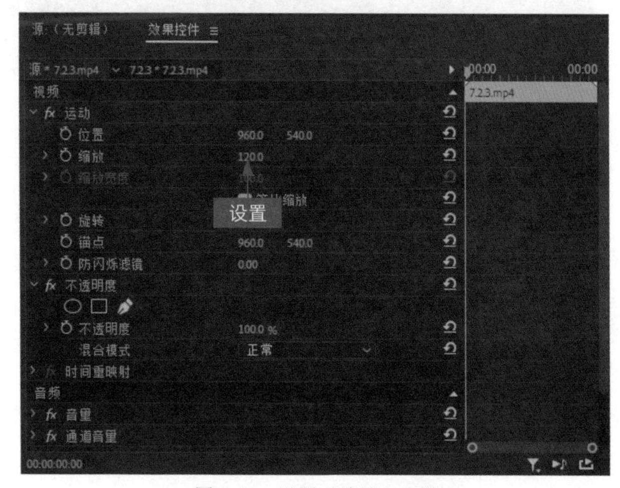

图 7-43　设置“缩放”参数

SETP 03 执行操作后，即可放大视频画面，使画面拥有左右横移的空间，效果如图 7-44 所示。

图 7-44　放大视频画面

SETP 04 在“效果控件”面板中，① 单击“位置”选项左侧的“切换动画”按钮；② 设置“位置”参数为（1150.0、640.0）；③ 为视频添加第 1 个关键帧，如图 7-45 所示，确定起始位置为视频画面的最左侧。

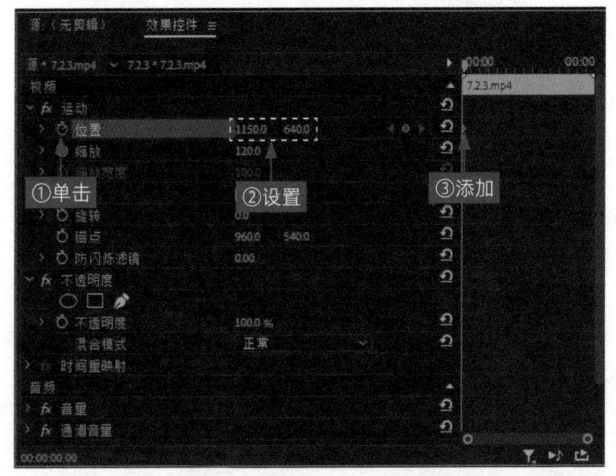

图 7-45　添加第 1 个关键帧

执行上述操作后，在“节目监视器”面板中可以查看起始位置的画面效果，如图 7-46 所示。

SETP 05 在“效果控件”面板中向右拖曳时间指示器至 00:00:14:22 的位置处，如图 7-47 所示。

SETP 06 在“效果控件”面板中，① 设置“位置”参数为（770.0、640.0）；② 为视频添加第 2 个关键帧，如图 7-48 所示，确定结束位置为视频画面的最右侧。

图 7-46　查看起始位置的画面效果

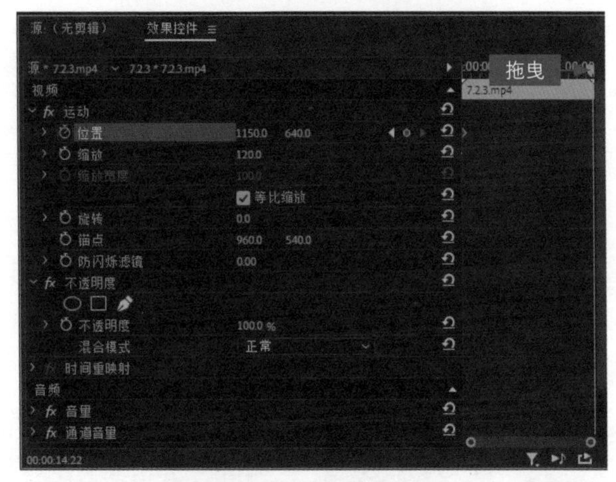

图 7-47　拖曳时间指示器

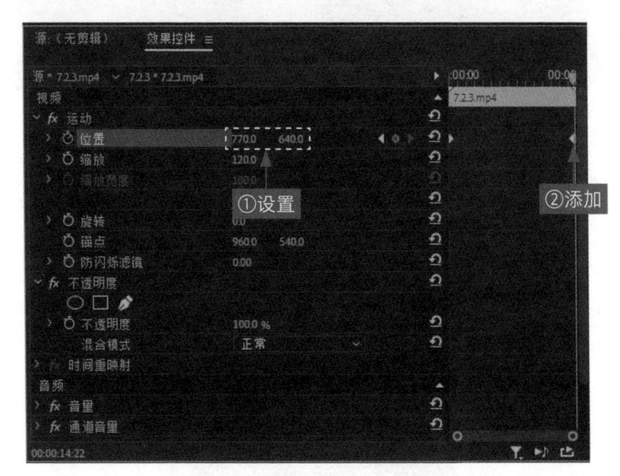

图 7-48　添加第 2 个关键帧

SETP 07 在“节目监视器”面板中可以查看结束位置的画面效果，如图 7-49 所示。

图 7-49 查看结束位置的画面效果

7.2.4 制作旋转降落特效

效果说明

旋转降落特效是指将素材围绕指定的轴进行旋转，并从上至下移动，适用于视频片头。在 Premiere 中，通过设置“旋转”“缩放”“位置”参数可以制作旋转降落特效，效果如图 7-50 所示。

扫码看案例效果

扫码看教学视频

图 7-50 旋转降落效果展示

SETP 01 按 Ctrl+O 组合键打开一个项目文件，并在“节目监视器”面板中预览项目效果，如图 7-51 所示。

图 7-51 预览项目效果

SETP 02 在“时间轴”面板中，① 选择 V1 轨道上的素材文件；② 将时间指示器拖曳至 00:00:04:00 的位置处，如图 7-52 所示。

图 7-52　拖曳时间指示器（1）

▶ 专家指点

在 Premiere 中，为视频素材添加运动关键帧后，如果需要将添加的关键帧删除，可以在“效果控件”面板中选择需要删除的关键帧，在空白位置处单击鼠标右键，在弹出的快捷菜单中选择“清除”命令，将选择的关键帧删除；或者选择关键帧后，单击“添加 / 移除关键帧”按钮，删除选择的关键帧；此外，将时间指示器移至需要添加关键帧的位置，单击“添加 / 移除关键帧”按钮，即可在时间指示器的位置添加一个关键帧。

SETP 03 在“效果控件”面板中，① 单击“位置”“缩放”“旋转”选项左侧的“切换动画”按钮；② 添加第 1 组关键帧，如图 7-53 所示。

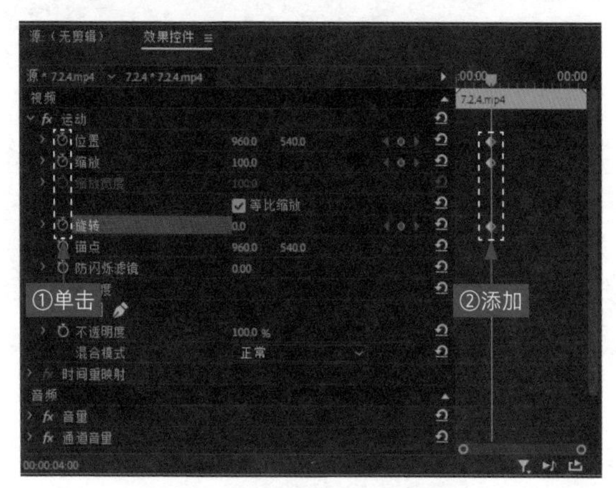

图 7-53　添加第 1 组关键帧

SETP 04 将时间指示器拖曳至开始位置，如图 7-54 所示。

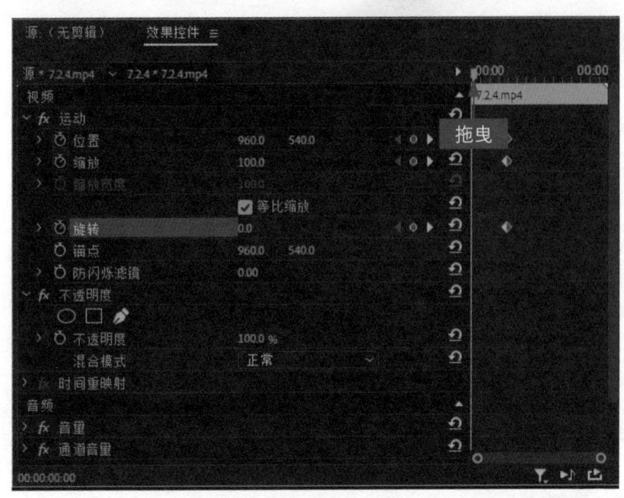

图 7-54　拖曳时间指示器（2）

SETP 05 ① 设置“位置”参数为（960.0、-275.0）、“缩放”参数为 50.0、“旋转”为 1 × 0.0°（表示为 360°）；② 添加第 2 组关键帧，如图 7-55 所示。

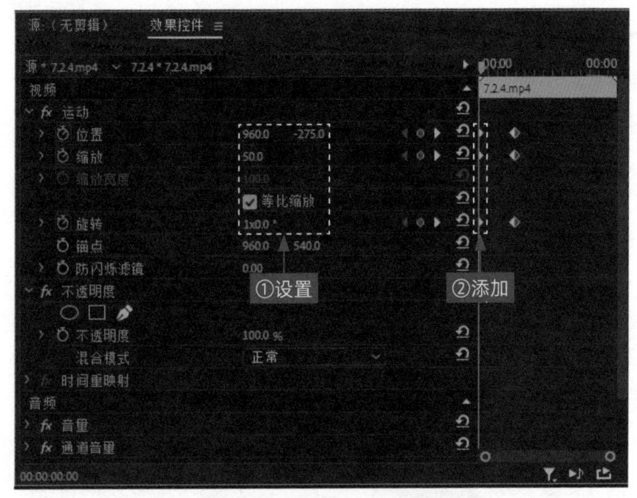

图 7-55　添加第 2 组关键帧

SETP 06 执行上述操作后，即可将画面移出预览窗口，使视频画面呈黑色背景显示，效果如图 7-56 所示。

图 7-56　使视频画面呈黑色背景显示

7.2.5　制作画中画双机位

效果说明

画中画其实就是画里有画，是影视节目中常用的特效之一，利用数字技术，在同一屏幕上同时显示两个画面。在 Premiere 中，当用户需要制作画中画合成特效，使视频呈现双机位画面效果时，可以通过设置“位置”和“缩放”关键帧来实现，效果如图 7-57 所示。

扫码看案例效果

扫码看教学视频

图 7-57　画中画双机位效果展示

SETP 01 按 Ctrl+O 组合键打开一个项目文件，并预览项目效果，如图 7-58 所示。此时，屏幕中覆叠显示了一个人像视频和一个风景视频，需要将这两个视频以双机位的形式显示在屏幕中。

图 7-58　预览项目效果

SETP 02 选择 V2 轨道上的人像视频素材，如图 7-59 所示。

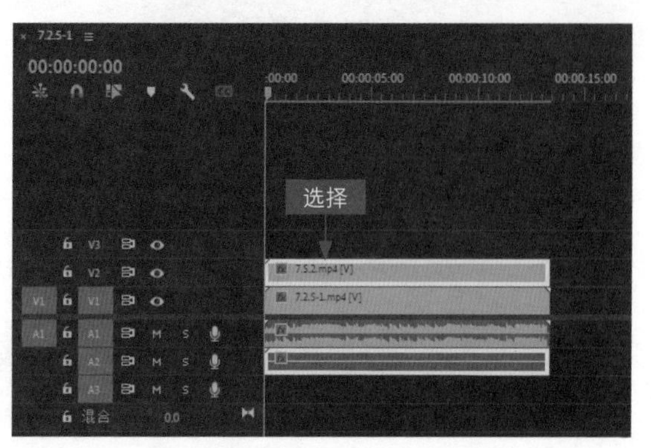

图 7-59　选择 V2 轨道上的素材

SETP 03 在“效果控件”面板中，① 设置“缩放”参数为 85.0；② 单击“位置”左侧的“切换动画”按钮；③ 设置“位置”参数为（-460.0、540.0）；④ 添加人像视频的第 1 个关键帧，如图 7-60 所示。

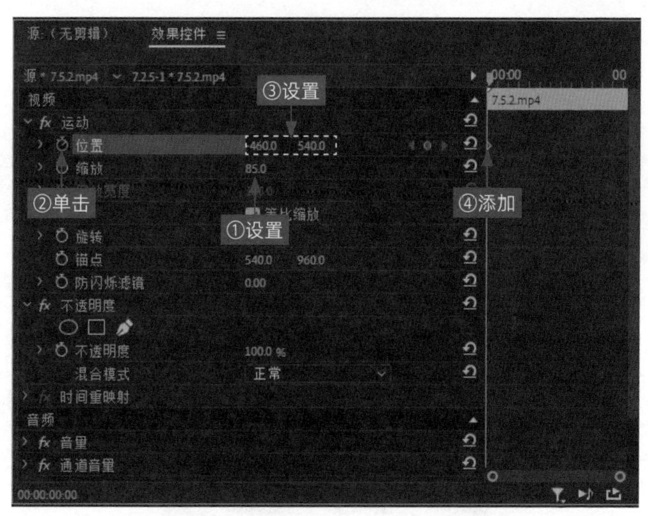

图 7-60　添加人像视频的第 1 个关键帧

SETP 04 执行上述操作后，即可将人像视频向左移出画面，显示完整的风景视频画面，在“节目监视器”面板中可以查看画面效果，如图 7-61 所示。

SETP 05 在“效果控件”面板中，① 将时间指示器移至 00:00:03:00 的位置；② 设置“位置”参数为（460.0、540.0）；③ 添加人像视频的第 2 个关键帧，如图 7-62 所示。

图 7-61　查看画面效果（1）

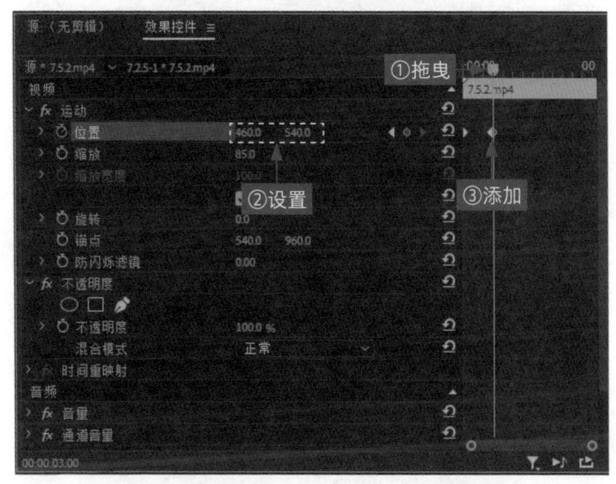

图 7-62　添加人像视频的第 2 个关键帧

SETP 06 执行上述操作后，即可将人像视频向右移动，在画面中显示出来，在“节目监视器”面板中可以查看画面效果，如图 7-63 所示。

图 7-63　查看画面效果（2）

SETP 07 ① 在 V1 轨道中选择风景视频素材；② 将时间指示器拖曳至开始位置处，如图 7-64 所示。

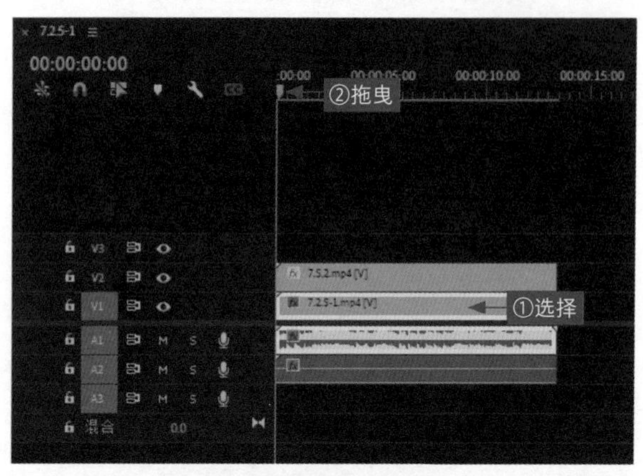

图 7-64 拖曳时间指示器

SETP 08 在"效果控件"面板中，① 单击"位置"左侧的"切换动画"按钮；② 添加风景视频的第 1 个关键帧，如图 7-65 所示。

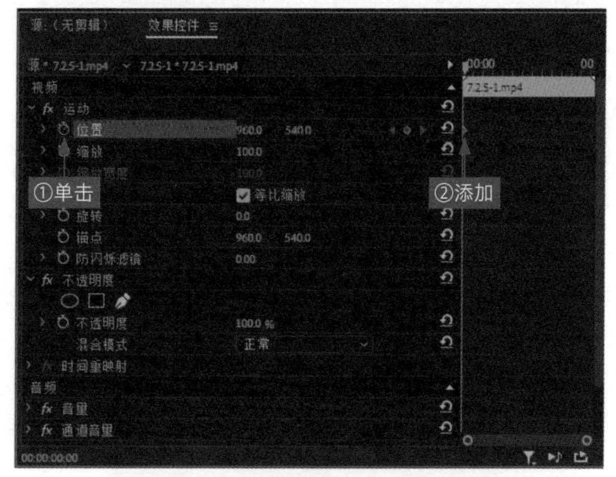

图 7-65 添加风景视频的第 1 个关键帧

▶ 专家指点

画中画效果除了可以以双机位的形式显示，还可以以画面叠放的形式显示，让图片增加层次感，增加深度和内涵，让人记忆犹新、深有感触。

SETP 09 ① 将时间指示器移至 00:00:03:00 的位置；② 设置“位置”参数为（1435.0、540.0）；③ 添加风景视频的第 2 个关键帧，如图 7-66 所示。

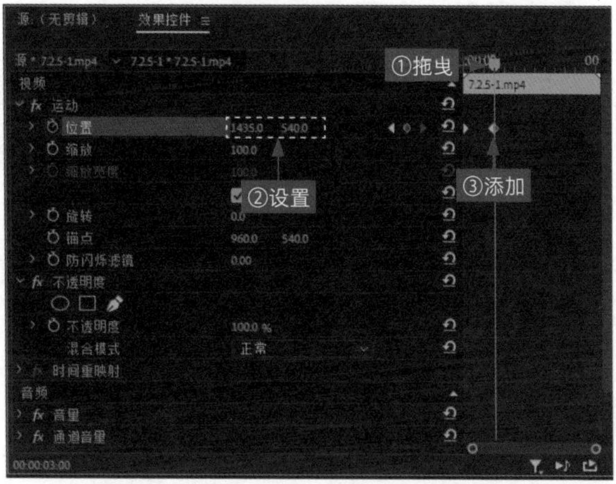

图 7-66　添加风景视频的第 2 个关键帧

SETP 10 执行上述操作后，即可使风景视频向画面右侧移动，仅显示视频局部区域，在“节目监视器”面板中可以查看画面效果，如图 7-67 所示。此时画面呈双机位显示，左侧为白天的人像视频，右侧为晚上的风景视频。

图 7-67　查看画面效果（3）

7.3 制作字幕运动特效

在各种影视画面中，字幕是不可缺少的一个重要组成部分，起着解释画面、补充内容的作用，有画龙点睛之效。在 Premiere 中，字幕的运动也是通过关键帧实现的，为对象指定的关键帧越多，所产生的运动变化越复杂。

7.3.1 制作字幕淡入淡出

效果说明

在 Premiere 中，通过设置“效果控件”面板中的“不透明度”参数，可以制作字幕的淡入淡出特效，效果如图 7-68 所示。

扫码看案例效果

扫码看教学视频

图 7-68　字幕淡入淡出效果展示

SETP 01 按 Ctrl+O 组合键打开一个项目文件，并预览项目效果，如图 7-69 所示。

图 7-69　预览项目效果

SETP 02 在“工具箱”面板中选取文字工具T，如图 7-70 所示。

> ▶ 专家指点
>
> 单击“文字工具”右侧的下三角按钮，在弹出的快捷菜单中选择“垂直文字工具”选项，即可在“节目监视器”窗口中创建竖排字幕。

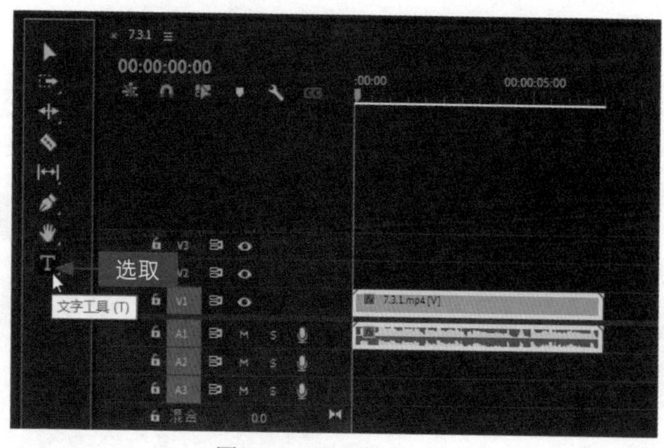

图 7-70　选取文字工具

SETP 03 在“节目监视器”面板中的合适位置处单击鼠标左键，在文本框中输入标题字幕，如图 7-71 所示。

SETP 04 输入完成后，选中文本框中的文字，如图 7-72 所示。

图 7-71　输入标题字幕

图 7-72　选中文本框中的文字

SETP 05 ① 切换至“效果控件”面板；② 展开“源文本”选项面板；③ 单击“字体”右侧的下拉按钮，如图 7-73 所示。

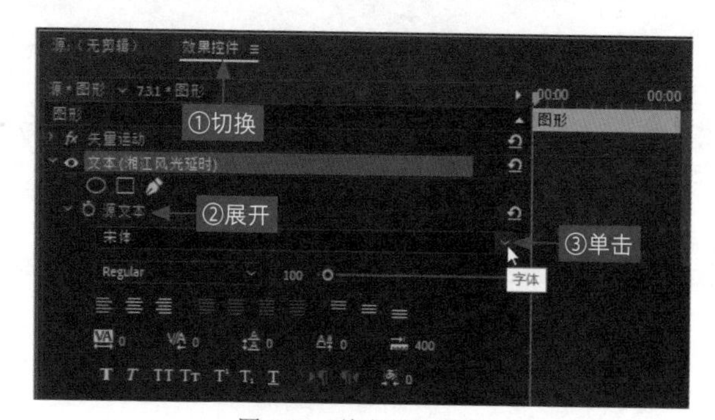

图 7-73　单击下拉按钮

SETP 06 在弹出的列表框中选择“楷体”选项，如图 7-74 所示。

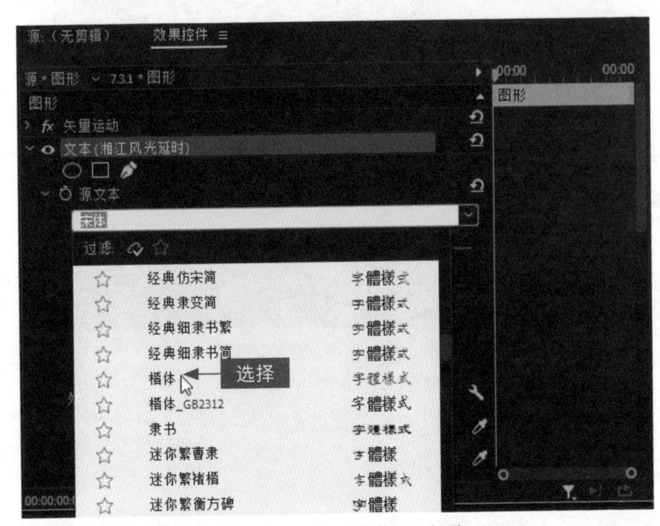

图 7-74 选择“楷体”选项

SETP 07 在下方拖曳“字体”滑块至 125，或输入文本参数值 125，如图 7-75 所示。

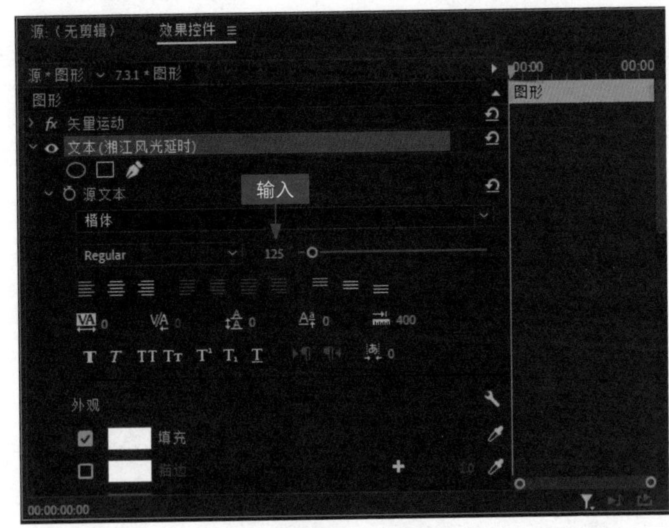

图 7-75 输入文本参数值

SETP 08 执行操作后，即可设置字幕的字体和大小，效果如图 7-76 所示。

图 7-76　设置字体和大小后的效果

SETP 09 ① 切换至“效果控件”面板；② 单击“不透明度”左侧的“切换动画”按钮；③ 添加第 1 个关键帧，如图 7-77 所示。

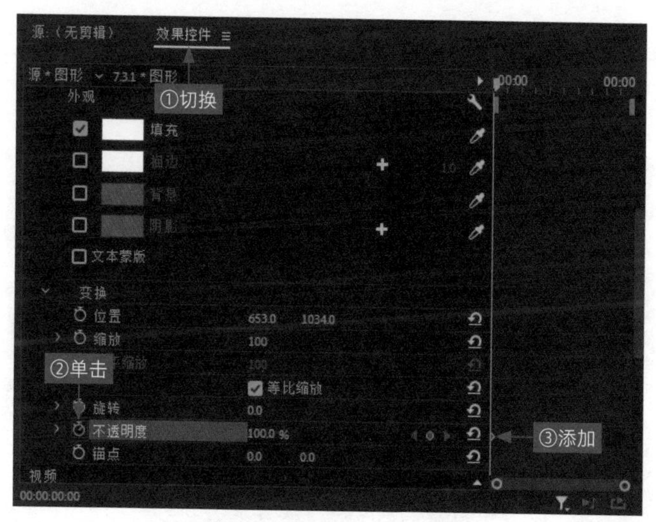

图 7-77　添加第 1 个关键帧

SETP 10 执行操作后，设置“不透明度”参数为 0.0%，如图 7-78 所示。

▶ 专家指点

如果用户不喜欢字幕的颜色，可以在“效果控件”面板的“外观”选项区中，单击“填充”色块，设置字体颜色；选中“描边”复选框，还可以为字体设置描边边框，单击“描边”色块，即可设置描边边框的颜色。

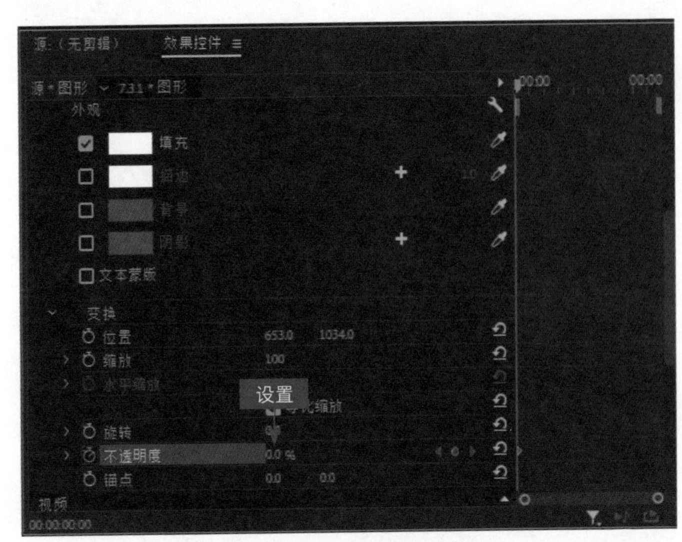

图 7-78　设置“不透明度”参数（1）

SETP 11 ① 将时间指示器拖曳至 00:00:02:00 位置处；② 设置“不透明度”参数为 100.0%；③ 添加第 2 个关键帧，如图 7-79 所示。

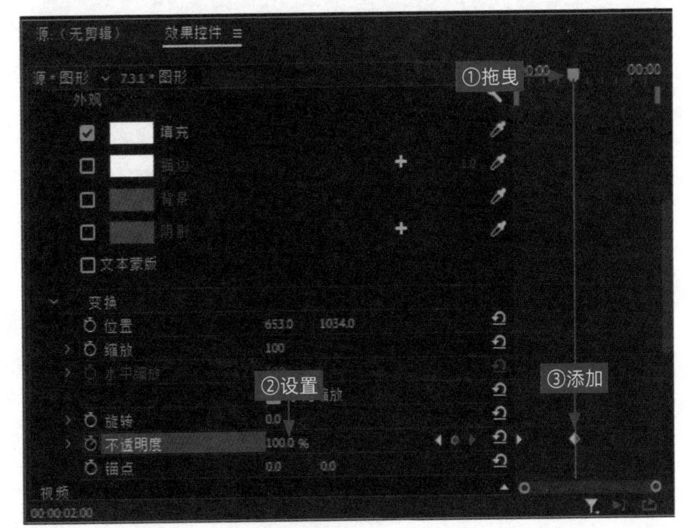

图 7-79　添加第 2 个关键帧

SETP 12 用与上同样的方法，① 在 00:00:04:00 的位置处再次添加一个关键帧；② 并设置“不透明度”参数为 0.0%，如图 7-80 所示。执行上述操作后，即可制作字幕淡入淡出运动特效。

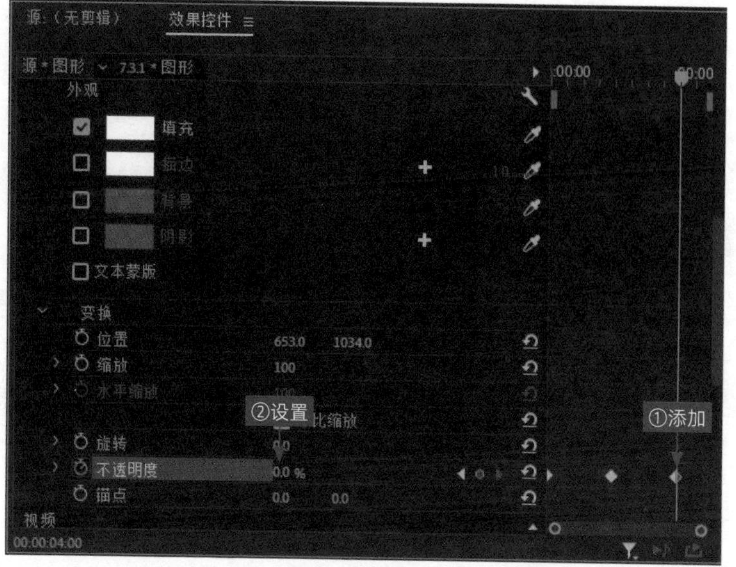

图 7-80 设置“不透明度”参数（2）

7.3.2 制作字幕扭曲特效

效果说明

字幕扭曲特效主要是运用了“扭曲”特效组中的特效，以及“效果控件”面板中的关键帧，能使画面产生扭曲、变形的效果，如图 7-81 所示。

扫码看案例效果

扫码看教学视频

图 7-81 字幕扭曲效果展示

SETP 01 按 Ctrl+O 组合键打开一个项目文件，并预览项目效果，如图 7-82 所示。

SETP 02 在“效果”面板中，① 展开“视频效果”|“扭曲”选项；② 选择“湍流置换”特效，如图 7-83 所示。

图 7-82　预览项目效果

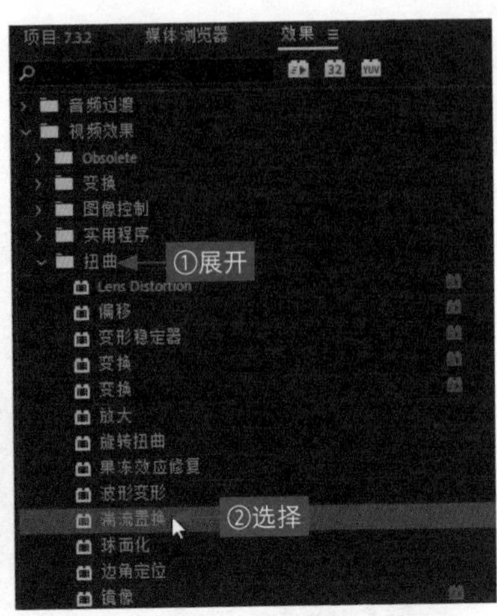

图 7-83　选择“湍流置换”特效

SETP 03 按住鼠标左键，将其拖曳至 V2 轨道上的字幕文件上，如图 7-84 所示。

SETP 04 添加扭曲特效后，可以在“节目监视器”面板中预览字幕效果，如图 7-85 所示。

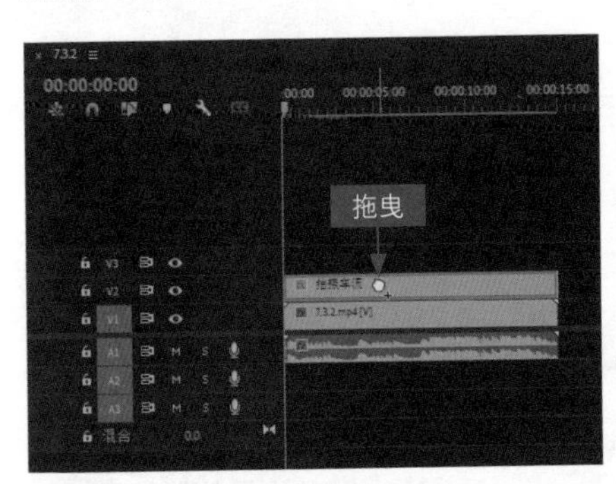

图 7-84　拖曳扭曲特效

图 7-85　预览字幕效果

SETP 05 在“效果控件”面板中查看添加“湍流置换”特效的相应参数，如图 7-86 所示。

SETP 06 ① 单击“置换”左侧的“切换动画”按钮；② 添加第 1 个关键帧，如图 7-87 所示。

SETP 07 在“节目监视器”面板中将时间切换为 00:00:04:00，如图 7-88 所示。

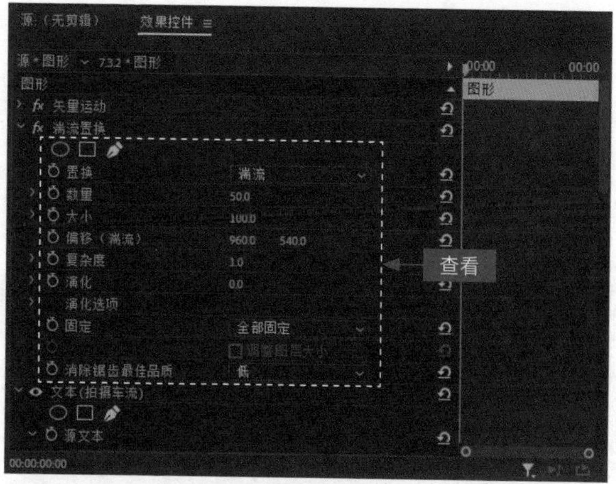

图 7-86　查看特效参数

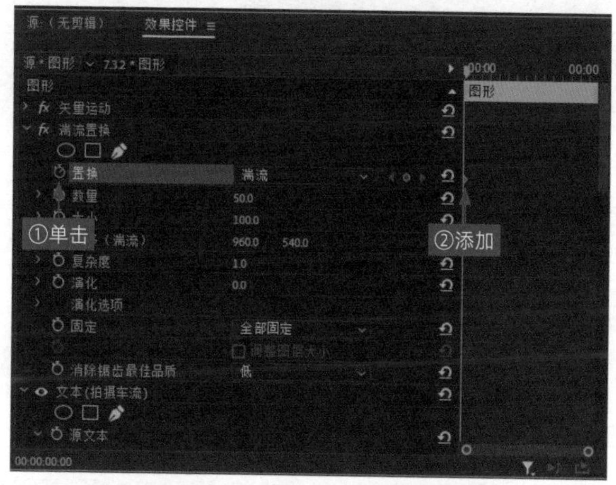

图 7-87　添加第 1 个关键帧

图 7-88　切换时间

SETP 08 设置“置换”为“凸出”，如图 7-89 所示。添加关键帧后，即可制作字幕扭曲效果。

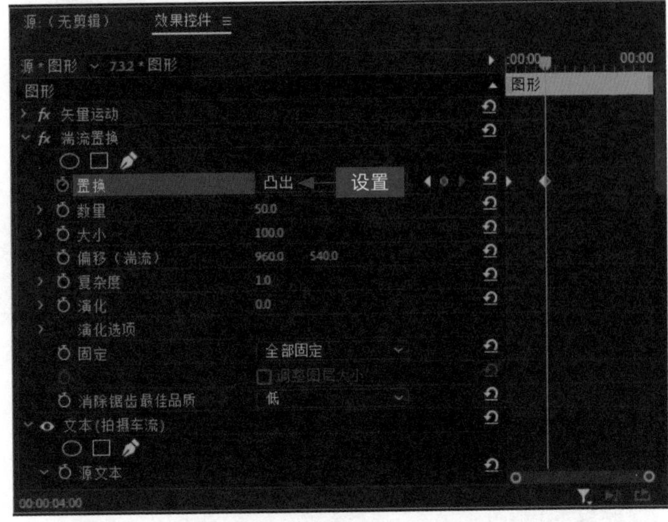

图 7-89 设置“置换”为“凸出”

7.3.3 制作逐字输出特效

效果说明

在 Premiere 中，用户可以通过“裁剪”特效制作字幕逐字输出效果，如图 7-90 所示。

图 7-90 逐字输出效果展示

SETP 01 按 Ctrl+O 组合键打开一个项目文件，如图 7-91 所示。

SETP 02 在“项目”面板中选择视频素材，并将其添加到“时间轴”面板中的 V1 轨道上，如图 7-92 所示。

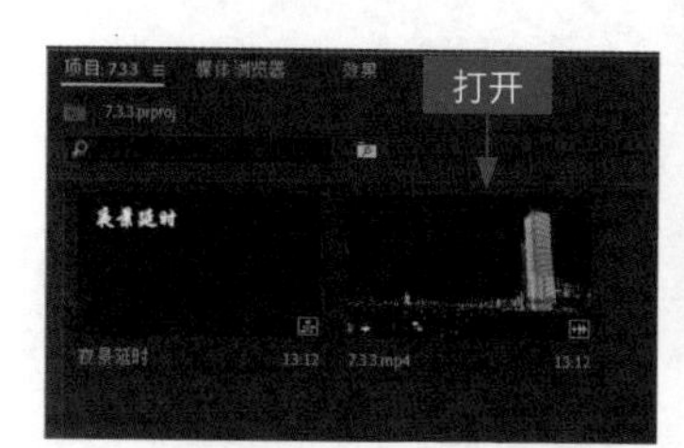

图 7-91　打开一个项目文件

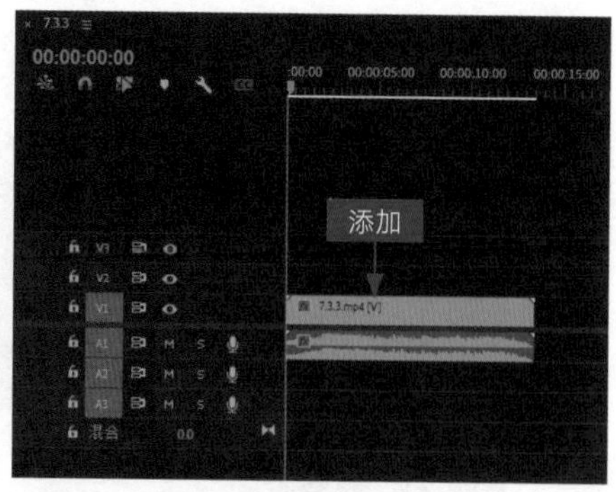

图 7-92　添加视频素材

▶ 专家指点

在 Premiere 中，“裁剪”效果中的其他功能也可以应用，如“左侧”和“顶部”，用户可在“效果控件”面板的“裁剪”选项区中通过添加关键帧，并设置关键帧相关参数即可应用。

SETP 03 选择 V1 轨道上的素材文件，在“效果控件”面板中设置“缩放”为 105.0，如图 7-93 所示。

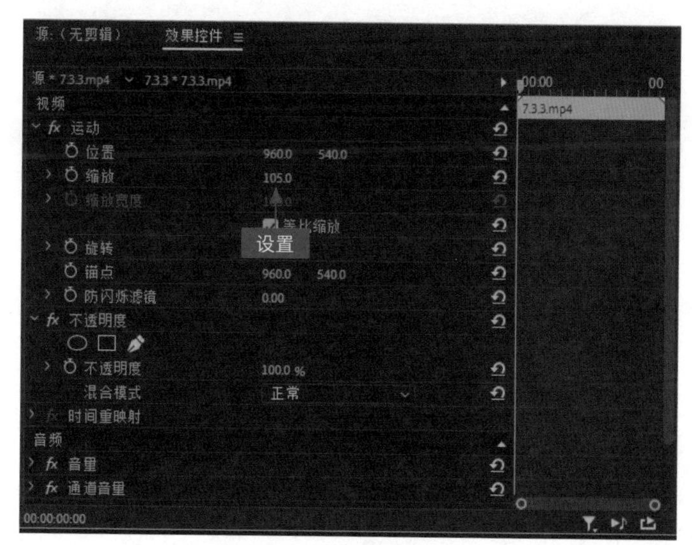

图 7-93　设置“缩放”参数

SETP 04 将“夜景延时”字幕文件添加到“时间轴”面板中的 V2 轨道上，选择 V2 轨道中的素材文件，如图 7-94 所示。

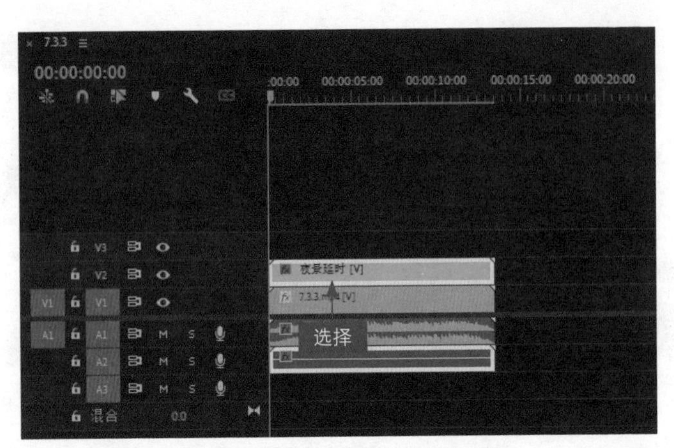

图 7-94　选择 V2 轨道中的素材文件

SETP 05 切换至“效果”面板，① 展开“视频效果”|“变换”选项；② 使用鼠标左键双击“裁剪”选项，如图 7-95 所示，即可为选择的素材添加裁剪效果。

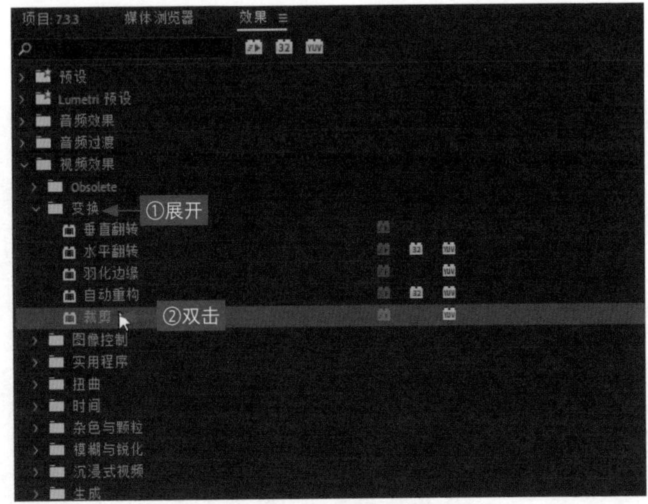

图 7-95　双击“裁剪”选项

SETP 06 在“效果控件”面板中展开“裁剪”选项，① 拖曳时间指示器至 00:00:00:15 的位置；② 单击“右侧”与“底部”选项左侧的“切换动画”按钮；③ 设置“右侧”为 100.0%、“底部”为 81.0%；④ 添加第 1 组关键帧，如图 7-96 所示。

SETP 07 执行上述操作后，在“节目监视器”面板中可以查看素材画面，如图 7-97 所示。

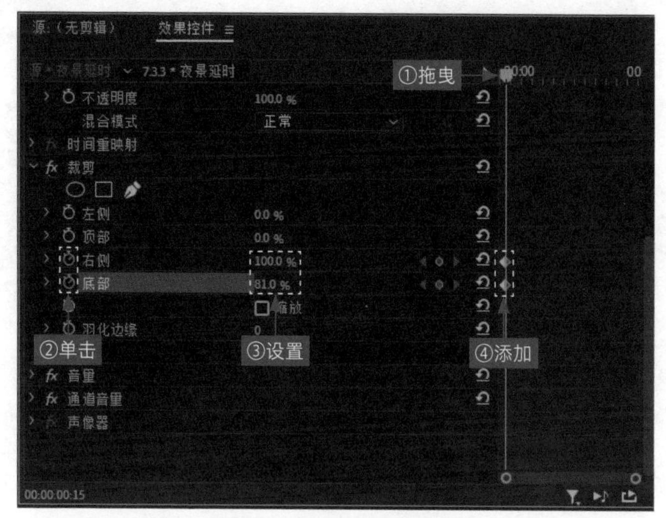

图 7-96 添加第 1 组关键帧

图 7-97 查看素材画面

SETP 08 ① 拖曳时间指示器至 00:00:01:00 的位置；② 设置“右侧”为 81.0%、“底部”为 5.0%；③ 添加第 2 组关键帧，如图 7-98 所示。

SETP 09 ① 拖曳时间指示器至 00:00:02:00 的位置；② 设置“右侧”为 68.0%、“底部”为 5.0%；③ 添加第 3 组关键帧，如图 7-99 所示。

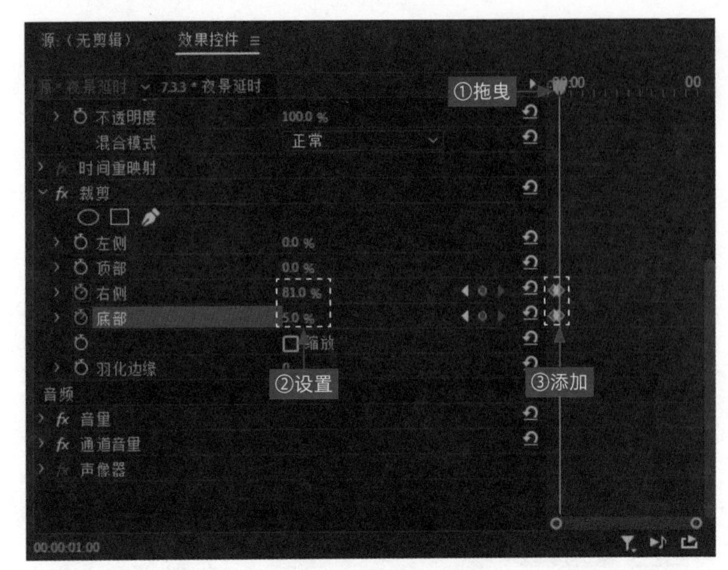

图 7-98　添加第 2 组关键帧

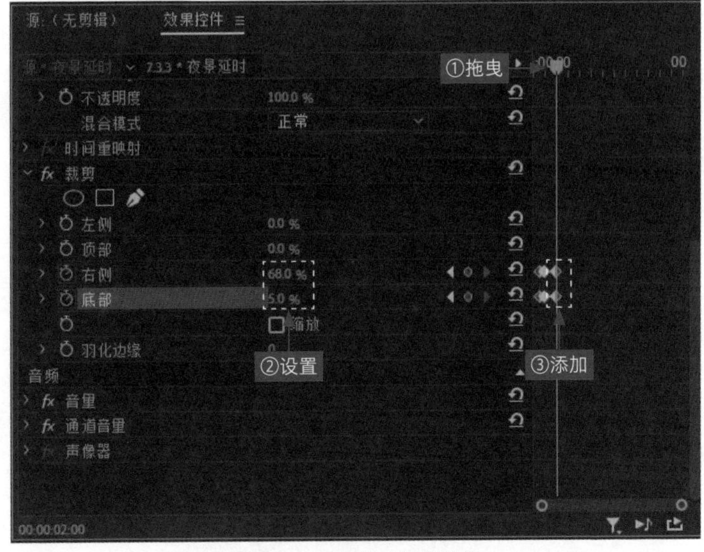

图 7-99　添加第 3 组关键帧

SETP 10 ①拖曳时间指示器至 00:00:03:00 的位置；②设置“右侧”为 56.0%、“底部”为 5.0%；③添加第 4 组关键帧，如图 7-100 所示。执行操作后，即可制作逐字输出特效。

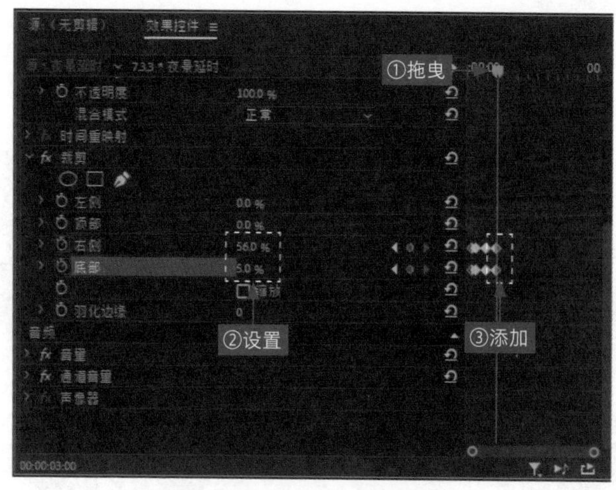

图 7-100　添加第 4 组关键帧

7.3.4 制作立体旋转字幕

效果说明

在 Premiere 中，用户可以通过"基本 3D"特效制作字幕立体旋转效果，如图 7-101 所示。

扫码看案例效果

扫码看教学视频

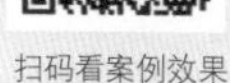

图 7-101　立体旋转字幕效果展示

SETP 01 按 Ctrl+O 组合键打开一个项目文件，如图 7-102 所示。

SETP 02 在“项目”面板中选择视频素材，并将其添加到“时间轴”面板中的 V1 轨道上，如图 7-103 所示。

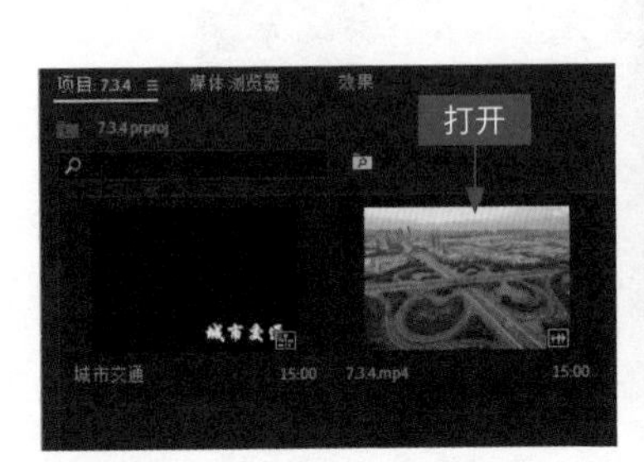

图 7-102　打开一个项目文件

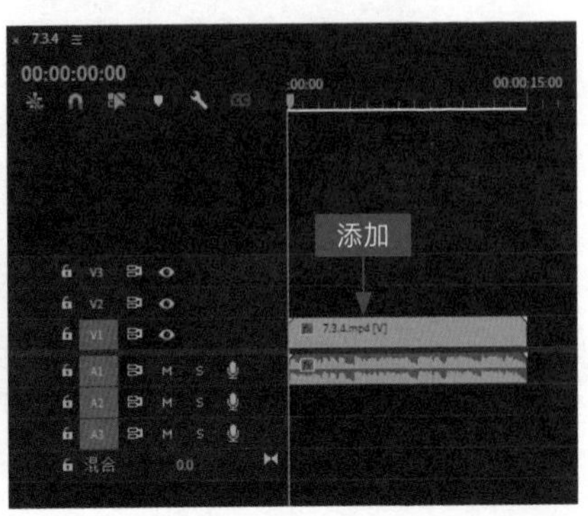

图 7-103　添加视频素材

SETP 03 用同样的方法，将“项目”面板中的字幕文件添加到“时间轴”面板中的 V2 轨道上，如图 7-104 所示。

SETP 04 切换至“效果”面板，① 展开“视频效果”|“透视”选项；② 使用鼠标左键双击“基本 3D”选项，如图 7-105 所示，即可为选择的素材添加“基本 3D”效果。

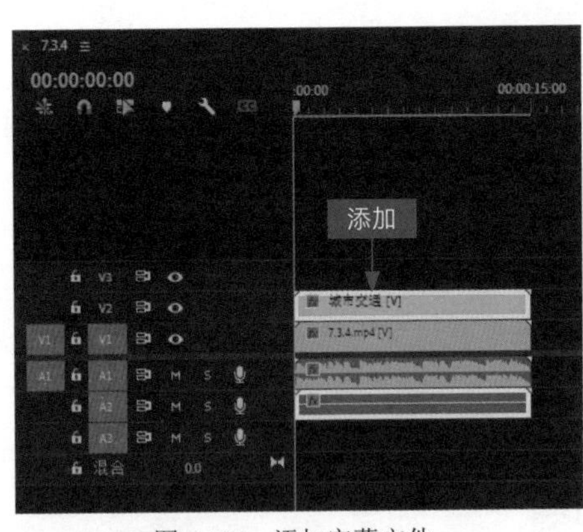

图 7-104　添加字幕文件

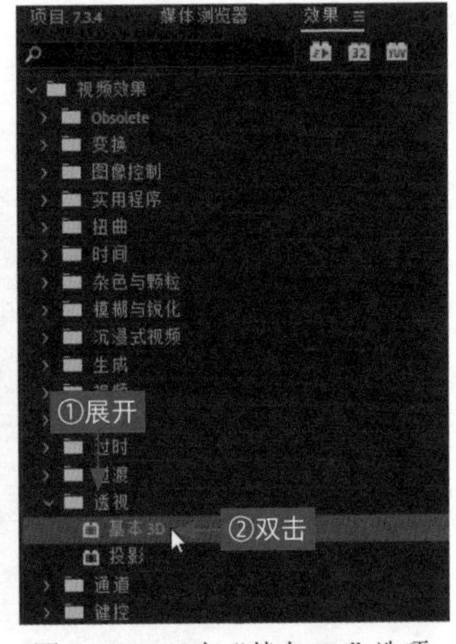

图 7-105　双击“基本 3D”选项

SETP 05 在“效果控件”面板中展开“基本 3D”选项，① 单击“旋转”“倾斜”“与图像的距离”选项左侧的“切换动画”按钮；② 设置“旋转”为 0.0°、“倾斜”为 0.0°、“与图像的距离”为 100.0；③ 添加第 1 组关键帧，如图 7-106 所示。

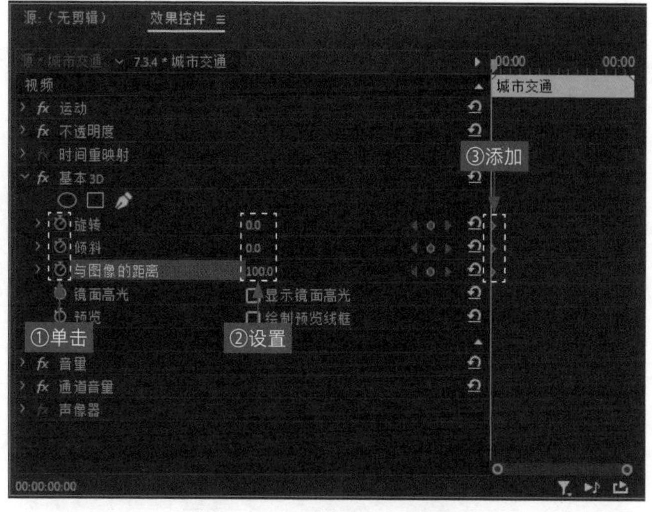

图 7-106　添加第 1 组关键帧

SETP 06 ① 拖曳时间指示器至 00:00:01:00 的位置；② 设置“旋转”为 100.0°、“倾斜”为 0.0°、“与图像的距离”为 200.0；③ 添加第 2 组关键帧，如图 7-107 所示。

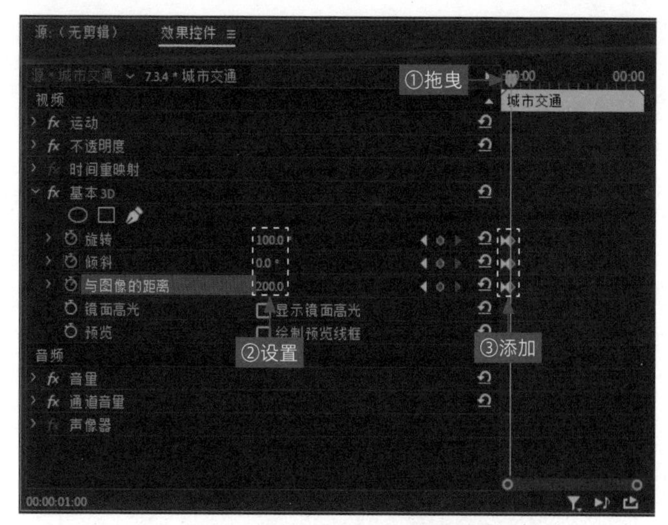

图 7-107　添加第 2 组关键帧

SETP 07 ① 拖曳时间指示器至 00:00:02:00 的位置；② 设置"旋转"为 100.0°、"倾斜"为 100.0°、"与图像的距离"为 100.0；③ 添加第 3 组关键帧，如图 7-108 所示。

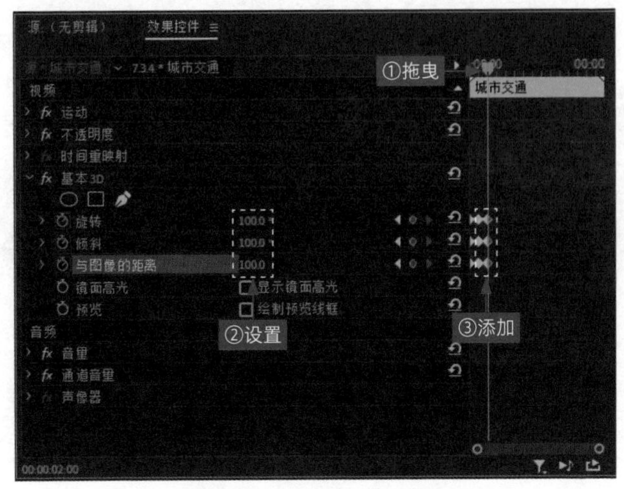

图 7-108 添加第 3 组关键帧

SETP 08 ① 拖曳时间指示器至 00:00:03:00 的位置；② 设置"旋转"为 2.0°、"倾斜"为 2.0°、"与图像的距离"为 0.0；③ 添加第 4 组关键帧，如图 7-109 所示。执行上述操作后，即可制作立体旋转字幕特效。

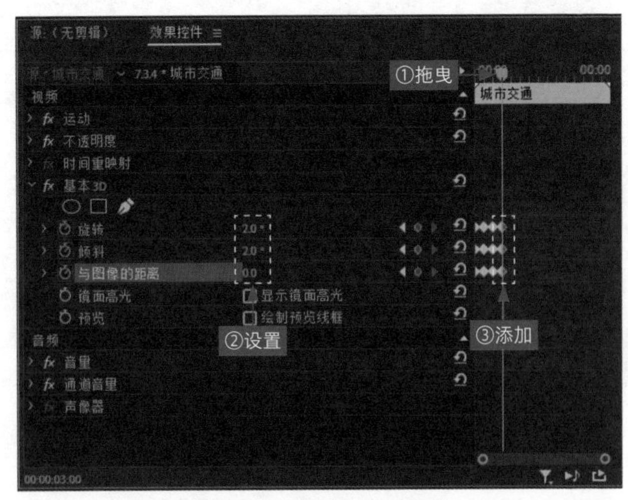

图 7-109 添加第 4 组关键帧

08

合成技术：制作遮罩叠加视频特效

◎ 章前知识导读

在 Premiere 中，所谓遮罩叠加特效，是指 Premiere 提供的一种视频编辑方法，它将视频素材添加到视频轨道之后，再对视频素材的大小、位置以及透明度等属性进行调节，从而产生视频画面叠加效果。

◎ 新手重点索引

制作字幕遮罩特效
制作透明叠加特效
制作其他叠加特效

◎ 效果图片欣赏

8.1 制作字幕遮罩特效

随着动态视频的发展，动态字幕的应用也越来越频繁，这些精美的字幕特效不仅能够点明视频的主题、让影片更加生动、具有感染力，还能够为观众传递一种艺术信息。在 Premiere 中，通过蒙版工具可以创建字幕的遮罩动画效果，本节主要介绍创建字幕遮罩动画的制作方法。

8.1.1 制作椭圆形蒙版动画

在 Premiere 中，使用“创建椭圆形蒙版”功能，可以为字幕制作椭圆形蒙版动画效果，如图 8-1 所示。

扫码看案例效果

扫码看教学视频

图 8-1　椭圆形蒙版动画效果展示

SETP 01 按 Ctrl+O 组合键打开一个项目文件，如图 8-2 所示。

SETP 02 在“节目监视器”面板中可以查看素材画面，如图 8-3 所示。

图 8-2　打开一个项目文件

图 8-3　查看素材画面

SETP 03 在“时间轴”面板中选择字幕文件，如图 8-4 所示。

图 8-4　选择字幕文件

SETP 04 ① 切换至“效果控件”面板；② 在“文本”选项区下方单击“创建椭圆形蒙版”按钮，如图 8-5 所示。

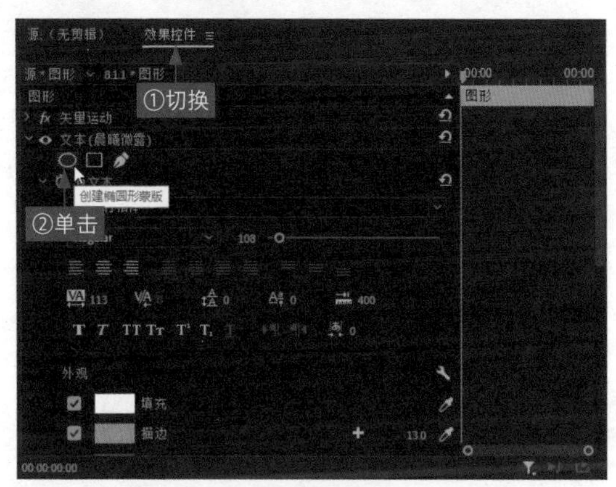

图 8-5　单击“创建椭圆形蒙版”按钮

SETP 05 执行操作后，在“节目监视器”面板中的画面上会显示一个椭圆图形，如图 8-6 所示。

SETP 06 按住鼠标左键并拖曳图形至字幕文件位置，如图 8-7 所示。

图 8-6　显示一个椭圆图形

图 8-7　拖曳图形至字幕文件位置

SETP 07 在“效果控件”面板中的“文本”选项区下方，① 单击“蒙版扩展”左侧的“切换动画”按钮；② 在视频的开始处添加第 1 个关键帧，如图 8-8 所示。

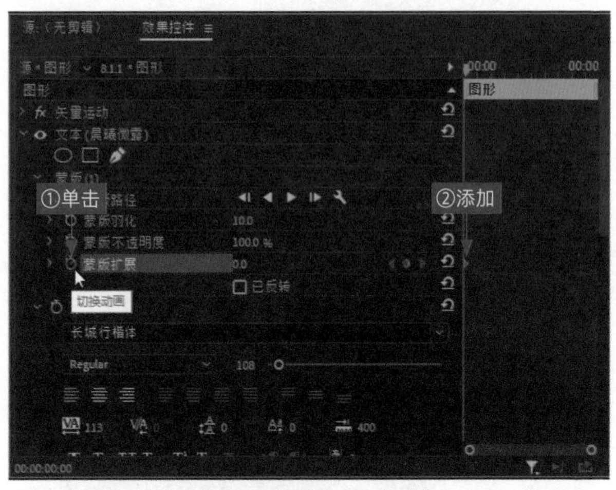

图 8-8 添加第 1 个关键帧

SETP 08 添加完成后，设置“蒙版扩展”参数为 -240.0，如图 8-9 所示。

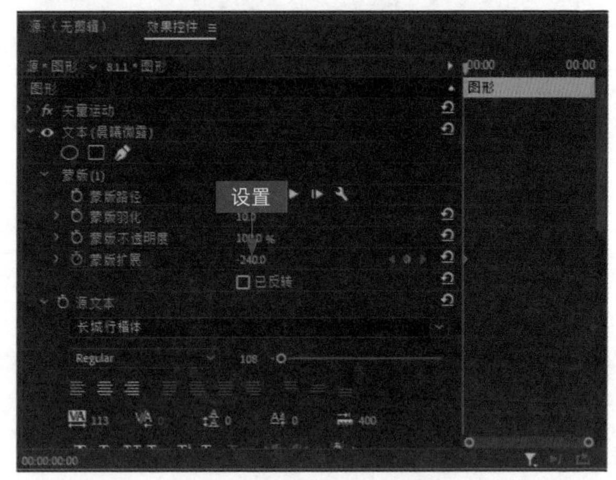

图 8-9 设置“蒙版扩展”参数

SETP 09 设置完成后，将时间切换至 00:00:04:00 的位置处，如图 8-10 所示。

SETP 10 在“蒙版扩展”右侧，① 单击“添加 / 移除关键帧”按钮；② 添加第 2 个关键帧，如图 8-11 所示。

图 8-10　切换时间

图 8-11　添加第 2 个关键帧

SETP 11 添加完成后，设置“蒙版扩展”参数为 0.0，如图 8-12 所示。

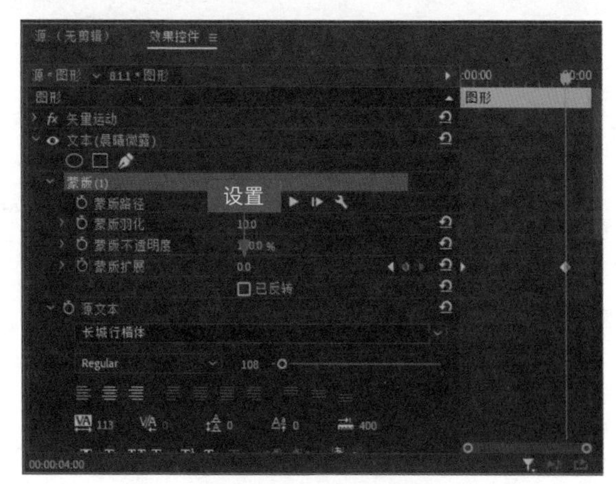

图 8-12　设置相应参数

执行上述操作后，即可完成椭圆形蒙版动画的设置，效果如图 8-13 所示。

图 8-13　完成椭圆形蒙版动画的设置

▶ 专家指点

为视频或字幕添加蒙版后，在“蒙版扩展”下方选中“已反转”复选框，即可反转设置的蒙版效果。

8.1.2　制作 4 点多边形蒙版动画

效果说明

在 Premiere 中，使用“创建 4 点多边形蒙版”功能，可以为字幕制作一个四边形的遮罩动画效果，如图 8-14 所示。

扫码看案例效果

扫码看教学视频

图 8-14　4 点多边形蒙版动画效果展示

SETP 01 按 Ctrl+O 组合键打开一个项目文件，如图 8-15 所示。

SETP 02 在“节目监视器”面板中可以查看素材画面，如图 8-16 所示。

SETP 03 在“时间轴”面板中选择字幕文件，如图 8-17 所示。

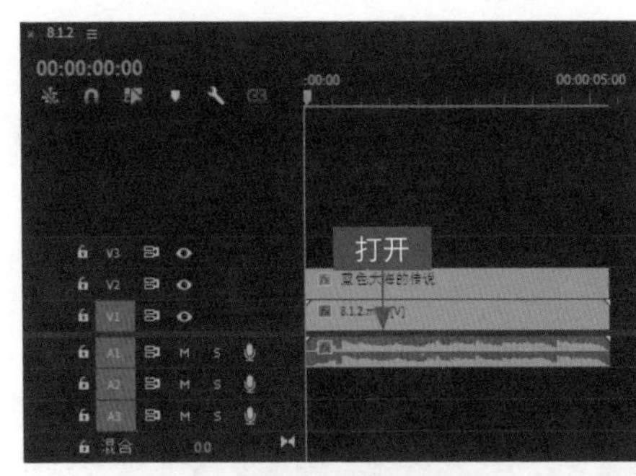

图 8-15　打开一个项目文件

图 8-16　查看素材画面

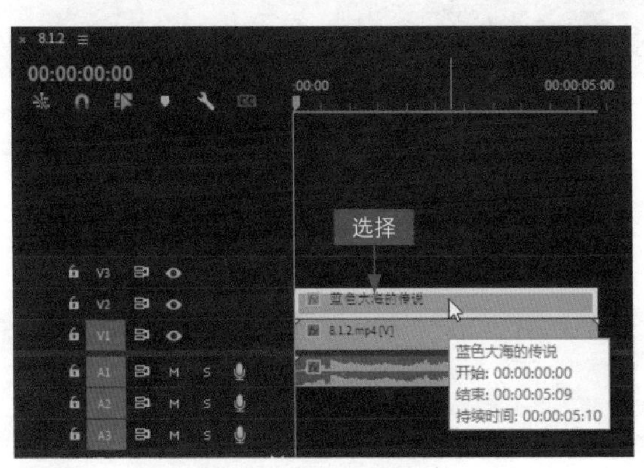

图 8-17　选择字幕文件

SETP 04 ① 切换至“效果控件”面板；② 单击“创建 4 点多边形蒙版”按钮，如图 8-18 所示。

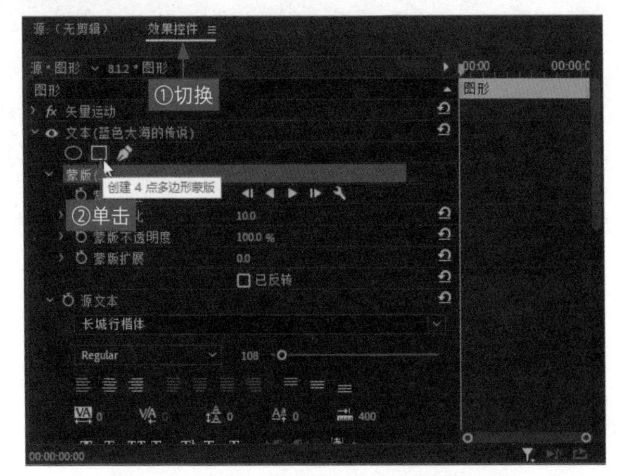

图 8-18　单击“创建 4 点多边形蒙版”按钮

执行上述操作后，在“节目监视器”面板中的画面上会显示一个矩形图形，如图 8-19 所示。

SETP 05 按住鼠标左键并拖曳图形至字幕文件位置，如图 8-20 所示。

图 8-19　显示一个矩形图形

图 8-20　拖曳图形至字幕文件位置

SETP 06 在“效果控件”面板中的“文本”选项区下方，① 单击“蒙版扩展”左侧的“切换动画”按钮；② 在视频的开始处添加第 1 个关键帧，如图 8-21 所示。

图 8-21　添加第 1 个关键帧

SETP 07 添加完成后，设置“蒙版扩展”参数为 180.0，如图 8-22 所示。

SETP 08 设置完成后，将时间切换至 00:00:02:00 位置处，如图 8-23 所示。

SETP 09 ① 在“蒙版扩展”右侧单击“添加 / 移除关键帧”按钮，② 添加第 2 个关键帧，如图 8-24 所示。

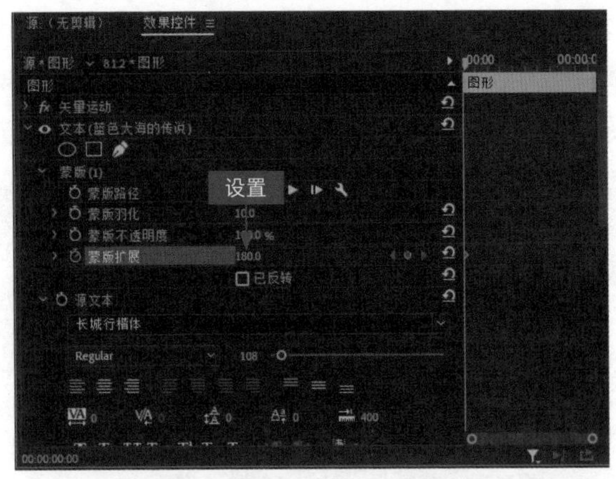

图 8-22　设置“蒙版扩展”参数（1）

图 8-23　切换时间线

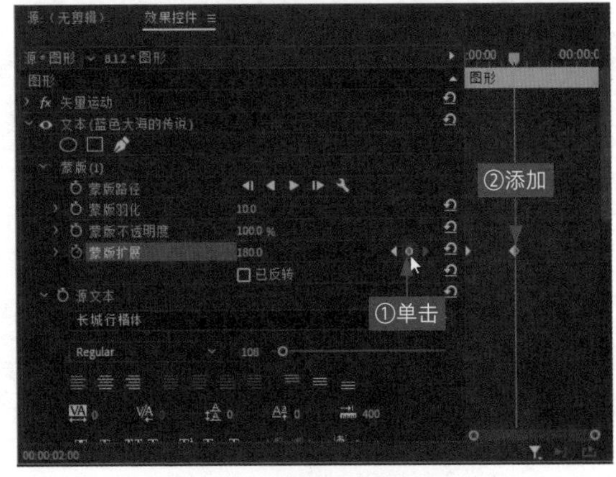

图 8-24　添加第 2 个关键帧

SETP 10 添加完成后，设置“蒙版扩展”参数为-80.0，如图8-25所示。

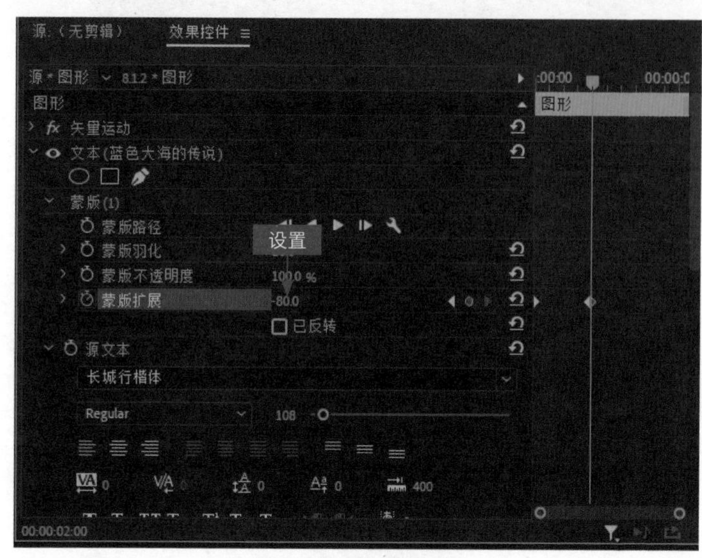

图8-25 设置相应参数

SETP 11 用与上相同的方法，① 在00:00:04:00的位置处再次添加一个“蒙版扩展”关键帧；② 并设置“蒙版扩展”参数为180.0，完成4点多边形蒙版动画的设置，如图8-26所示。

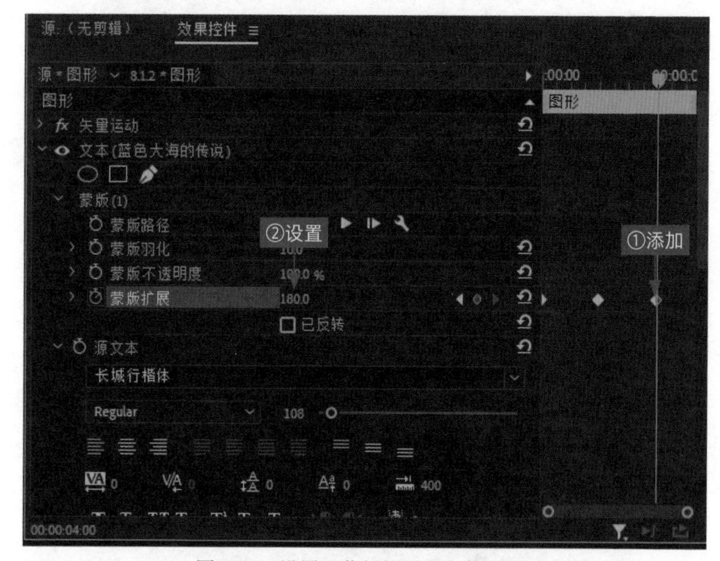

图8-26 设置“蒙版扩展”参数（2）

8.1.3 制作自由曲线蒙版动画

在 Premiere 中，除了可以制作椭圆形蒙版动画和 4 点多边形蒙版动画，还可以制作自由曲线蒙版动画，使影视内容更加丰富，效果如图 8-27 所示。

扫码看案例效果

扫码看教学视频

图 8-27 自由曲线蒙版动画效果展示

SETP 01 按 Ctrl+O 组合键打开一个项目文件，如图 8-28 所示。

SETP 02 在“节目监视器”面板中可以查看素材画面，如图 8-29 所示。

图 8-28 打开一个项目文件

图 8-29 查看素材画面

SETP 03 在“时间轴”面板中选择字幕文件，如图 8-30 所示。

SETP 04 ① 切换至“效果控件”面板；② 在“文本（环绕拍摄）”选项区下方单击“自由绘制贝塞尔曲线”按钮，如图 8-31 所示。

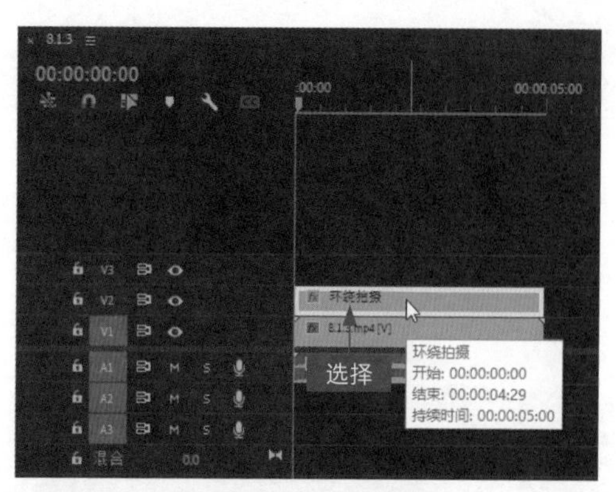

图 8-30　选择字幕文件

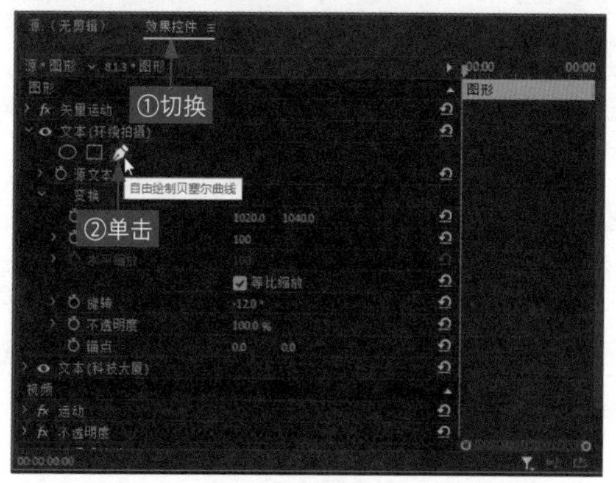

图 8-31　单击“自由绘制贝塞尔曲线”按钮

SETP 05 执行上述操作后，在“节目监视器”面板中的字幕文件四周单击鼠标左键，绘制点线相连的曲线，如图 8-32 所示。

SETP 06 围绕字幕文件四周继续单击鼠标左键，完成自由曲线蒙版的绘制，如图 8-33 所示。

图 8-32　绘制点线相连的曲线

图 8-33　完成自由曲线蒙版的绘制

SETP 07 在“效果控件”面板中的“蒙版（1）”选项区下方，① 单击“蒙版扩展”左侧的“切换动画”按钮；② 在视频的开始处添加第 1 个关键帧，如图 8-34 所示。

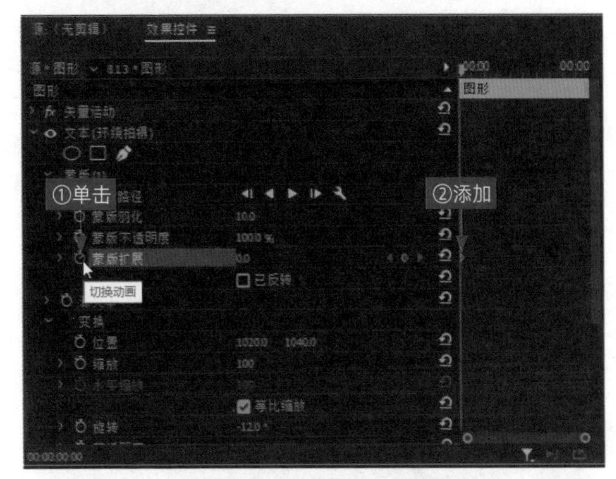

图 8-34　添加第 1 个关键帧

SETP 08 添加完成后，设置“蒙版扩展”参数为 -75.0，如图 8-35 所示。

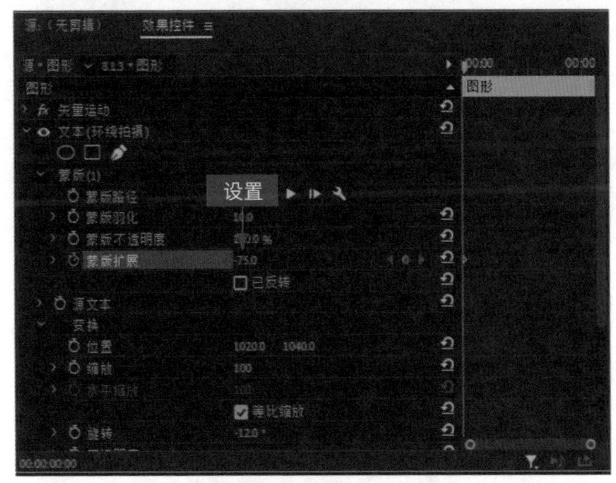

图 8-35　设置“蒙版扩展”参数（1）

SETP 09 设置完成后，将时间切换至 00:00:04:00 的位置处，如图 8-36 所示。

SETP 10 在“蒙版扩展”右侧，① 单击“添加 / 移除关键帧”按钮；② 添加第 2 个关键帧，如图 8-37 所示。

图 8-36　切换时间

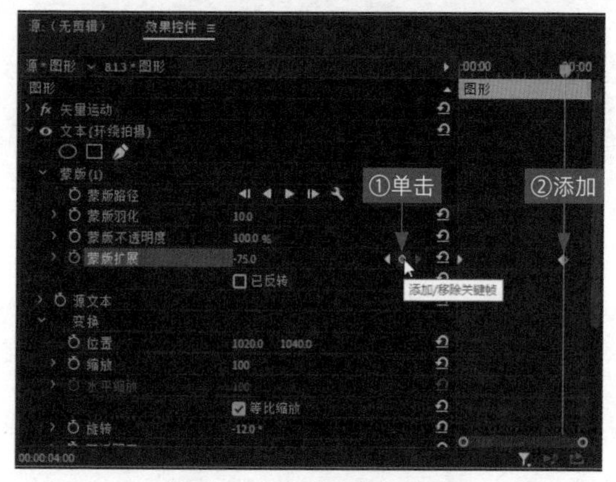

图 8-37　添加第 2 个关键帧

SETP 11 添加完成后，设置“蒙版扩展”参数为 0.0，如图 8-38 所示。

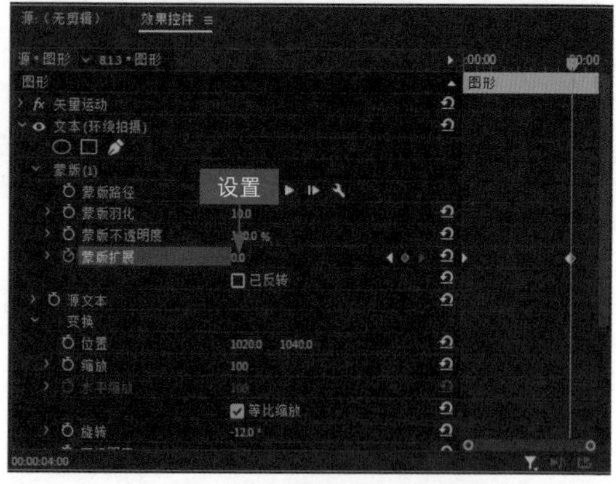

图 8-38　设置“蒙版扩展”参数（2）

SETP 12 选择“蒙版（1）”选项，单击鼠标右键，在弹出的快捷菜单中选择“复制”命令，如图 8-39 所示。

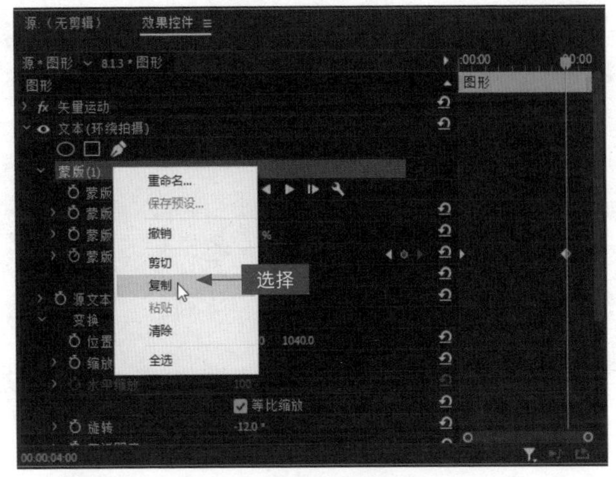

图 8-39　选择“复制”命令

SETP 13 ① 在下方展开“文本（科技大厦）”选项；② 单击“自由绘制贝塞尔曲线”按钮；在“蒙版（1）”选项右侧单击鼠标右键，在弹出的快捷菜单中，③ 选择“粘贴”命令，如图 8-40 所示。

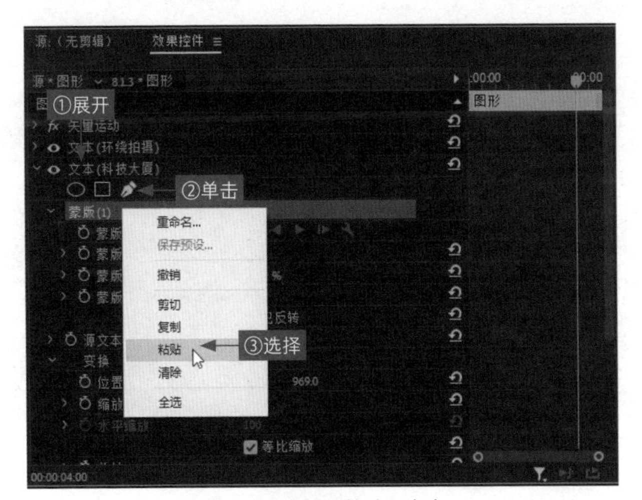

图 8-40　选择“粘贴”命令

SETP 14 执行上述操作后，即可将复制的蒙版粘贴在面板下方，添加一个新的蒙版，如图 8-41 所示。

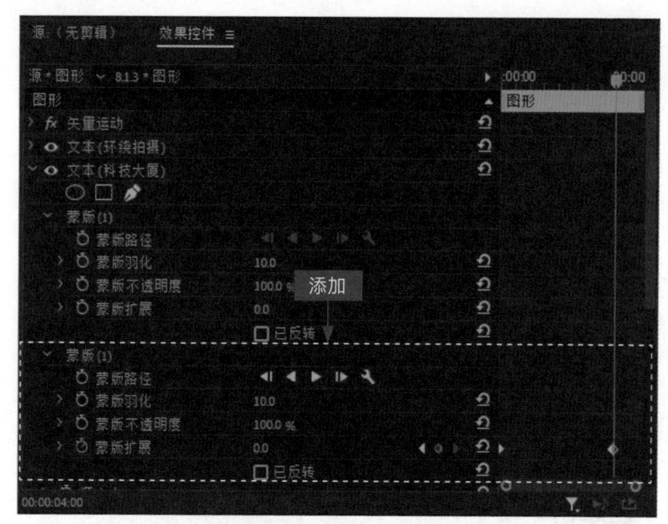

图 8-41　添加一个蒙版

SETP 15 在上方没有关键帧的“蒙版（1）”上单击鼠标右键，在弹出的快捷菜单中选择“清除”命令，如图 8-42 所示。

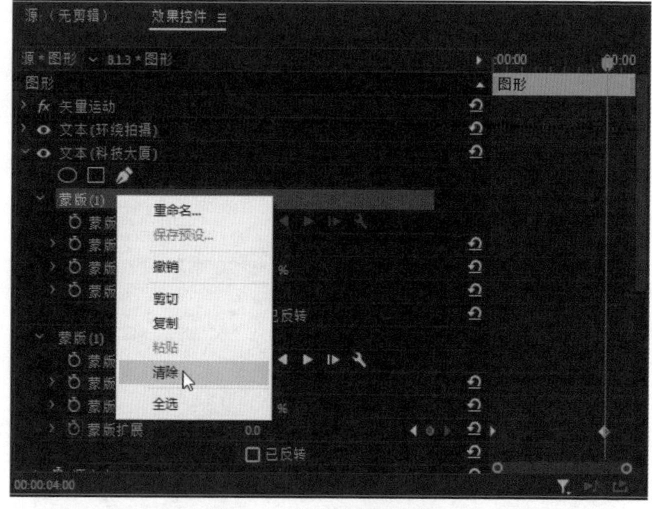

图 8-42　选择“清除”命令

SETP 16 执行上述操作后，即可删除没有关键帧的“蒙版（1）”，效果如图 8-43 所示。在“节目监视器”面板中单击“播放 - 停止切换”按钮▶，可以查看制作的视频画面。

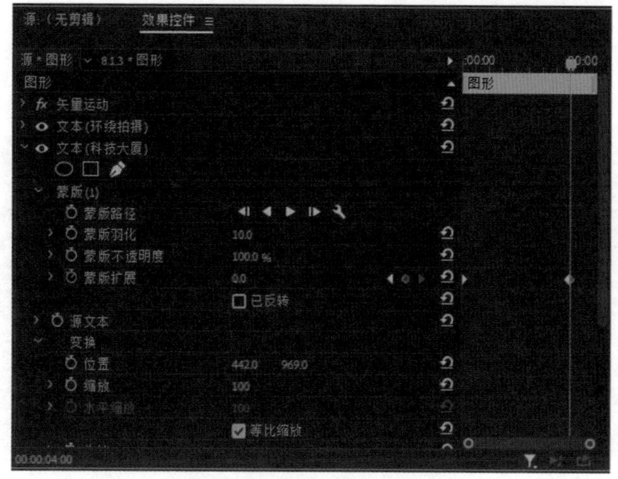

图 8-43　删除没有关键帧的蒙版

8.2　制作透明叠加特效

在 Premiere 中，可以通过对素材透明度的设置，制作各种透明混合叠加的效果。透明度叠加是将一个素材的一部分显示在另一个素材画面上，利用半透明的画面来呈现下一张画面。本节主要介绍运用透明叠加的基本操作方法。

8.2.1　制作透明度叠加特效

效果说明

在 Premiere 中，用户可以直接在“效果控件”面板中降低或提高素材的透明度，这样可以让两个轨道的素材同时显示在画面中，效果如图 8-44 所示。

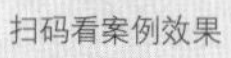

扫码看案例效果

扫码看教学视频

图 8-44　透明度叠加效果展示

SETP 01 按 Ctrl+O 组合键打开一个项目文件，并查看项目效果，如图 8-45 所示。

SETP 02 在 V2 轨道上选择素材文件，如图 8-46 所示。

图 8-45　查看项目效果

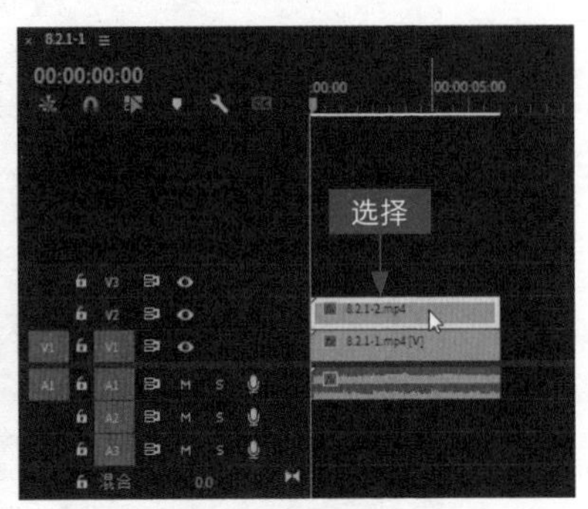

图 8-46　选择素材文件

SETP 03 在“效果控件”面板中，① 展开“不透明度”选项；② 单击“不透明度”选项左侧的“切换动画”按钮；③ 添加第 1 个关键帧，如图 8-47 所示。

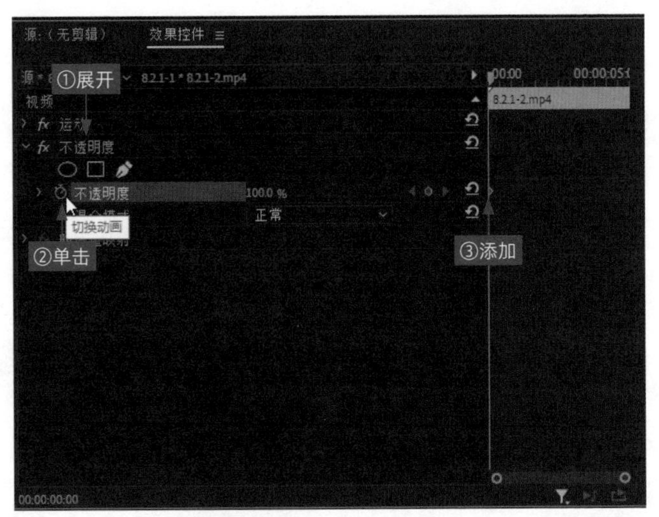

图 8-47　添加第 1 个关键帧

SETP 04 ① 将时间指示器移至 00:00:01:00 的位置；② 设置“不透明度”为 50.0%；③ 添加第 2 个关键帧，如图 8-48 所示。

SETP 05 ① 将时间指示器移至 00:00:02:00 的位置；② 设置“不透明度”为 10.0%；③ 添加第 3 个关键帧，如图 8-49 所示。

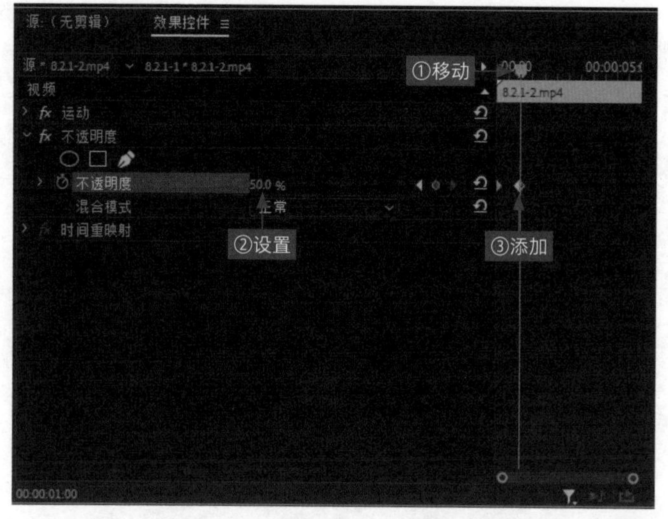

图 8-48 添加第 2 个关键帧

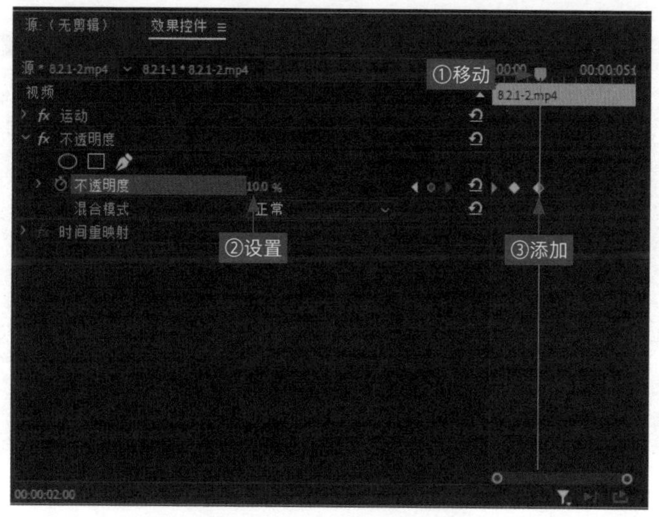

图 8-49 添加第 3 个关键帧

SETP 06 ① 将时间指示器移至 00:00:03:00 的位置；② 设置“不透明度”为 40.0%；③ 添加第 4 个关键帧，如图 8-50 所示。

SETP 07 ① 将时间指示器移至 00:00:04:00 的位置；② 设置“不透明度”为 80.0%；③ 添加第 5 个关键帧，如图 8-51 所示。设置完成后，在“节目监视器”面板中预览透明度叠加效果。

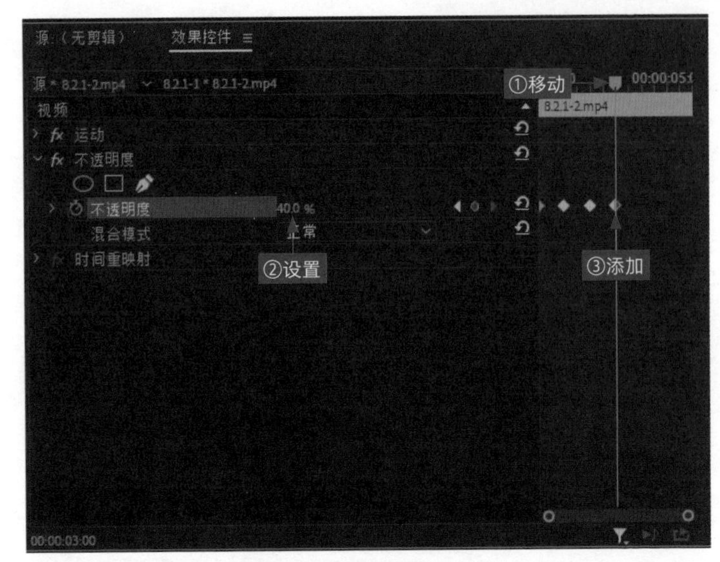

图 8-50　添加第 4 个关键帧

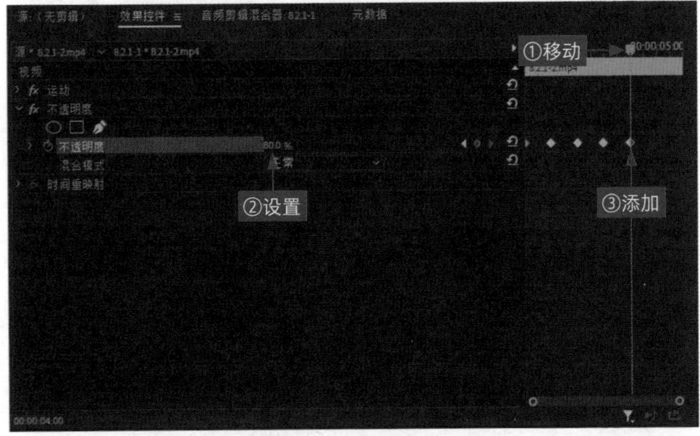

图 8-51　添加第 5 个关键帧

8.2.2　制作非红色键叠加特效

效果说明

在 Premiere 中，使用“非红色键”特效可以将图像上的背景变成透明色，结合蒙版可以制作出替换天空、海市蜃楼的视频效果，如图 8-52 所示。

扫码看案例效果

扫码看教学视频

图 8-52　非红色键叠加效果展示

SETP 01 按 Ctrl+O 组合键打开一个项目文件，并查看项目效果，如图 8-53 所示。

SETP 02 在“效果”面板中选择“过时”|“非红色键”效果，如图 8-54 所示。

图 8-53　查看项目效果

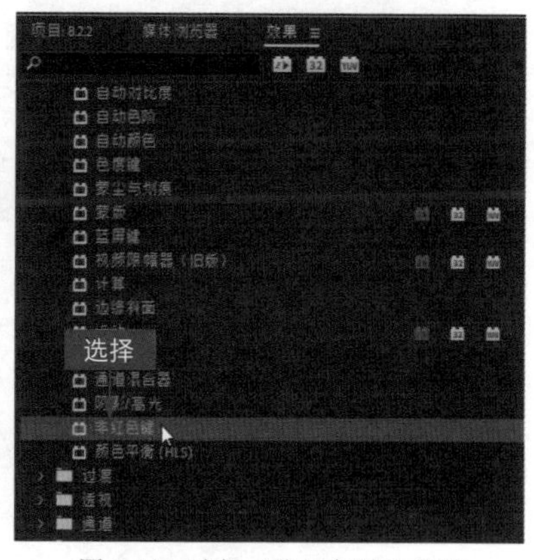

图 8-54　选择“非红色键”效果

SETP 03 按住鼠标左键的同时，将“非红色键”效果拖曳至 V2 轨道的视频素材上，如图 8-55 所示。

SETP 04 在“效果控件”面板中设置“阈值”参数为 50.0%，如图 8-56 所示。

SETP 05 执行操作后，即可运用“非红色键”效果叠加素材，在“节目监视器”面板中可以查看效果，如图 8-57 所示。

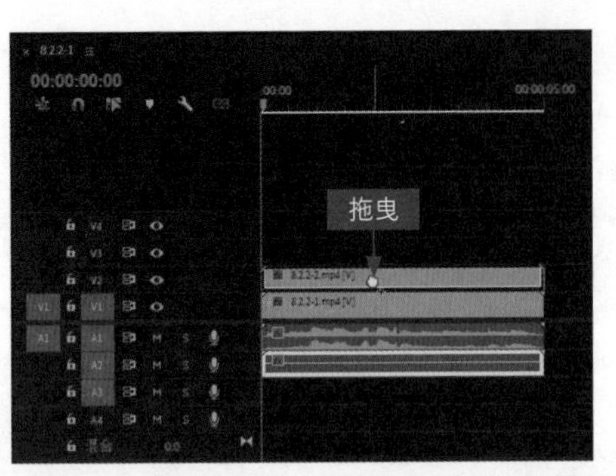

图 8-55　拖曳至视频素材上

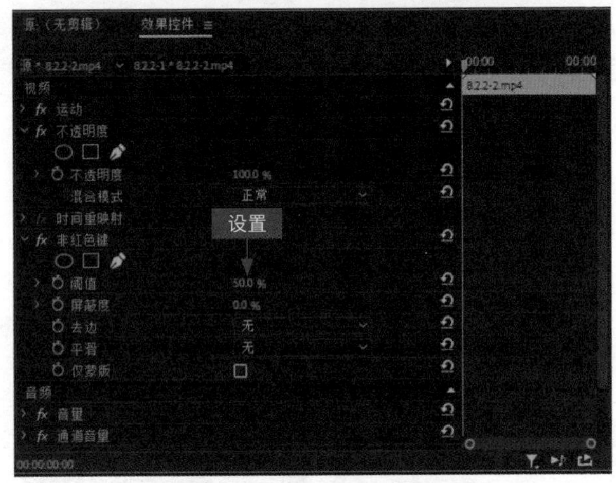

图 8-56　设置“阈值”参数

图 8-57　查看叠加效果

SETP 06 在“效果控件”面板中单击“自由绘制贝塞尔曲线”按钮，如图 8-58 所示。

SETP 07 在“节目监视器”面板中绘制一个曲线蒙版，如图 8-59 所示。

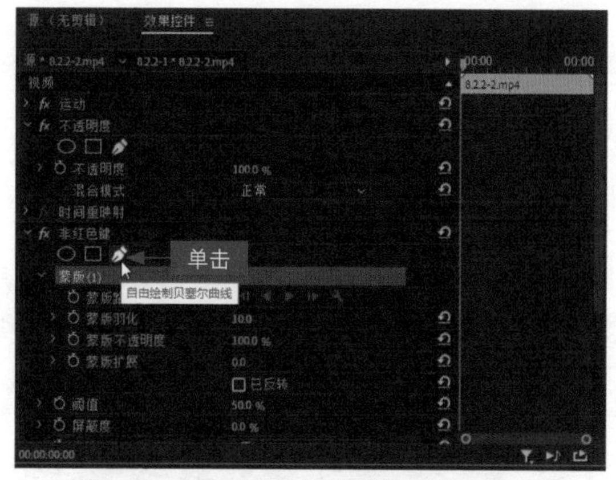

图 8-58　单击“自由绘制贝塞尔曲线”按钮

图 8-59　绘制一个曲线蒙版

SETP 08 在“效果控件”面板中，① 设置“蒙版羽化”参数为 15.0；② 选中“已反转”复选框，如图 8-60 所示。执行操作后，即可替换视频天空背景，制作出海市蜃楼的效果。

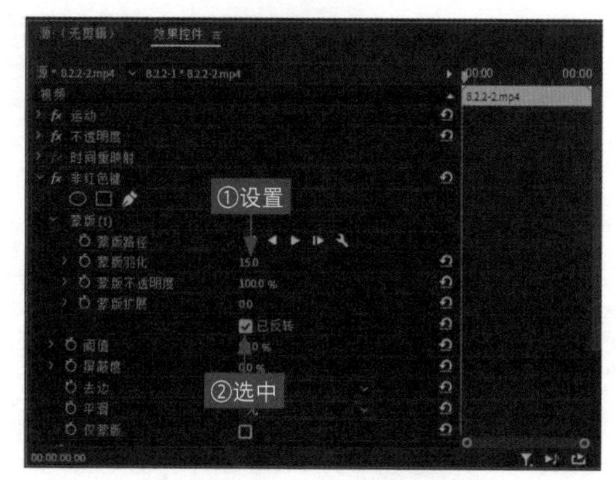

图 8-60　选中“已反转“复选框

8.2.3 制作颜色键透明叠加特效

效果说明

在 Premiere 中，可以运用“颜色键”特效制作一些比较特别的叠加效果，如图 8-61 所示。

扫码看案例效果

扫码看教学视频

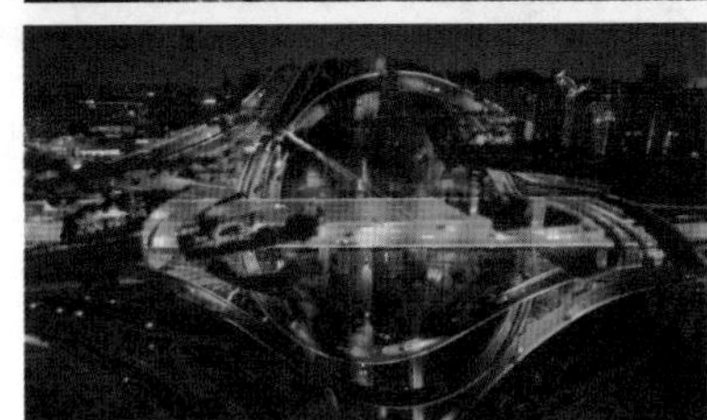

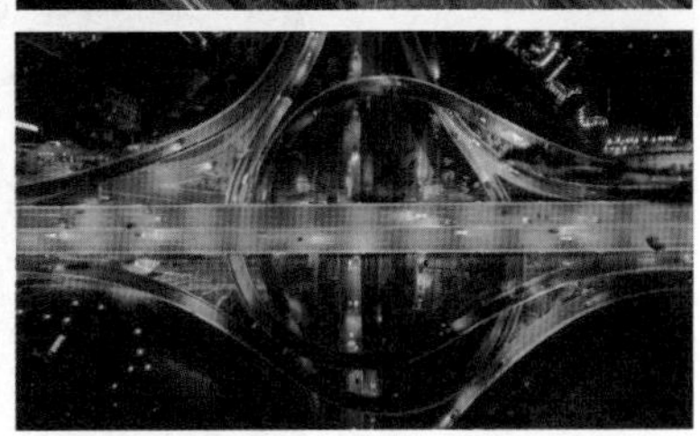

图 8-61 颜色键透明叠加效果展示

SETP 01 按 Ctrl+O 组合键打开一个项目文件，并查看项目效果，如图 8-62 所示。

SETP 02 在“效果”面板中选择“键控”|“颜色键”视频效果，如图 8-63 所示。

图 8-62 查看项目效果

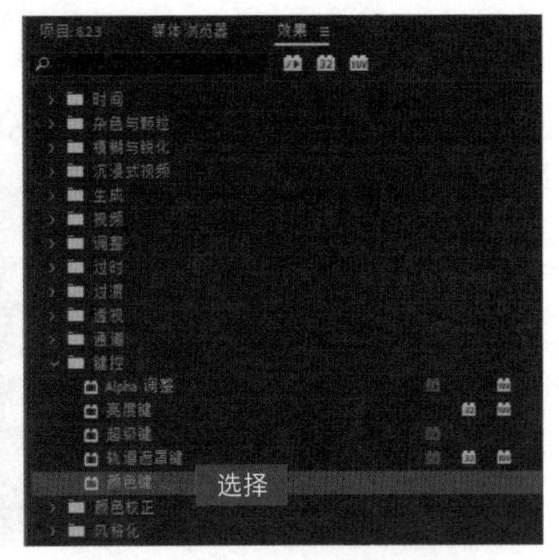

图 8-63 选择“颜色键”视频效果

SETP 03 按住鼠标左键，并将其拖曳至 V2 轨道的素材上，添加视频效果，如图 8-64 所示。

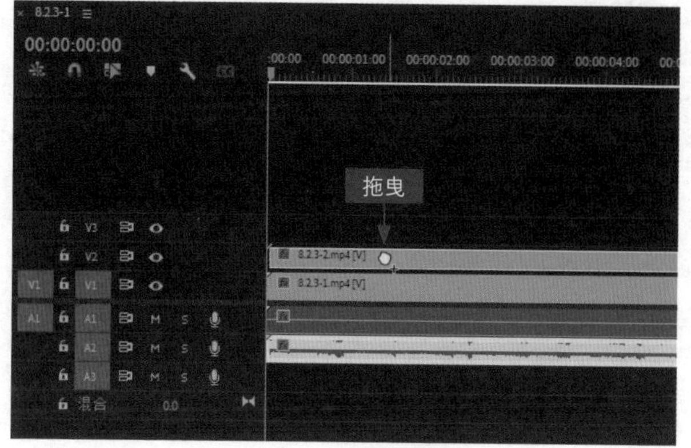

图 8-64 拖曳视频效果

SETP 04 在“效果控件”面板中，设置“主要颜色”为橙色（RGB 颜色值为 243、139、14），如图 8-65 所示。

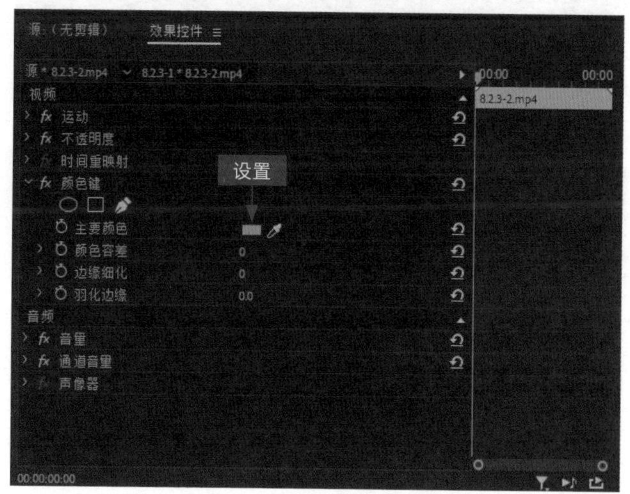

图 8-65 设置“主要颜色”为橙色

SETP 05 ① 单击“颜色容差”左侧的“切换动画”按钮；② 添加第 1 个关键帧，如图 8-66 所示。

SETP 06 ① 在 00:00:03:00 的位置处添加第 2 个关键帧；② 设置“颜色容差”参数为 255；③ 设置“羽化边缘”参数为 10.0，如图 8-67 所示。执行上述操作后，即可完成颜色键透明叠加特效的制作。

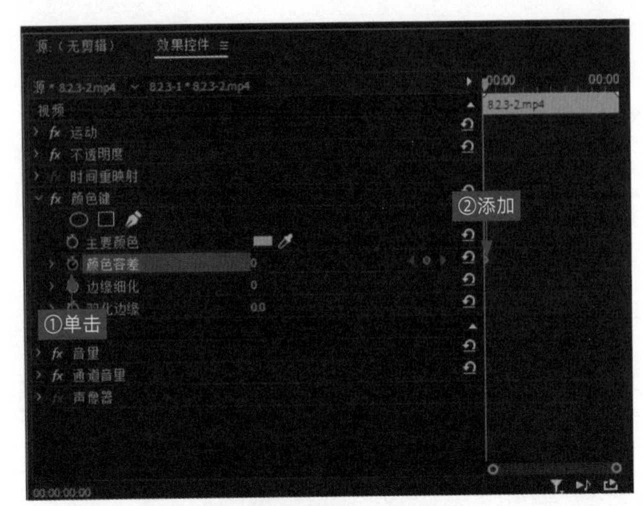

图 8-66　添加第 1 个关键帧

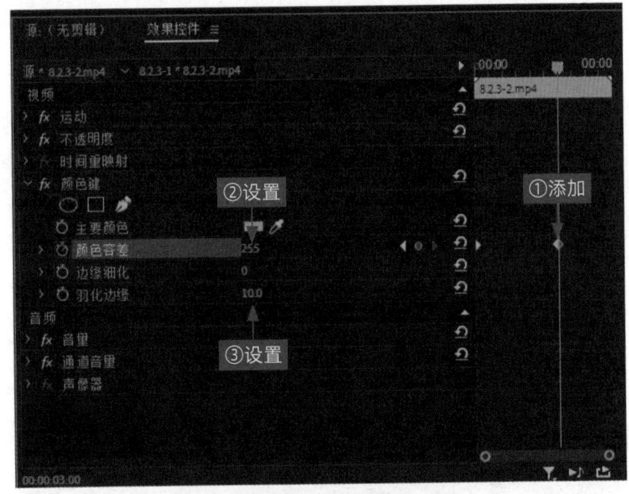

图 8-67　设置“羽化边缘”参数

8.2.4　制作亮度键透明叠加特效

效果说明

在 Premiere 中，亮度键是用来抠出图层中指定明亮度或亮度的所有区域，效果如图 8-68 所示。

扫码看案例效果

扫码看教学视频

图 8-68　亮度键透明叠加效果展示

SETP 01 按 Ctrl+O 组合键打开一个项目文件，如图 8-69 所示。

SETP 02 在“效果”面板中选择“键控”|“亮度键”视频效果，如图 8-70 所示。

图 8-69　打开一个项目文件

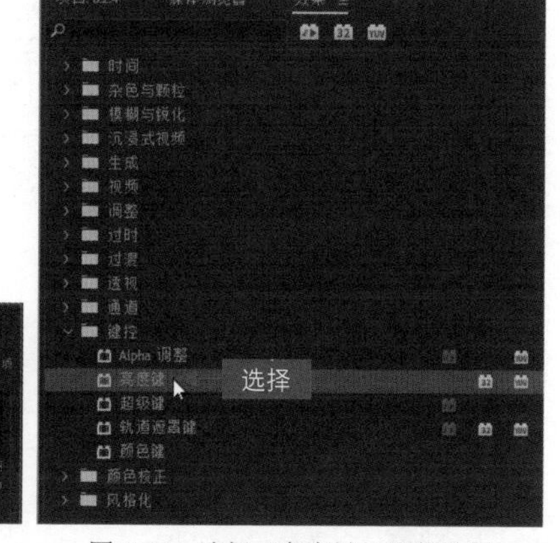

图 8-70　选择“亮度键”视频效果

SETP 03 按住鼠标左键，将其拖曳至 V2 轨道的素材上，添加视频效果，如图 8-71 所示。

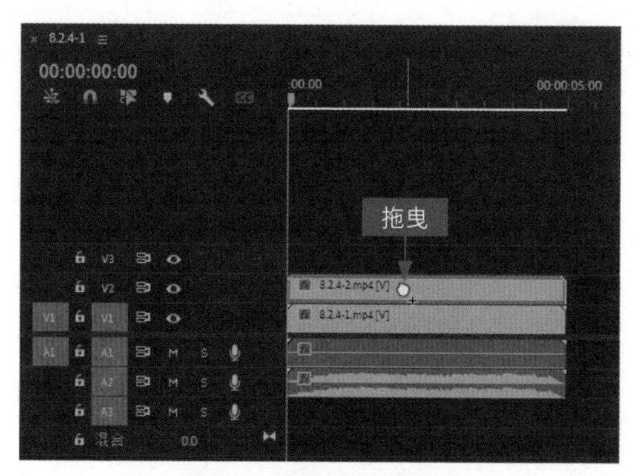

图 8-71　拖曳视频效果

SETP 04 在“效果控件”面板中，① 设置“阈值”参数为 30.0%；② 设置“屏蔽度”参数为 100.0%，如图 8-72 所示。执行上述操作后，即可运用“亮度键”效果制作叠加特效。

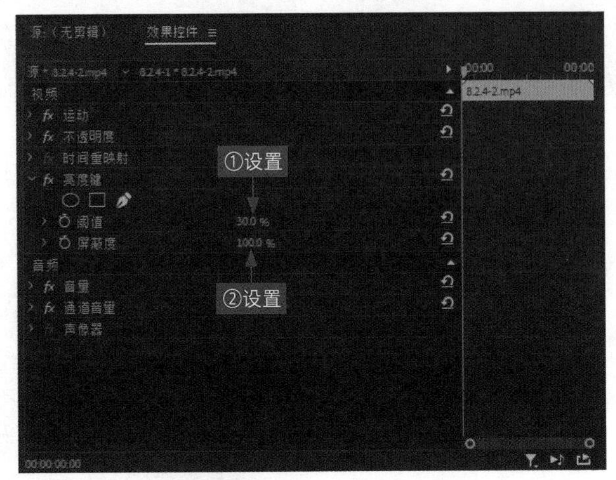

图 8-72　设置“屏蔽度”参数

8.3　制作其他叠加特效

在 Premiere 中，除了 8.2 节介绍的叠加特效外，还有字幕叠加特效、淡入淡出叠加特效以及局部马赛克叠加特效等，这些叠加特效都是相当实用的。本节主要介绍制作这些叠加特效的操作方法，希望大家可以学以致用，举一反三，制作出更加精美、炫酷的视频效果。

8.3.1　制作 Alpha 通道叠加特效

效果说明

扫码看案例效果

扫码看教学视频

Alpha 通道信息都是静止的图像信息，因此需要运用 Photoshop 这一类图像编辑软件来生成带有通道信息的图像文件。在创建完带有通道信息的图像文件后，接下来只需要将带有 Alpha 通道信息的文件拖入 Premiere 的视频轨道中即可，视频轨道中编号较低的内容将自动透过 Alpha 通道显示出来，然后便可以根据需要运用 Alpha 通道进行视频叠加，效果如图 8-73 所示。

图 8-73　Alpha 通道叠加效果展示

SETP 01 按 Ctrl+O 组合键打开一个项目文件，并预览项目效果，如图 8-74 所示。

图 8-74　预览项目效果

SETP 02 ① 在"项目"面板中，将素材分别添加至 V1 和 V2 轨道上；② 拖曳控制条调整视图；③ 选择 V2 轨道上的素材，如图 8-75 所示。

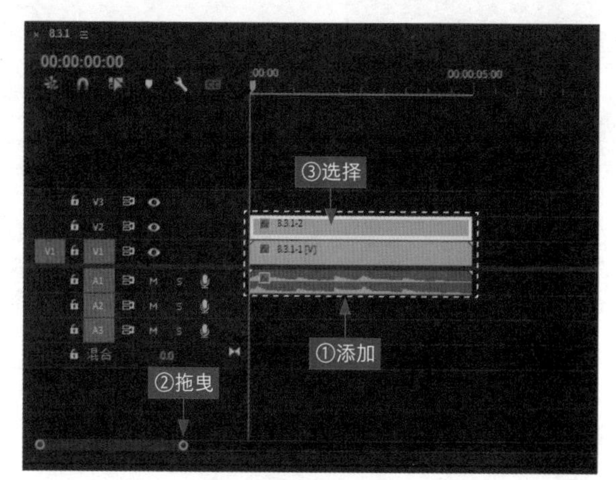

图 8-75　选择素材文件

SETP 03 ① 在“效果控件”面板中展开“运动”选项；② 设置“缩放”参数为 245.0，如图 8-76 所示。

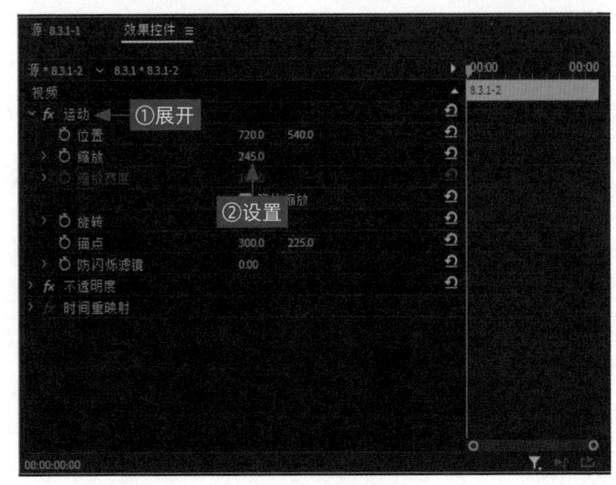

图 8-76　设置参数

SETP 04 在“效果”面板中，① 展开“视频效果”|“键控”选项；② 选择“Alpha 调整”视频效果，如图 8-77 所示。

SETP 05 按住鼠标左键，将“Alpha 调整”视频效果拖曳至 V2 轨道的素材上，如图 8-78 所示。释放鼠标左键，即可添加“Alpha 调整”视频效果。

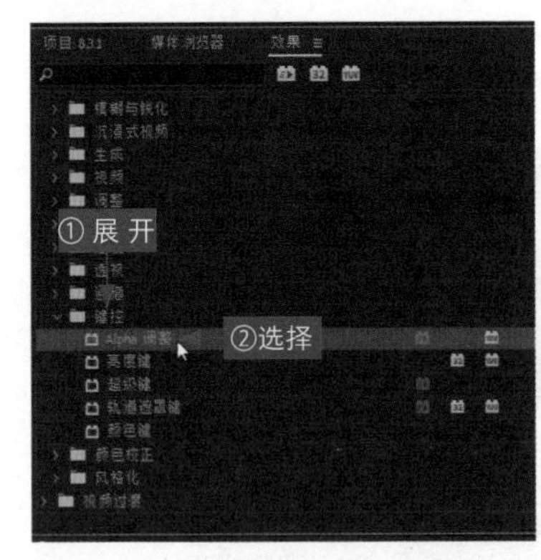

图 8-77　选择“Alpha 调整”视频效果

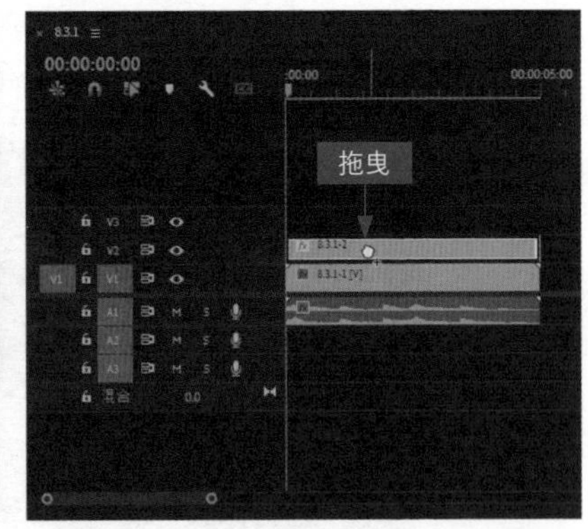

图 8-78　拖曳“Alpha 调整”视频效果

SETP 06 将时间指示器移至素材的开始位置，① 在“效果控件”面板中展开“Alpha 调整”选项；② 单击“不透明度”“反转 Alpha”“仅蒙版”3 个选项左侧的“切换动画”按钮，如图 8-79 所示。

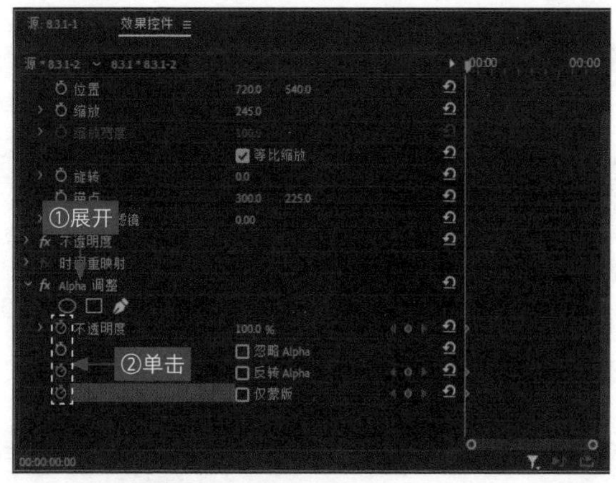

图 8-79 单击“切换动画”按钮

SETP 07 ① 将当前时间指示器拖曳至 00:00:02:00 的位置；② 设置“不透明度”参数为 20.0%；③ 添加关键帧，如图 8-80 所示。设置完成后，即可预览视频叠加后的效果。

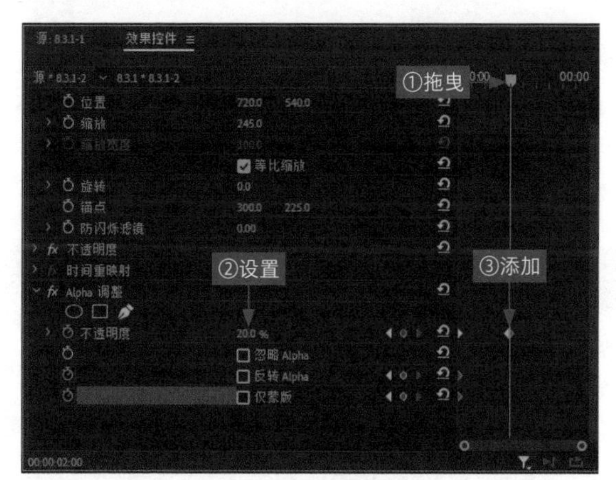

图 8-80 添加关键帧

8.3.2 制作镂空字幕叠加特效

在 Premiere 中，通过“轨道遮罩键”效果可以制作镂空字幕叠加特效，使字幕颜色随着 V2 轨道中的视频变动而变化，效果如图 8-81 所示。

扫码看案例效果

扫码看教学视频

图 8-81　镂空字幕叠加效果展示

SETP 01 按 Ctrl+O 组合键打开一个项目文件，并预览项目效果，如图 8-82 所示。

图 8-82　预览项目效果

SETP 02 按 Ctrl+T 组合键，在“节目监视器”面板中会显示一个“新建文本图层”文本框，如图 8-83 所示。

SETP 03 在文本框中输入需要的字幕文字，并调整字幕位置，如图 8-84 所示。

图 8-83　显示“新建文本图层”文本框

图 8-84　调整字幕位置

SETP 04 在“效果控件”面板中设置文本字体属性，如图 8-85 所示。

SETP 05 选择 V2 轨道中的素材，在“效果”面板中，① 展开“视频效果”|“键控”选项；② 选择“轨道遮罩键”视频效果，如图 8-86 所示。

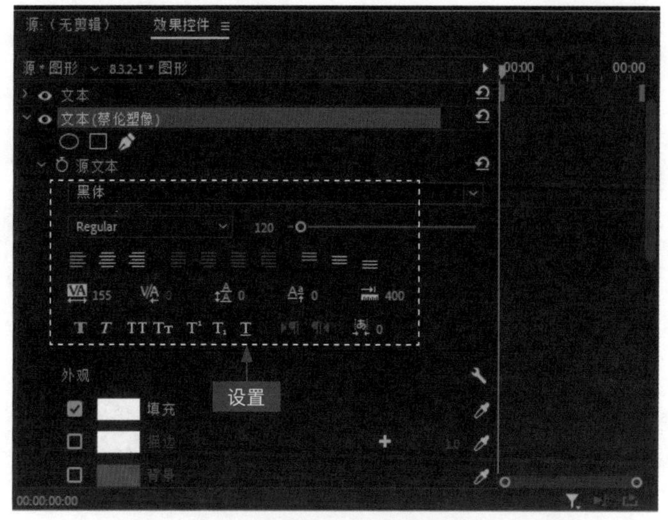

图 8-85　设置文本字体属性

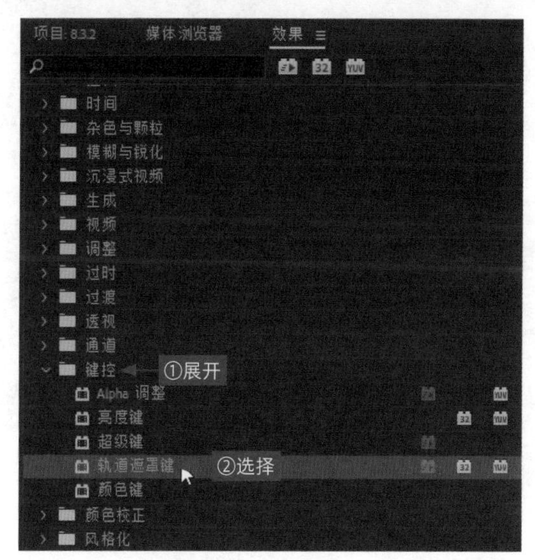

图 8-86　选择“轨道遮罩键”视频效果

SETP 06 双击鼠标左键，将效果添加至 V2 轨道中的素材上，在“效果控件”面板中设置“遮罩”为“视频 3”，如图 8-87 所示。

SETP 07 选择 V3 轨道中的字幕，在面板中展开“矢量运动”选项区，设置“缩放”为 115.0、“位置”为（380.0、-385.0），如图 8-88 所示。执行上述操作后，即可完成字幕叠加的制作。

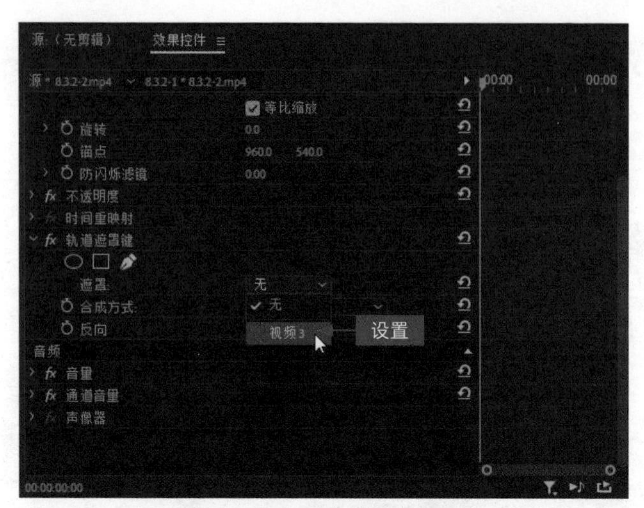

图 8-87　设置“遮罩”为“视频 3”

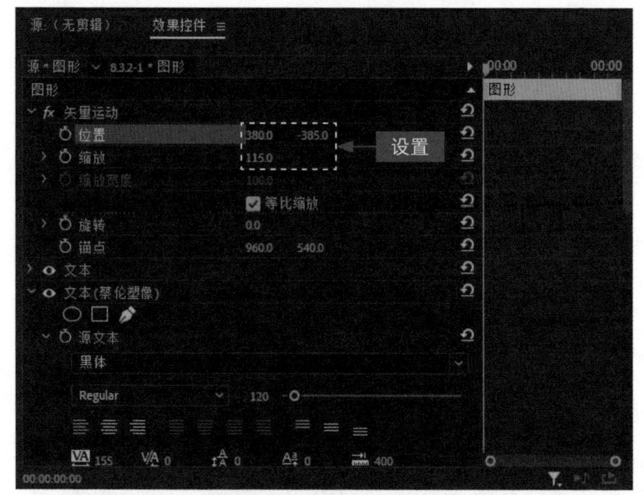

图 8-88　设置相应参数

8.3.3 制作颜色透明叠加特效

效果说明

在 Premiere 中，使用“超级键”效果，可以对视频中的某种颜色做色度抠图处理，使抠取的颜色呈透明效果，如图 8-89 所示。

扫码看案例效果

扫码看教学视频

图 8-89　颜色透明叠加效果展示

SETP 01 按 Ctrl+O 组合键打开一个项目文件，并预览项目效果，如图 8-90 所示。

图 8-90　预览项目效果

SETP 02 将“项目”面板中的两个素材分别添加至“时间轴”面板中的 V1 和 V2 轨道中，如图 8-91 所示。

图 8-91　添加两个素材

SETP 03 ① 在“效果”面板中，展开“视频效果”|“键控”选项；② 选择“超级键”视频效果，如图 8-92 所示。

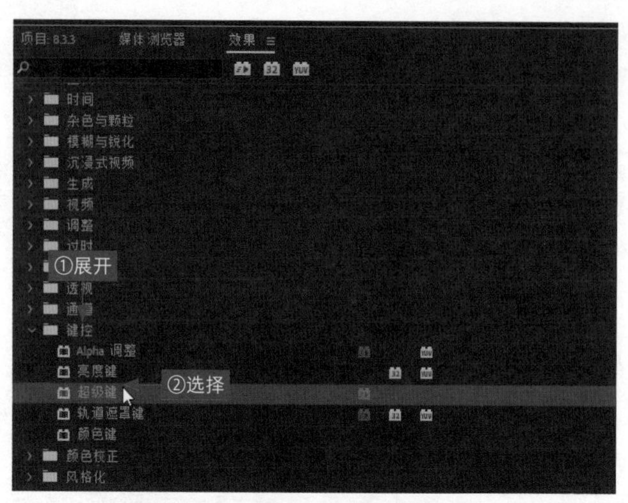

图 8-92　选择“超级键”视频效果

▶ 专家指点

用同样的操作，用户也可以对背景为纯色的人像视频进行抠像处理；另外，图像照片也一样可以用此法进行颜色抠图。

SETP 04 按住鼠标左键并将其拖曳至 V2 轨道的素材上，如图 8-93 所示。释放鼠标左键，即可添加视频效果。

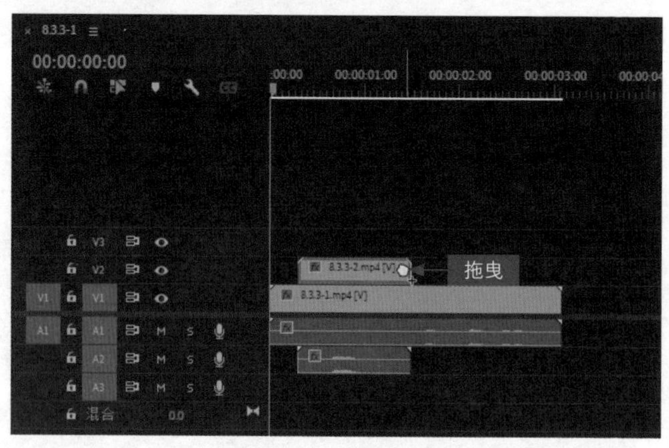

图 8-93　拖曳视频效果

SETP 05 在“效果控件”面板中，设置“主要颜色”为绿色（RGB 参数值为 32、219、0），如图 8-94 所示。执行操作后，即可查看制作的叠加效果。

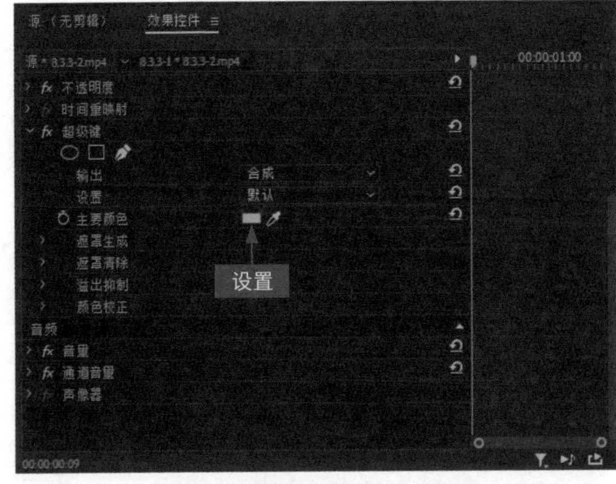

图 8-94 设置“主要颜色”为绿色

8.3.4 制作淡入淡出叠加特效

效果说明

在 Premiere 中，淡入淡出叠加特效是指通过对两个或两个以上的素材文件添加“不透明度”特效，并为素材添加关键帧实现素材之间的叠加转换，效果如图 8-95 所示。

扫码看案例效果

扫码看教学视频

图 8-95 淡入淡出叠加效果展示

SETP 01 按 Ctrl+O 组合键打开一个项目文件，并预览项目效果，如图 8-96 所示。

图 8-96 预览项目效果

SETP 02 将“项目”面板中的两个素材分别添加至“时间轴”面板中的 V1 和 V2 轨道中，如图 8-97 所示。

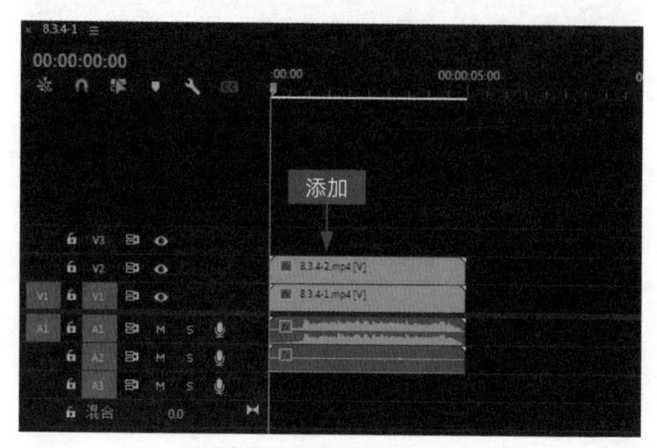

图 8-97　添加两个素材

SETP 03 选择 V2 轨道中的素材，① 在“效果控件”面板中展开“不透明度”选项；② 设置“不透明度”为 0.0%；③ 添加第 1 个关键帧，如图 8-98 所示。

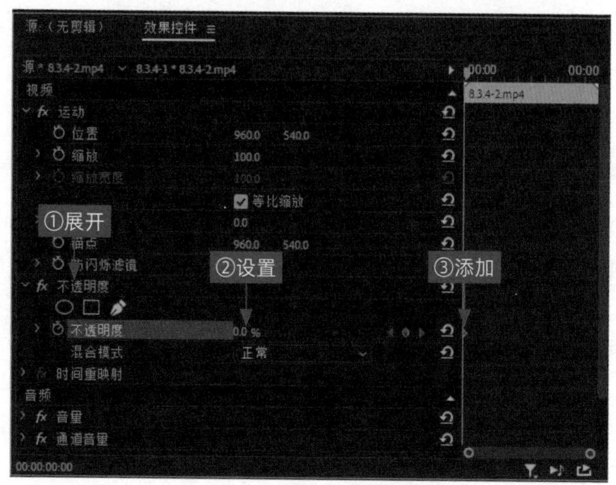

图 8-98　添加第 1 个关键帧

SETP 04 ① 将时间指示器拖曳至 00:00:02:00 的位置；② 设置“不透明度”为 100.0%；③ 添加第 2 个关键帧，如图 8-99 所示。

SETP 05 ① 将时间指示器拖曳至 00:00:04:00 的位置；② 设置“不透明度”为 0.0%；③ 添加第 3 个关键帧，如图 8-100 所示。执行操作后，可以查看制作的叠加效果。

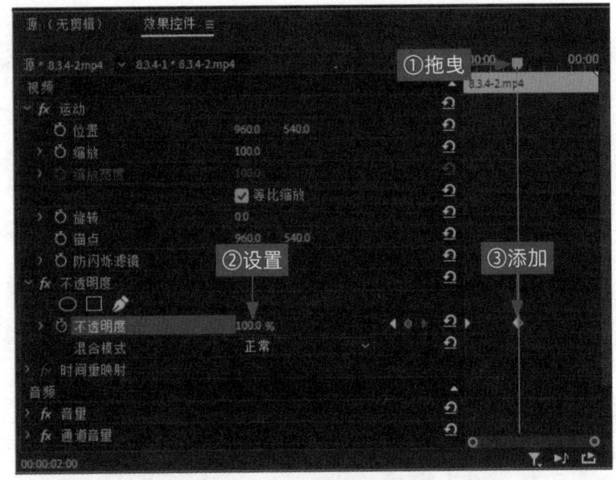

图 8-99　添加第 2 个关键帧

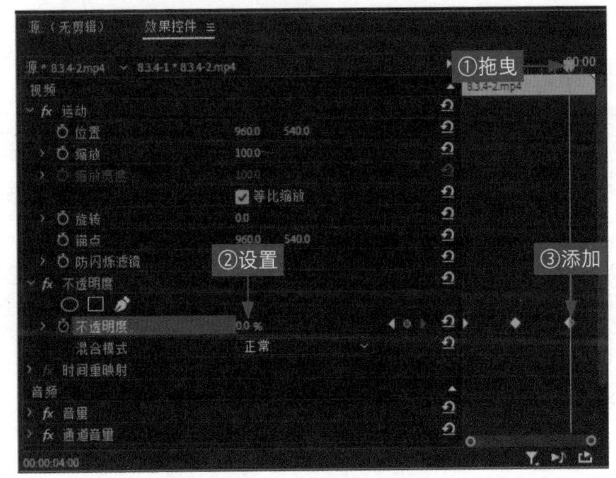

图 8-100　添加第 3 个关键帧

8.3.5　制作差值遮罩叠加特效

在 Premiere 中，“差值遮罩”效果的作用是将两幅图像素材进行差异值对比，可以将两幅图像素材相同的区域进行叠加并去除，留下有差异值的部分。例如，两个背景颜色相同的视频应用“差值遮罩”效果，即可共用一个背景，同时显示两个视频中除背景颜色外的其他画面内容，效果如图 8-101 所示。

图 8-101　差值遮罩叠加效果展示

SETP 01 按 Ctrl+O 组合键打开一个项目文件，并预览项目效果，如图 8-102 所示。

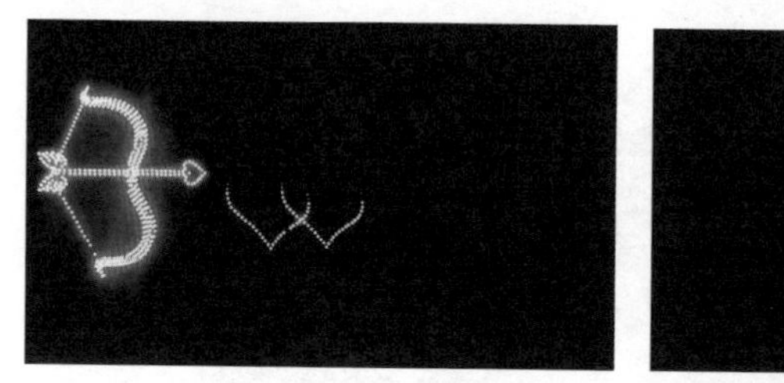

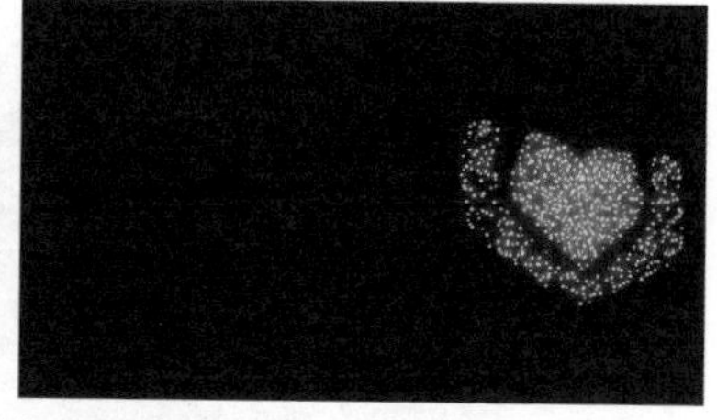

图 8-102　预览项目效果

SETP 02 将“项目”面板中的两个素材分别添加至 V1 和 V2 轨道中，如图 8-103 所示。

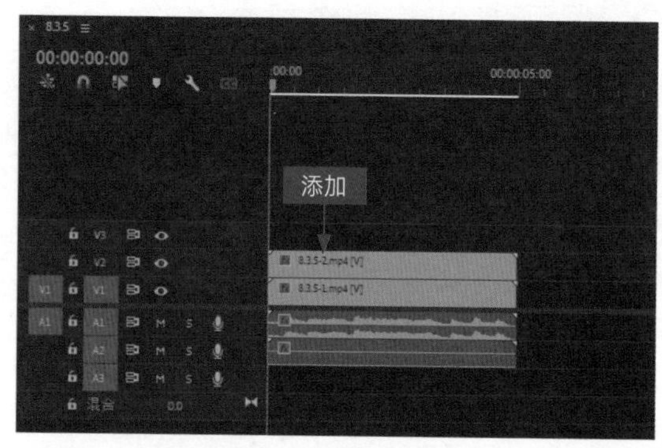

图 8-103　添加两个素材

SETP 03 选择 V2 轨道中的素材，在“效果”面板中展开“视频效果”|“过时”选项，选择“差值遮罩”视频效果，如图 8-104 所示。

SETP 04 按住鼠标左键并将其拖曳至 V2 轨道的素材上，如图 8-105 所示，释放鼠标左键，即可添加视频效果。

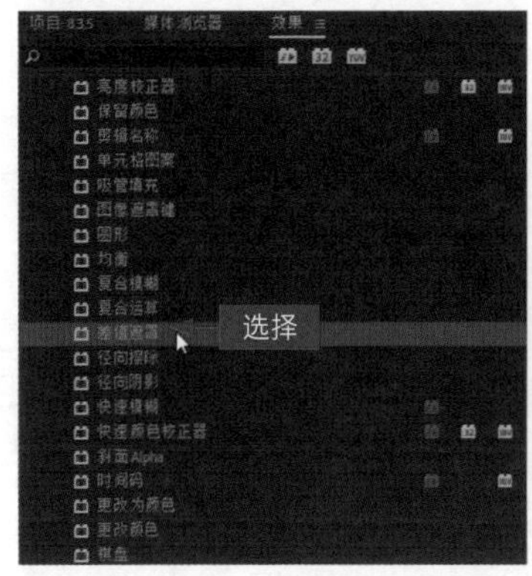

图 8-104 选择“差值遮罩”视频效果

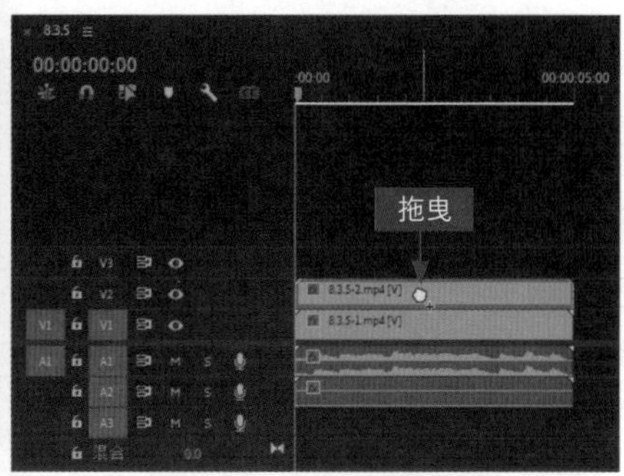

图 8-105 拖曳视频效果

SETP 05 在“效果控件”面板中，① 展开“差值遮罩”选项；② 设置“差值图层”为“视频 3”，如图 8-106 所示。执行操作后，即可在“节目监视器”面板中查看视频叠加效果。

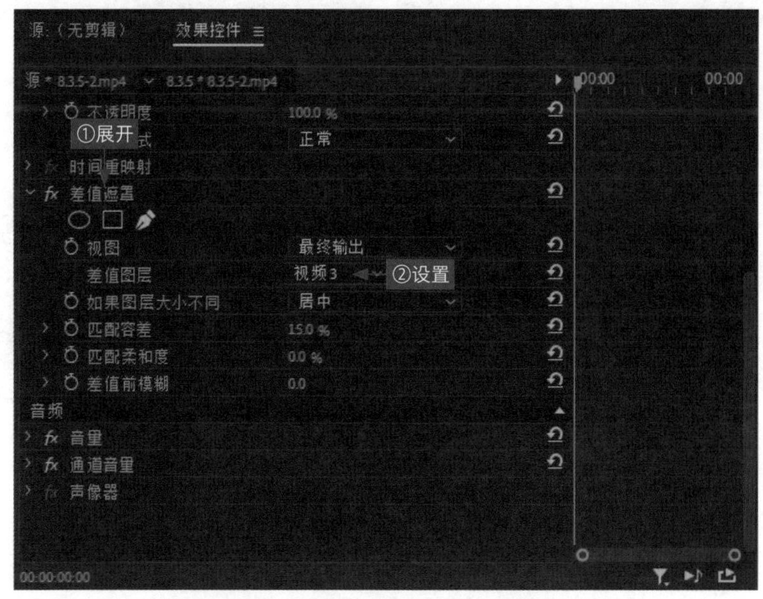

图 8-106 设置“差值图层”为“视频 3”

8.3.6 制作局部马赛克叠加特效

效果说明

在 Premiere 中，“马赛克”视频效果可以用于遮盖人物脸部，或者遮盖视频中的水印和瑕疵等，效果如图 8-107 所示。

扫码看案例效果

扫码看教学视频

图 8-107　局部马赛克叠加效果展示

SETP 01 按 Ctrl+O 组合键打开一个项目文件，并预览项目效果，如图 8-108 所示。

图 8-108　预览项目效果

SETP 02 在“效果”面板中，① 展开“视频效果”|“风格化”选项；② 选择“马赛克”视频效果，如图 8-109 所示。

SETP 03 按住鼠标左键并将其拖曳至“时间轴”面板中 V1 轨道的素材上，如图 8-110 所示，释放鼠标左键即可添加视频效果。

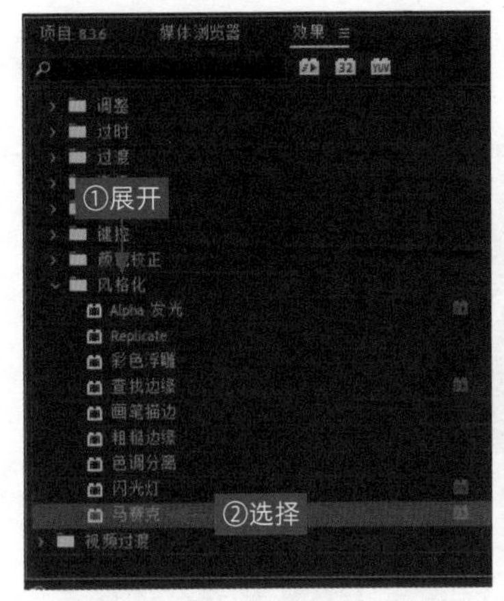

图 8-109 选择“马赛克”视频效果

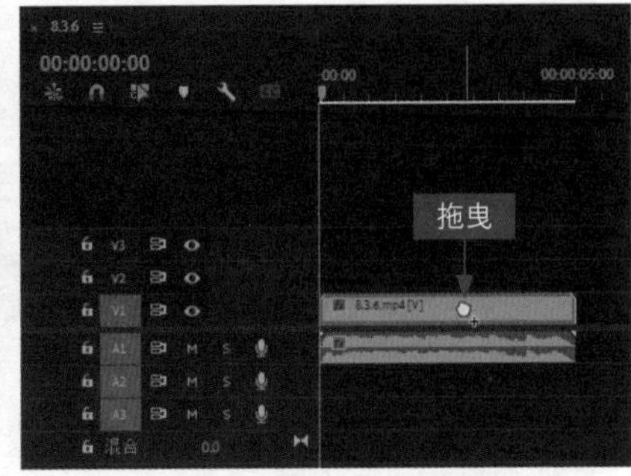

图 8-110 拖曳视频效果

SETP 04 在“效果控件”面板中，①展开“马赛克”选项面板；②单击“创建 4 点多边形蒙版”按钮■，如图 8-111 所示。

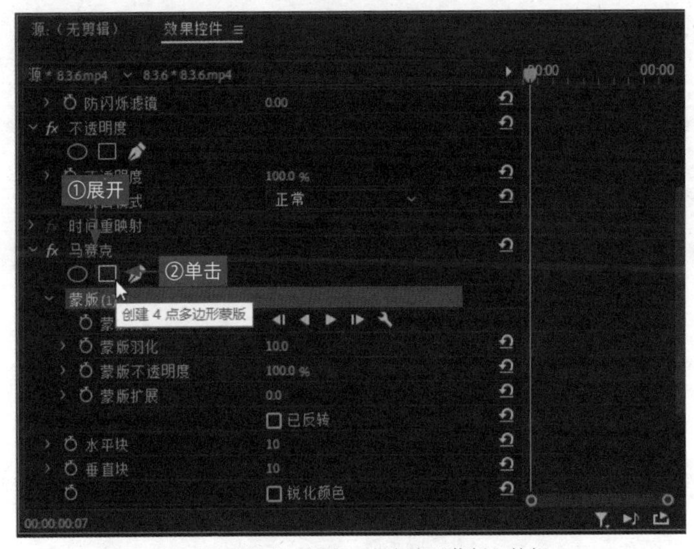

图 8-111 单击“创建 4 点多边形蒙版”按钮

SETP 05 在“节目监视器”面板中调整蒙版的遮罩大小与位置，如图 8-112 所示。

SETP 06 调整完成后，在“效果控件”面板中，设置“水平块”为 50.0、“垂直块”为 50.0，如图 8-113 所示。执行上述操作后，即可预览局部马赛克叠加效果。

图 8-112　调整蒙版的遮罩大小和位置

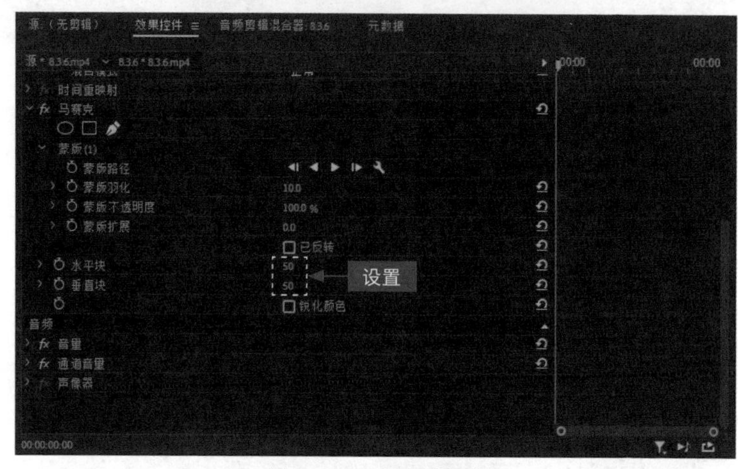

图 8-113　设置相应参数

▶ 专家指点

在“节目监视器”面板中，可以通过将素材的画面放大或缩小来查看效果，如图 8-114 所示。

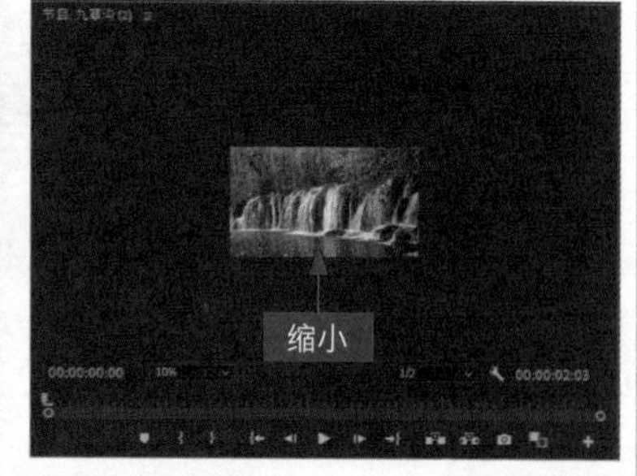

图 8-114　素材画面放大或缩小效果

▶ 专家指点

在“节目监视器”面板下方单击“选择缩放级别”下拉按钮，如图 8-115 所示。在弹出的列表框中选择相应的素材缩放比例，即可查看相应比例的素材缩放画面效果。

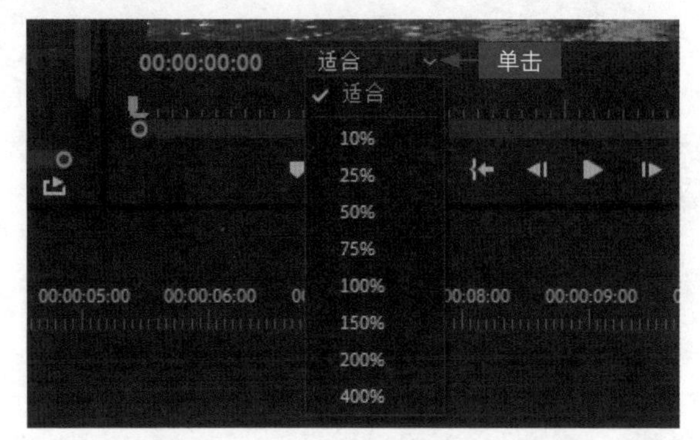

图 8-115　单击“选择缩放级别”下拉按钮

案例实战篇

09

剪映案例：制作《快乐成长》

◎ 章前知识导读

剪映具有强大的编辑器，并且非常好用，所有的功能简单易学，更有丰富的贴纸文本、独家背景音乐曲库以及超多的素材、滤镜、特效等，因此十分受广大用户青睐。本章主要向大家介绍使用剪映制作案例《快乐成长》的操作方法。

◎ 新手重点索引

效果欣赏
视频制作过程

◎ 效果图片欣赏

9.1 效果欣赏

在剪辑视频时，用户可以充分利用剪映提供的特效、贴纸、滤镜以及音乐等功能，根据自己的喜好将摄影师拍摄的照片制作成动态的相册视频，使静态的照片变成更有个性化的视频。在制作案例《快乐成长》视频之前，首先预览效果，并掌握技术提炼等内容。

9.1.1 预览效果

效果说明

在制作《快乐成长》之前，首先带领大家预览《快乐成长》视频的画面效果，如图 9-1 所示。

扫码看案例效果

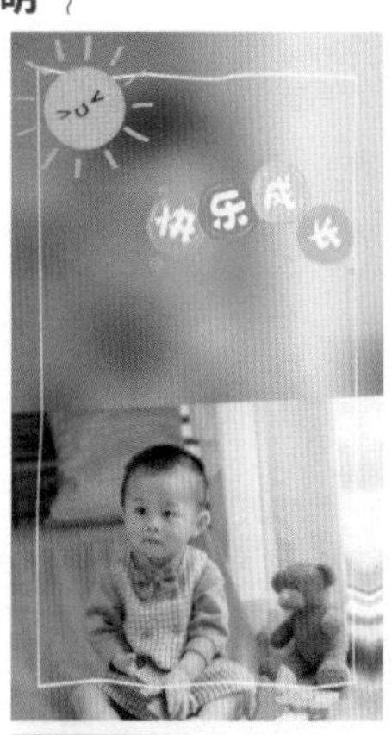

图 9-1 《快乐成长》案例效果

9.1.2 技术提炼

首先进入剪映界面，在其中导入需要的照片素材，并依次剪辑素材时长；接下来设置视频的画布比例和背景填充样式；再为素材添加特效、贴纸等，制作艺术化特效；然后为素材添加动画效果；最后添加背景音乐，并将制作的成品导出。

9.2 视频制作过程

本节主要介绍《快乐成长》视频的制作全过程，包括对素材的基本剪辑、设置比例和背景、添加特效和贴纸、制作动画效果以及添加音乐等。

9.2.1 导入并剪辑素材的时长

首先需要将拍摄的儿童照片和背景音乐等素材导入剪映的“媒体”功能区中，然后将照片添加到视频轨道上，进行基本的剪辑。下面介绍具体的操作方法。

扫码看教学视频

SETP 01 进入剪映界面，在“媒体”功能区的“本地”选项卡中，单击“导入素材”按钮，如图 9-2 所示。

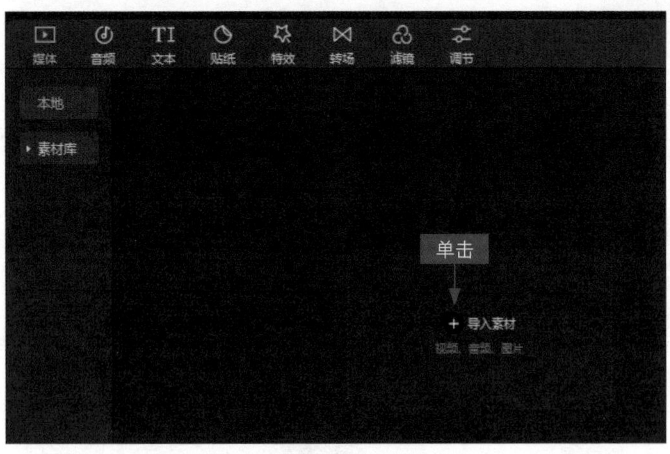

图 9-2 单击“导入素材”按钮

SETP 02 弹出“请选择媒体资源”对话框，① 按 Ctrl+A 组合键全选素材；② 单击“打开”按钮，如图 9-3 所示。

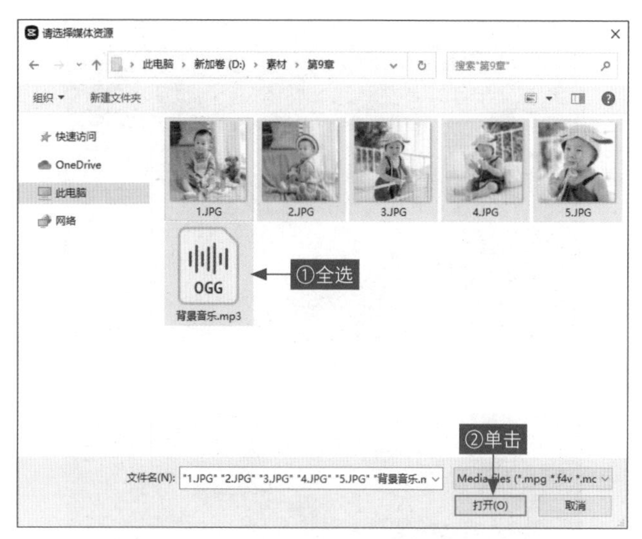

图 9-3　单击“打开”按钮

SETP 03 执行操作后，即可将所选素材导入“本地”选项卡，如图 9-4 所示。

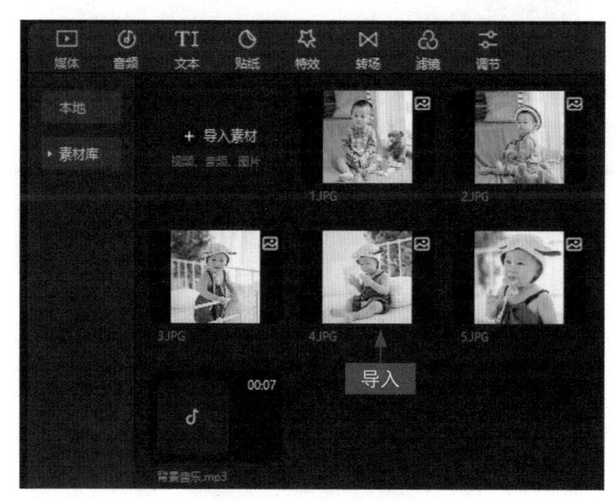

图 9-4　导入所选素材

SETP 04 将照片素材依此添加到视频轨道中，如图 9-5 所示。

SETP 05 选择视频轨道中的第 1 个素材，拖曳右侧的白色拉杆，调整时长为 00:00:01:08，如图 9-6 所示。

SETP 06 用同样的方法，分别调整其他素材时长为 00:00:01:04、00:00:01:23、00:00:01:25 以及 00:00:01:15，如图 9-7 所示。

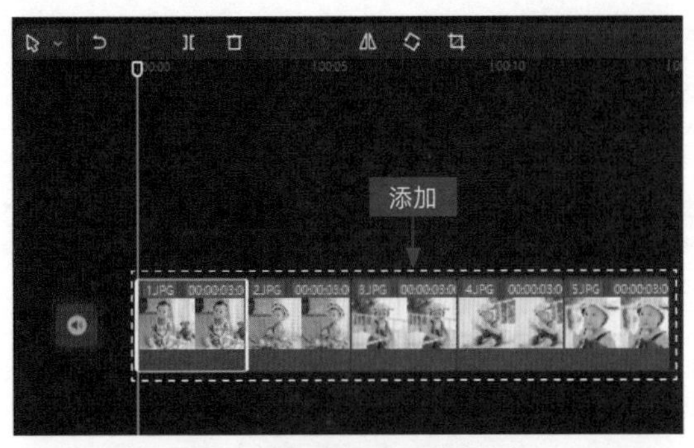

图 9-5　添加素材至视频轨道中

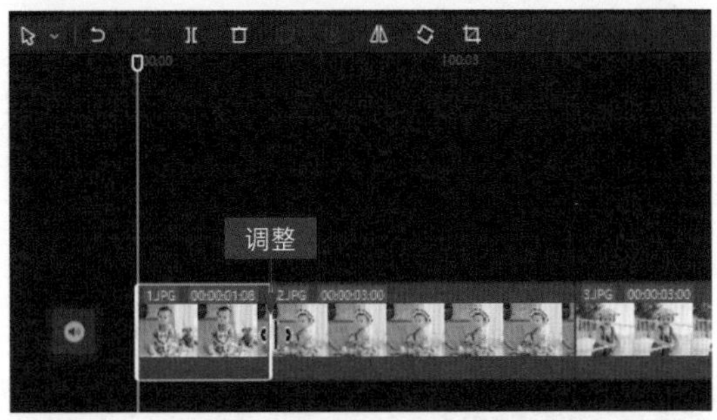

图 9-6　调整第 1 个素材的时长

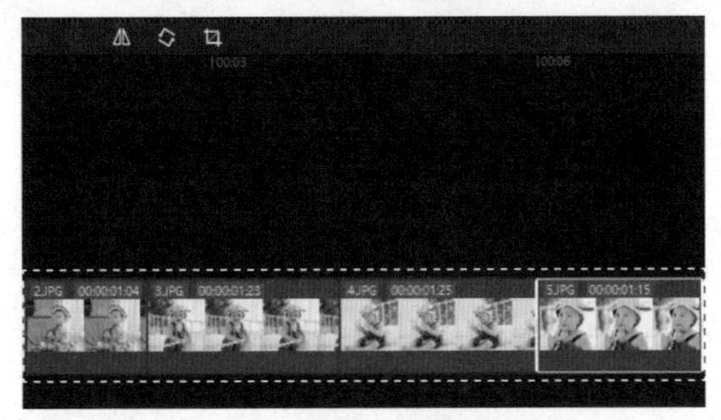

图 9-7　调整其他素材的时长

9.2.2　设置视频的比例和背景

接下来需要设置视频的画布比例，使视频呈竖屏显示，并调整素材画面的位置；还要设置视频的背景样式，提高视频画面的观赏性。下面介绍具体的操作方法。

SETP 01 ① 在预览窗口中单击“原始”按钮；② 在

弹出的列表框中选择“9:16（抖音）”选项，如图 9-8 所示。

图 9-8 选择“9:16（抖音）”选项

SETP 02 执行上述操作后，即可调整视频的画布比例为 9:16，使视频呈竖屏显示，如图 9-9 所示。

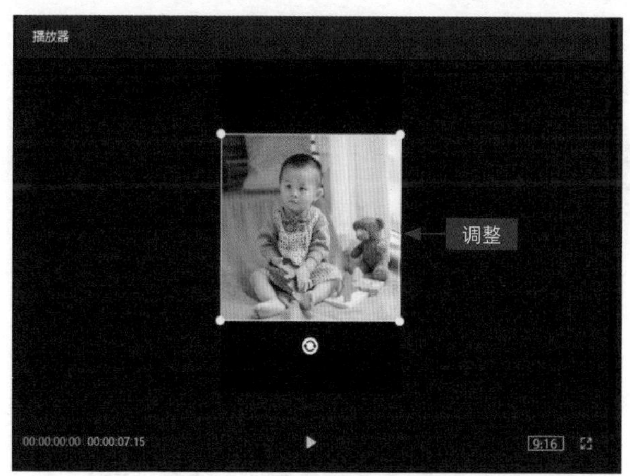

图 9-9 调整视频的画布比例

SETP 03 在预览窗口中，通过拖曳的方式，向下调整素材的位置，方便添加贴纸文字，如图 9-10 所示。

SETP 04 在“画面”操作区的“基础”选项卡中，单击“应用到全部”按钮，即可调整所有素材的位置，如图 9-11 所示。

SETP 05 单击“背景”按钮，切换至“背景”选项卡，如图 9-12 所示。

图 9-10　调整素材的位置

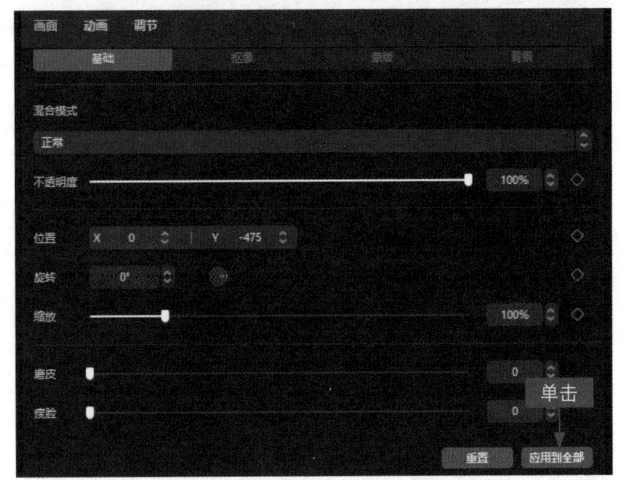

图 9-11　单击“应用到全部”按钮（1）

图 9-12　单击“背景”按钮

SETP 06 在“背景填充”列表框中选择“模糊”选项，如图 9-13 所示。

SETP 07 在“模糊”选项区中，① 选择第 3 个模糊样式；② 单击“应用到全部”按钮，如图 9-14 所示。

图 9-13　选择“模糊”选项

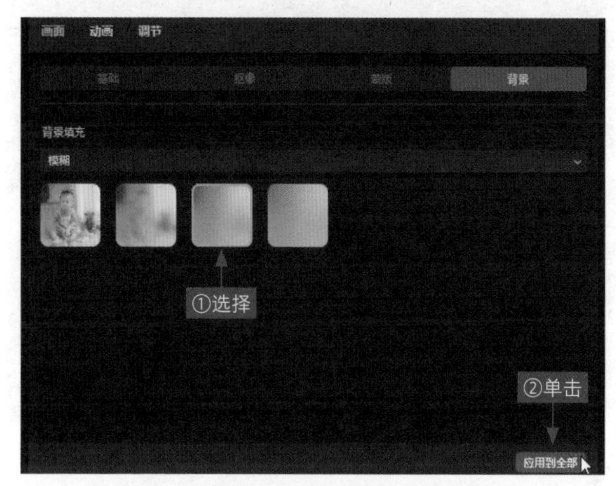

图 9-14　单击“应用到全部”按钮（2）

SETP 08 执行上述操作后，即可使所有素材都能应用背景模糊样式，此时在预览窗口中，可以预览背景模糊效果，如图 9-15 所示。

图 9-15　预览背景模糊效果

9.2.3 制作视频的艺术化特效

扫码看教学视频

在剪映中，使用“边框”特效可以为视频添加边框；使用贴纸，可以丰富视频画面，使视频更具艺术化。下面介绍具体的操作方法。

SETP 01 单击“特效”按钮，切换至“特效”功能区，如图 9-16 所示。

图 9-16 单击“特效”按钮

SETP 02 单击“边框”按钮，展开“边框”选项卡，如图 9-17 所示。

图 9-17 单击“边框”按钮

SETP 03 找到“白色线框”特效，单击按钮，如图 9-18 所示。

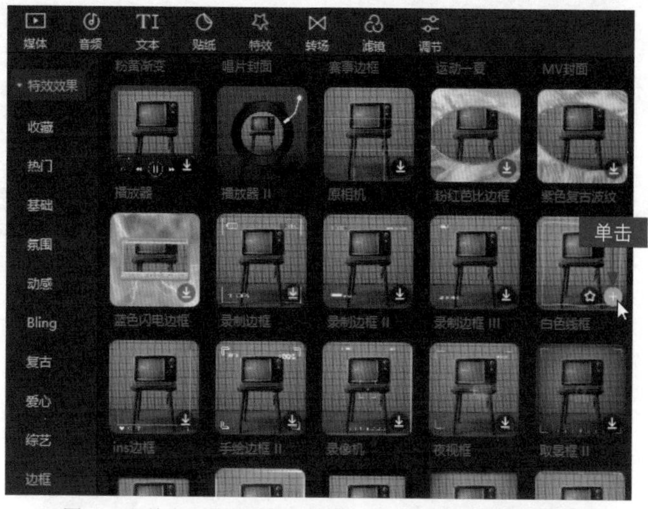

图 9-18　单击“白色线框”特效中的“添加到轨道”按钮

SETP 04 执行操作后，即可添加“白色线框”特效，如图 9-19 所示。

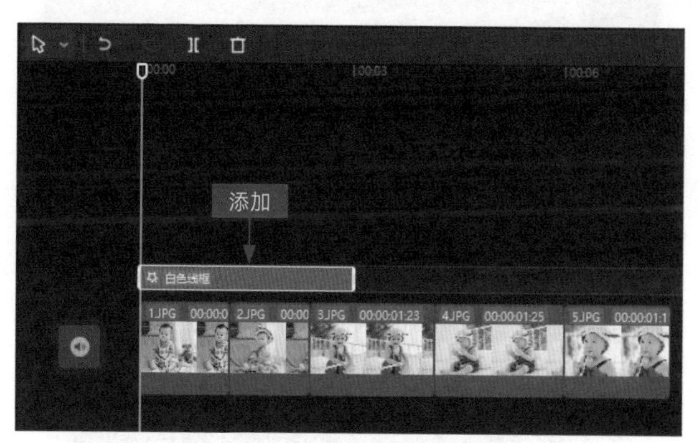

图 9-19　添加“白色线框”特效

> **▶ 专家指点**
>
> 用户也可以在“特效”功能区中选择“边框”特效，通过拖曳的方式，将特效添加到轨道中。

SETP 05 拖曳特效右侧的白色拉杆，调整特效时长，如图 9-20 所示。

SETP 06 在预览窗口中可以查看添加“白色线框”特效后的画面效果，如图 9-21 所示。

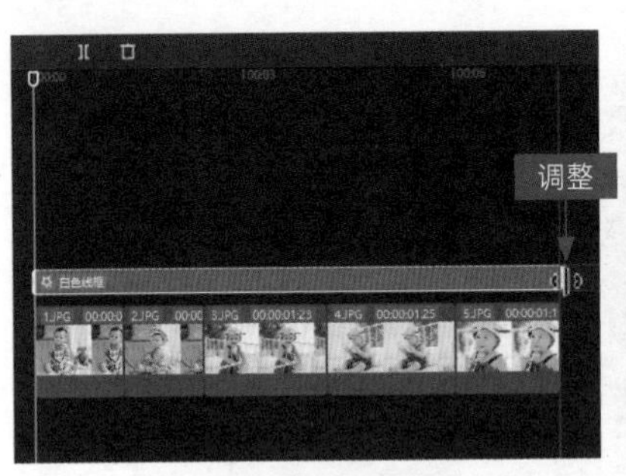

图 9-20　调整特效时长

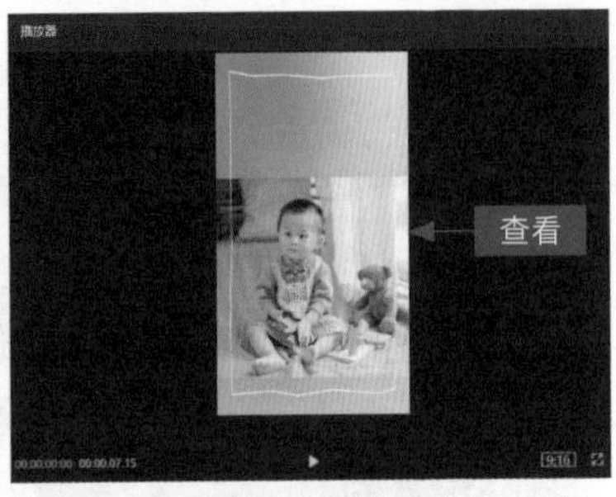

图 9-21　查看添加特效后的画面效果

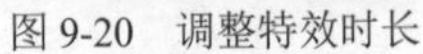

SETP 07 单击“贴纸”按钮，切换至“贴纸”功能区，如图 9-22 所示。

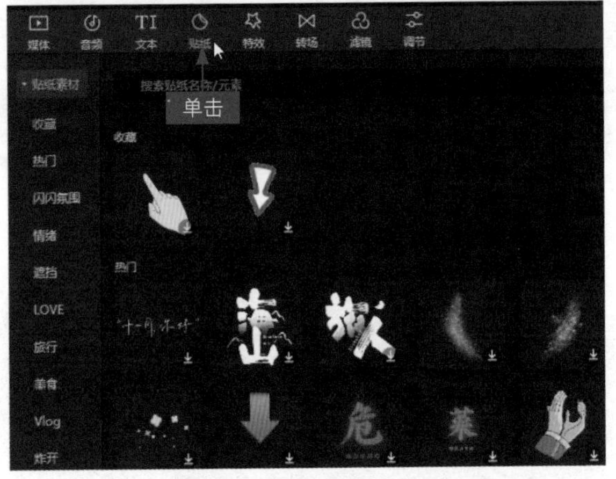

图 9-22　单击“贴纸”按钮

SETP 08 单击 Vlog 按钮，展开 Vlog 选项卡，如图 9-23 所示。

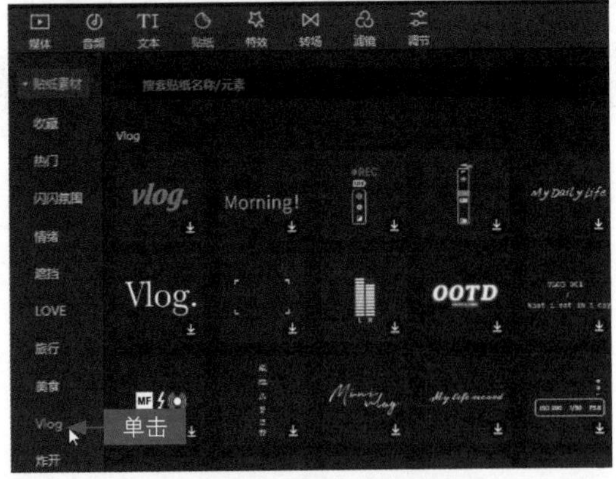

图 9-23　单击 Vlog 按钮

SETP 09 选择一个太阳贴纸并单击按钮，如图 9-24 所示。

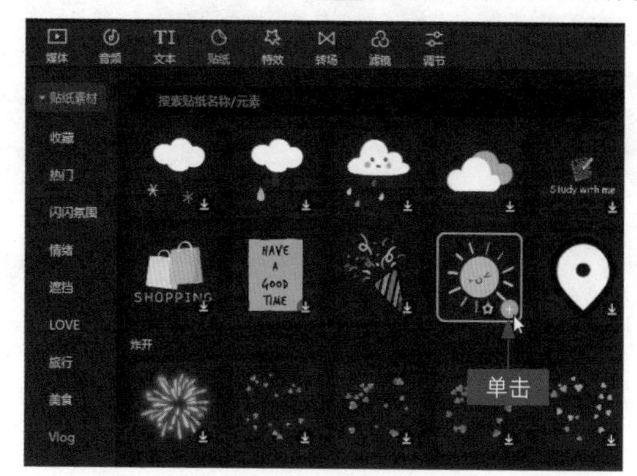

图 9-24　单击太阳贴纸上的“添加到轨道”按钮

SETP 10 执行操作后，即可添加一个太阳贴纸，如图 9-25 所示。

图 9-25　添加一个太阳贴纸

SETP 11 拖曳太阳贴纸右侧的白色拉杆，调整其时长，如图 9-26 所示。

SETP 12 在预览窗口中调整太阳贴纸的大小和位置，如图 9-27 所示。

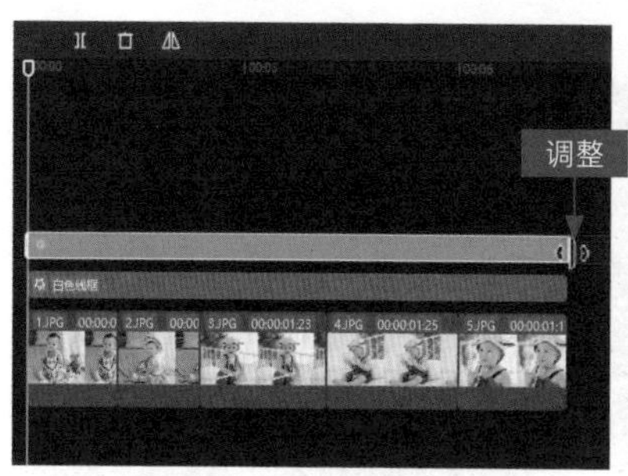

图 9-26　调整太阳贴纸时长

图 9-27　调整太阳贴纸的大小和位置

SETP 13 单击“萌娃”按钮，展开“萌娃”选项卡，如图 9-28 所示。

图 9-28　单击“萌娃”按钮

SETP 14 单击“快乐成长”贴纸中的[+]按钮，如图 9-29 所示。

图 9-29　单击“快乐成长”贴纸中的“添加到轨道”按钮

SETP 15 执行操作后，即可添加“快乐成长”贴纸，拖曳贴纸右侧的白色拉杆，调整其时长，如图 9-30 所示。

SETP 16 在预览窗口中调整“快乐成长”贴纸的大小和位置，如图 9-31 所示。

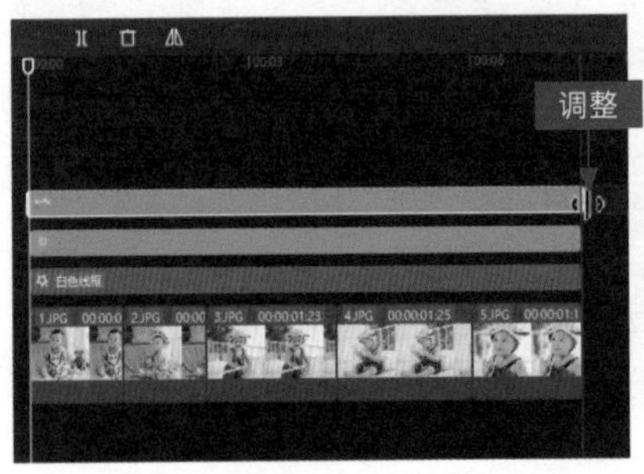

图 9-30　调整“快乐成长”贴纸时长

图 9-31　调整“快乐成长”贴纸的大小和位置

9.2.4 为素材添加动画效果

在剪映中，使用“向下甩入”入场动画、“动感缩小”入场动画以及“缩放”组合动画，可以为静态的照片制作动态效果。下面介绍具体的操作方法。

扫码看教学视频

SETP 01 在视频轨道中选择第 1 个视频素材，如图 9-32 所示。

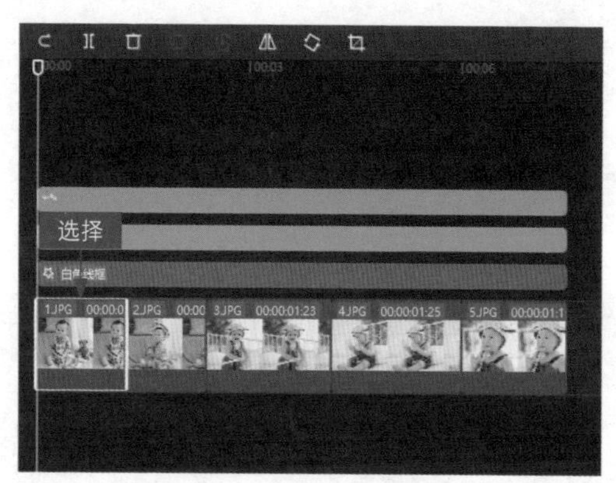

图 9-32 选择第 1 个视频素材

SETP 02 在“动画”操作区中单击“入场”按钮，切换至“入场”选项卡，如图 9-33 所示。

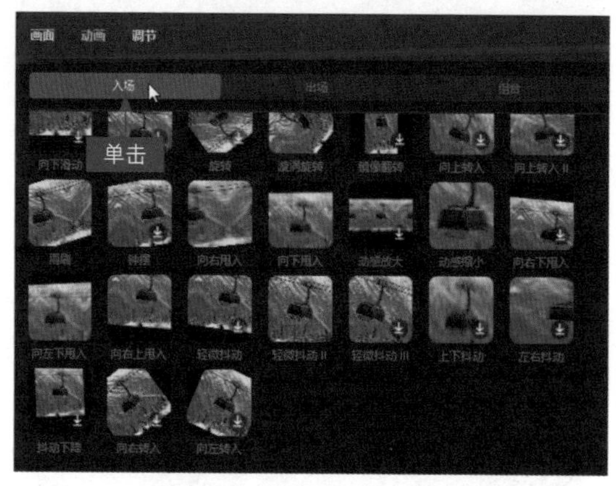

图 9-33 单击“入场”按钮

SETP 03 选择“向下甩入”选项，如图 9-34 所示。

SETP 04 设置“动画时长”参数为 1.3s，如图 9-35 所示。

SETP 05 执行操作后，第 1 个素材的缩略图上会显示白色的箭头，表示该素材已添加动画效果，如图 9-36 所示。

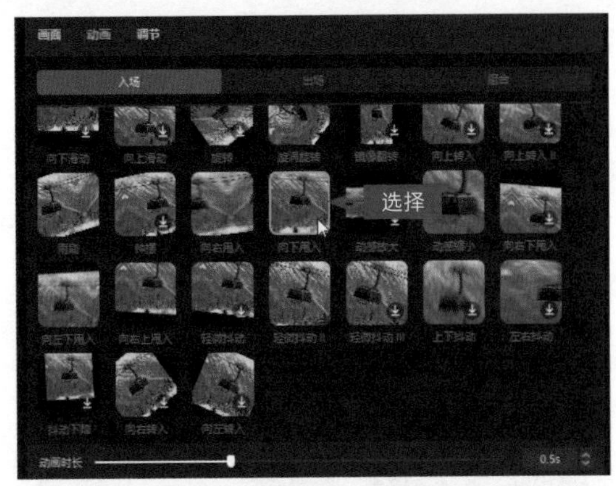

图 9-34　选择“向下甩入”选项

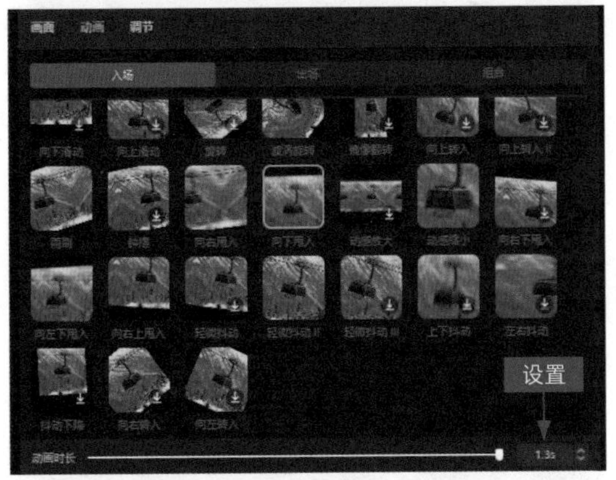

图 9-35　设置“动画时长”参数（1）

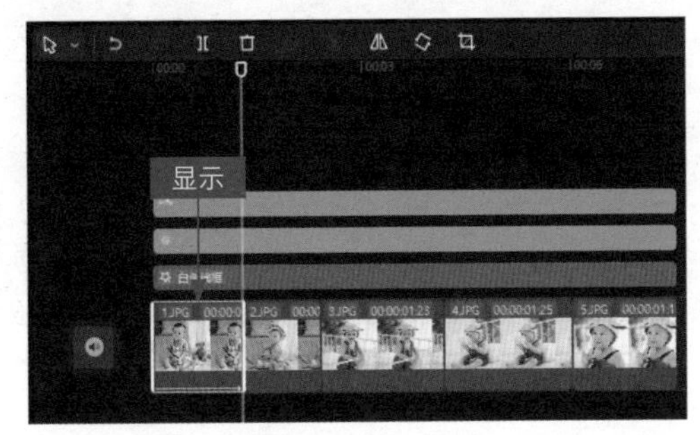

图 9-36　显示白色的箭头

SETP 06 在视频轨道中选择第 2 个素材，如图 9-37 所示。

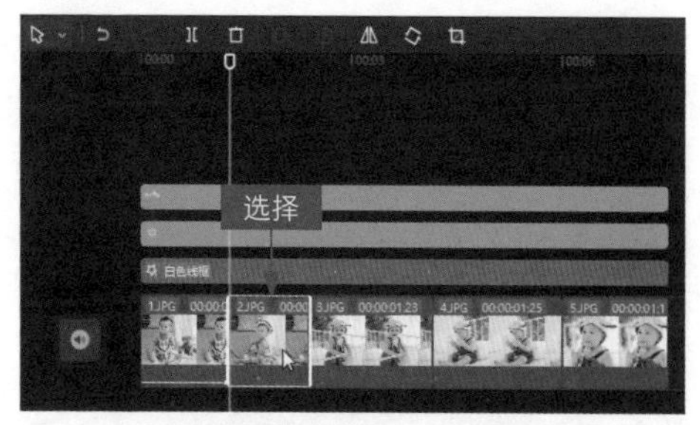

图 9-37　选择第 2 个素材

SETP 07 在“动画”操作区中单击“组合”按钮，切换至“组合”选项卡，如图 9-38 所示。

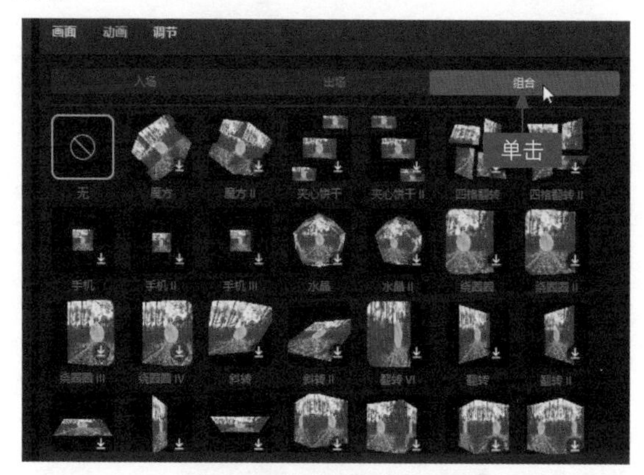

图 9-38　单击“组合”按钮

SETP 08 选择“缩放”选项，如图 9-39 所示。

图 9-39　选择“缩放”选项

SETP 09 用与上同样的方法，为第 3 个和第 4 个素材添加“缩放”组合动画，效果如图 9-40 所示。

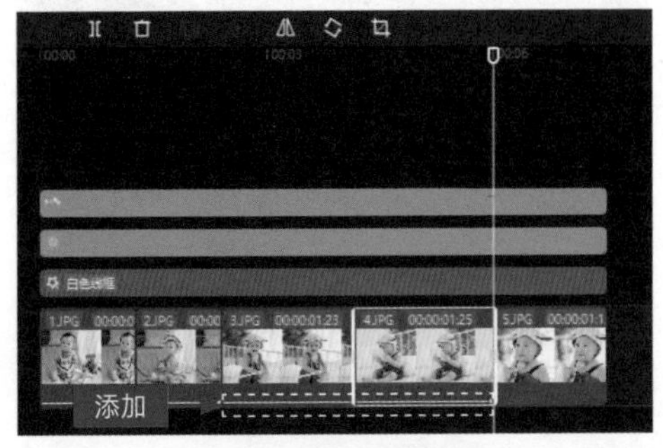

图 9-40　添加动画效果

SETP 10 选择第 5 个素材，如图 9-41 所示。

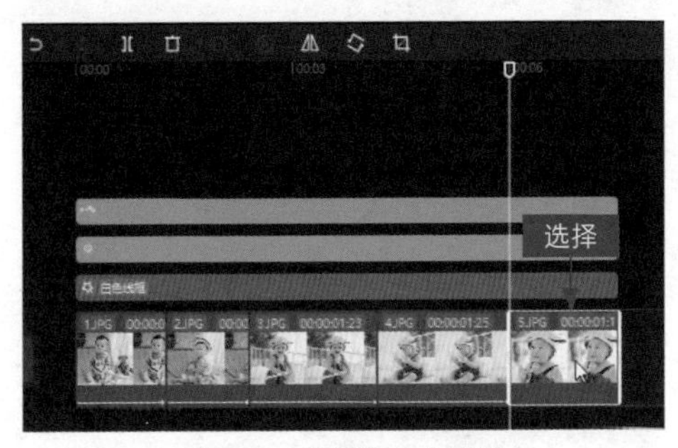

图 9-41　选择第 5 个素材

SETP 11 在“动画”操作区中，① 切换至“入场”选项卡；② 选择“动感缩小”选项，如图 9-42 所示。

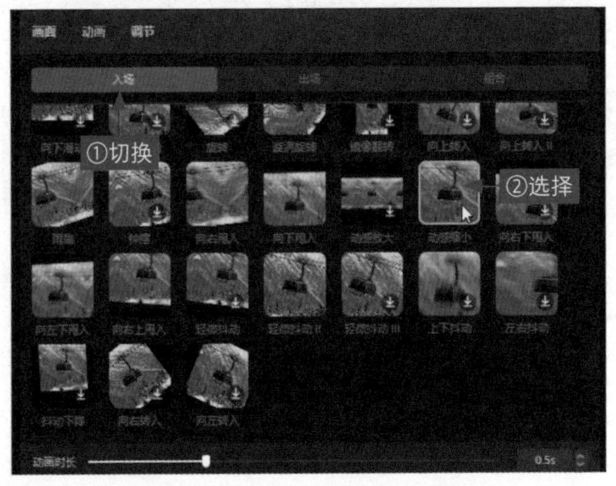

图 9-42　选择“动感缩小”选项

SETP 12 设置“动画时长”参数为1.0s，如图9-43所示。

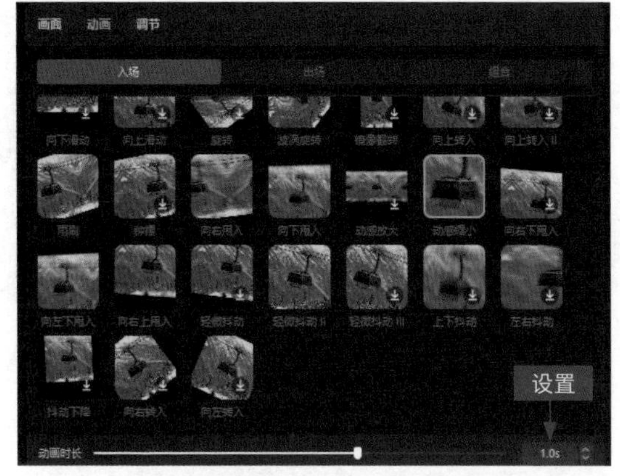

图9-43 设置“动画时长”参数（2）

9.2.5 添加音乐并导出视频

待视频剪辑完成后，为其添加一段合适的背景音乐，可以渲染视频气氛，使视频更具感染力。添加音乐后，即可将成品视频完整导出并保存，下面介绍具体的操作方法。

扫码看教学视频

SETP 01 将时间指示器拖曳至开始位置处，如图9-44所示。

图9-44 拖曳时间指示器

SETP 02 在“媒体”功能区的“本地”选项卡中，选择背景音乐素材并单击按钮，如图9-45所示。

SETP 03 执行上述操作后，即可将背景音乐添加至音频轨道上，如图9-46所示。

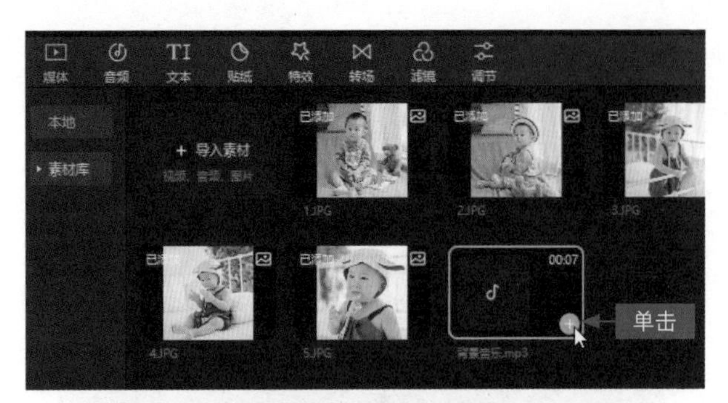

图 9-45 单击背景音乐中的“添加到轨道”按钮

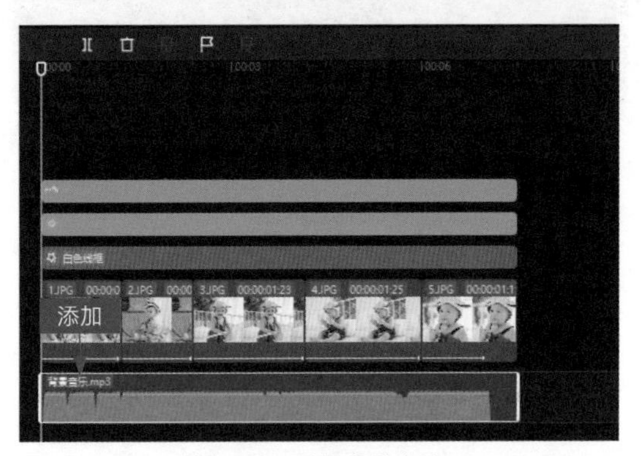

图 9-46 添加背景音乐

SETP 04 在“音频”操作区的“基本”选项卡中，设置“音量”参数为 -8.0dB，稍微降低背景音乐的音量，如图 9-47 所示。

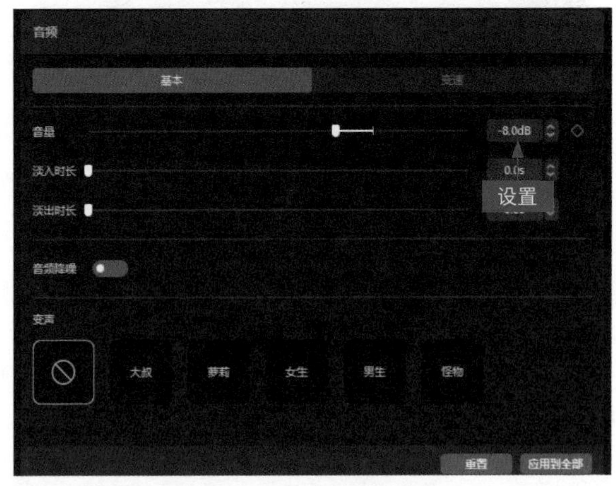

图 9-47 设置“音量”参数

SETP 05 设置“淡入时长”参数为 0.2s，制作音频淡入效果，如图 9-48 所示。

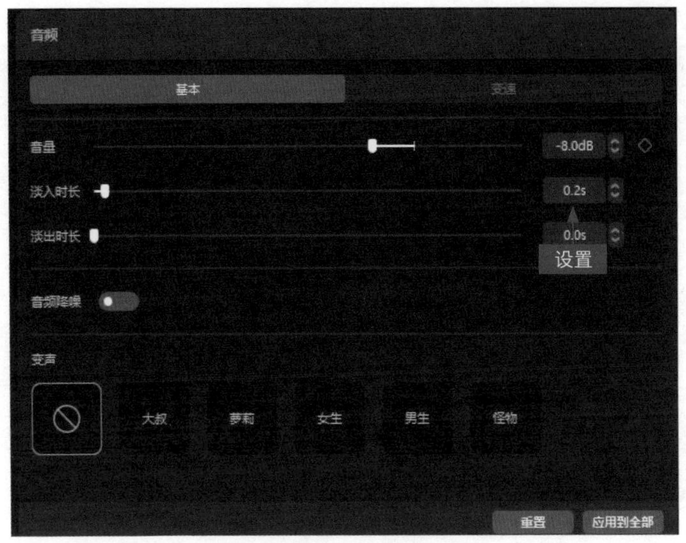

图 9-48　设置“淡入时长”参数

SETP 06 在剪映界面的右上角单击“导出”按钮，如图 9-49 所示。

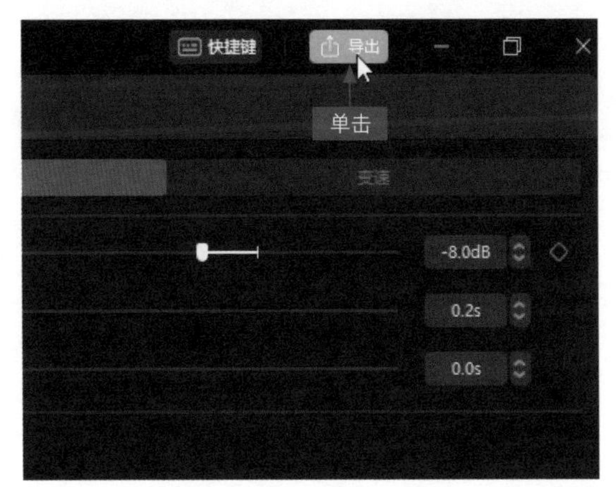

图 9-49　单击“导出”按钮

SETP 07 弹出“导出”对话框，在“作品名称”右侧的文本框中输入视频的名称，如图 9-50 所示。

SETP 08 单击“导出至”右侧的“浏览”按钮，弹出“请选择导出路径”对话框，① 在其中设置视频的保存位置；② 单击“选择文件夹”按钮，如图 9-51 所示。

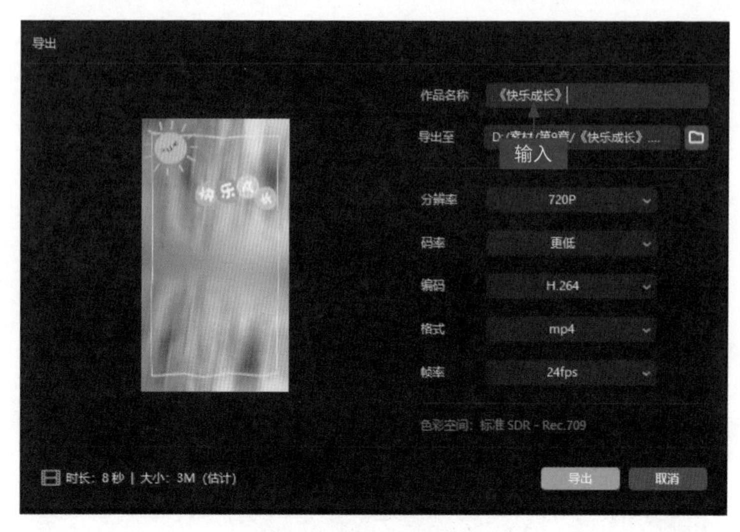

图 9-50 输入视频的名称

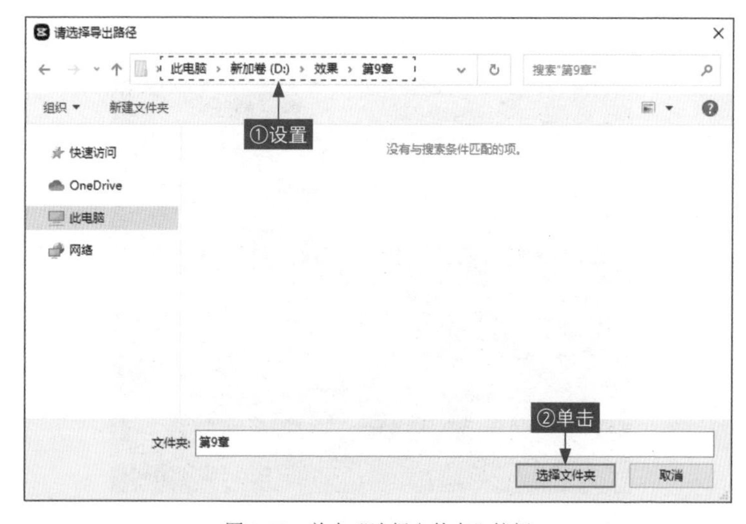

图 9-51 单击“选择文件夹”按钮

SETP 09 在“分辨率”列表框中选择 1080P 选项，如图 9-52 所示。

SETP 10 在“编码”列表框中选择“推荐”选项，如图 9-53 所示。

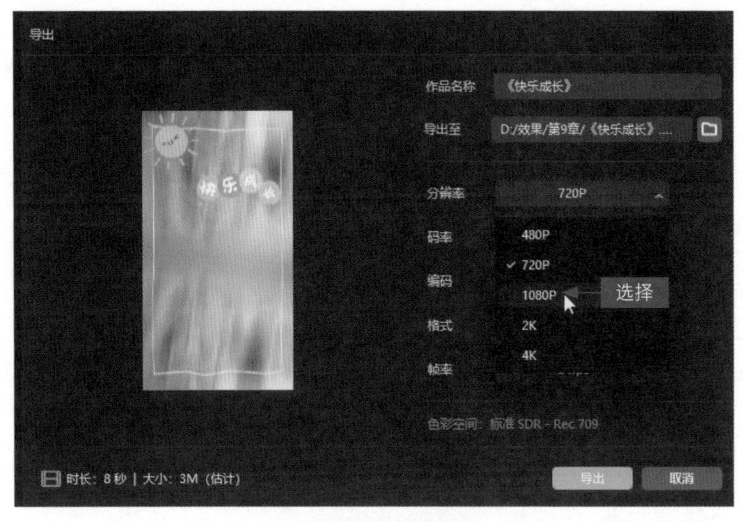

图 9-52　选择 1080P 选项

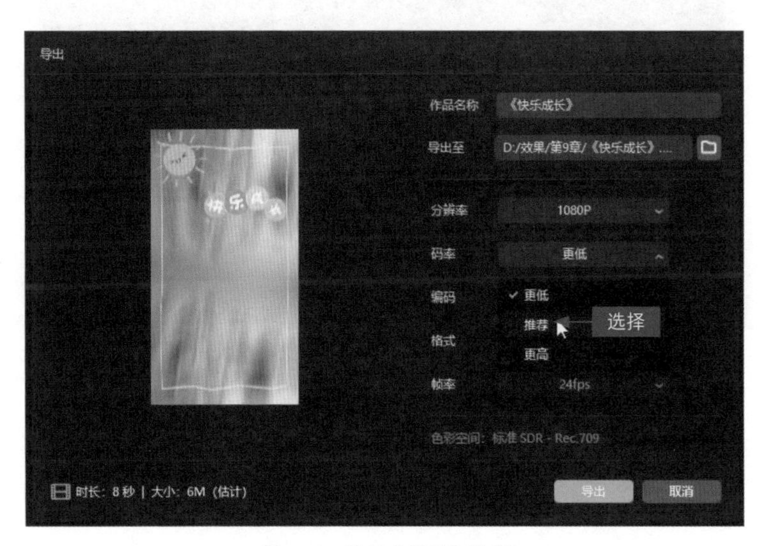

图 9-53　选择“推荐”选项

SETP 11 在“帧率”列表框中选择 30fps 选项，如图 9-54 所示。

SETP 12 单击“导出”按钮，即可开始导出视频并显示导出进度，如图 9-55 所示。稍等片刻，即可将视频导出完成，单击“关闭”按钮，完成视频的导出操作。

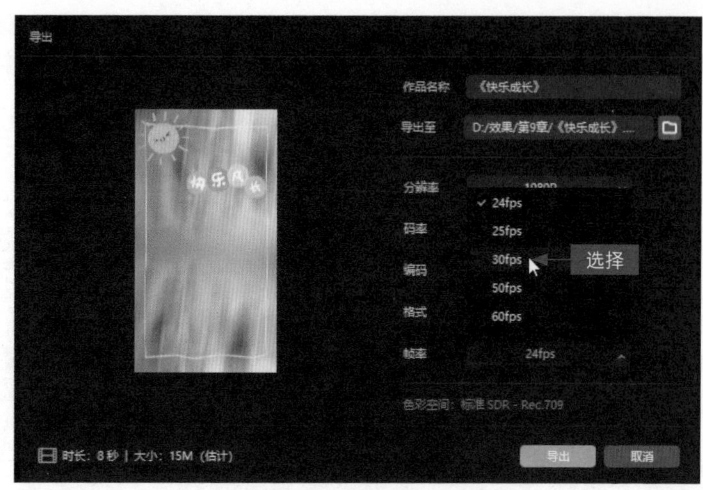

图 9-54　选择 30fps 选项

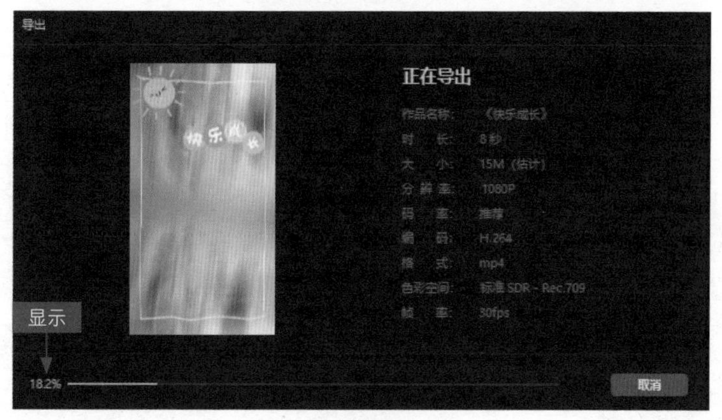

图 9-55　显示导出进度

10

Premiere 案例：制作《古风写真》

◎ **章前知识导读**

现如今，个人写真是越来越受年轻人的喜爱，拍摄的风格也越来越多，有现代风、校园风、民国风、港风以及古风等。还有很多人会把拍摄的写真照片制作成动态的视频，发布在视频平台上。本章主要介绍在 Premiere 中制作案例《古风写真》的操作方法。

◎ **新手重点索引**

效果欣赏

视频制作过程

◎ **效果图片欣赏**

10.1 效果欣赏

在 Premiere 中，用户可以将摄影师拍摄的写真照片巧妙地组合在一起，同时为其添加摇动效果、转场效果、字幕效果以及背景音乐等，并为其制作画中画特效。在制作《古风写真》之前，首先预览项目效果，并掌握项目技术提炼等内容。

10.1.1 效果预览

效果说明

在制作《古风写真》之前，首先带领读者预览《古风写真》视频的画面效果，如图 10-1 所示。

扫码看案例效果

图 10-1　《古风写真》案例效果

10.1.2 技术提炼

进入 Premiere 中，首先导入需要的写真素材，制作古风写真的片头效果；然后添加视频背景画面，制作照片素材的动态效果，将视频与照片合成为画中画，并为叠加素材添加字幕内容；最后制作古风写真片尾效果，渲染输出成品视频。学会以上内容，可以帮助用户更好地学习《古风写真》的制作方法。

10.2 视频制作过程

本节主要介绍《古风写真》的制作全过程，包括导入古风写真素材图像、制作古风写真片头效果、制作古风写真动态效果、制作古风写真片尾效果以及渲染输出制作好的视频等内容，希望读者熟练掌握《古风写真》的制作方法。

10.2.1 导入古风写真素材文件

在 Premiere 中制作《古风写真》，首先需要创建项目文件，然后将古风写真素材导入项目文件中，下面介绍具体的操作方法。

扫码看教学视频

SETP 01 在 Premiere 的“主页”对话框中，单击“新建项目”按钮，如图 10-2 所示。

SETP 02 弹出“新建项目”对话框，① 设置项目的名称和位置；② 单击“确定”按钮，即可创建一个项目文件，如图 10-3 所示。

图 10-2 单击“新建项目”按钮

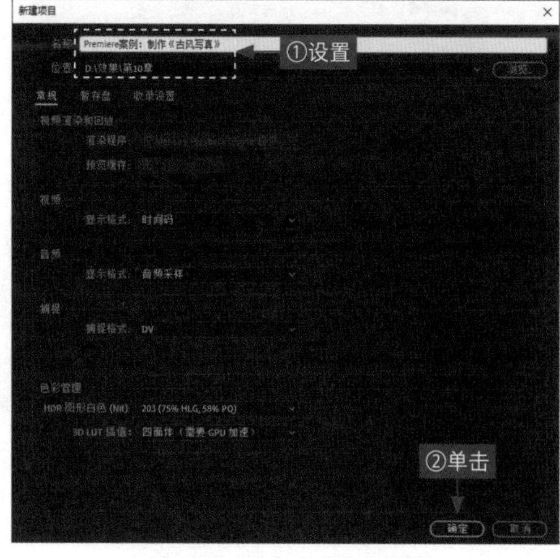

图 10-3 单击“确定”按钮

SETP 03 在“项目”面板的空白位置处单击鼠标右键，在弹出的快捷菜单中选择“新建项目”|“序列”命令，如图 10-4 所示。

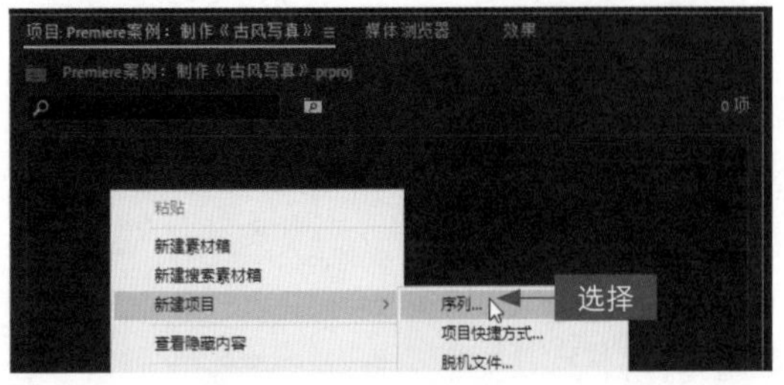

图 10-4　选择“序列”命令

SETP 04 弹出“新建序列”对话框，设置“序列名称”为“古风写真”，如图 10-5 所示。

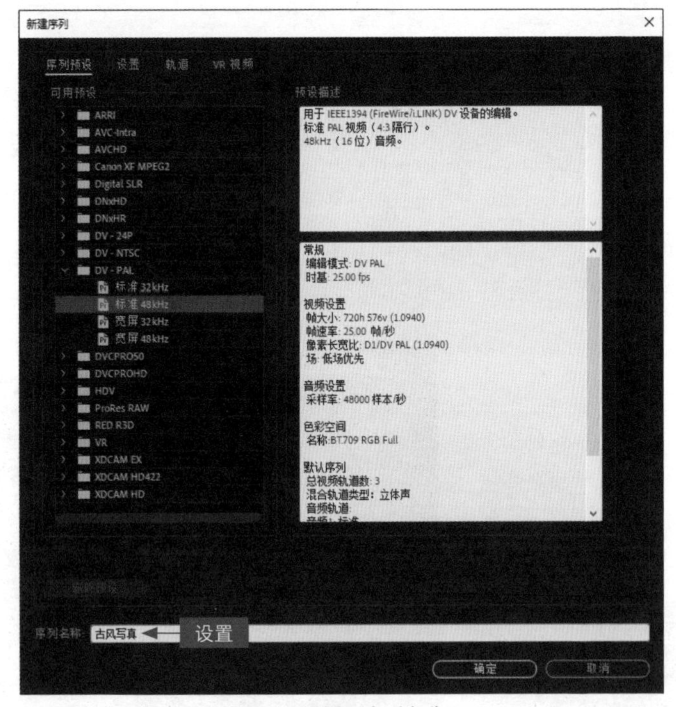

图 10-5　设置“序列名称”

SETP 05 切换至“设置”选项卡，如图 10-6 所示。

SETP 06 ① 单击“编辑模式”右侧的下拉按钮；② 在弹出的下拉列表框中选择“自定义”选项，如图 10-7 所示。

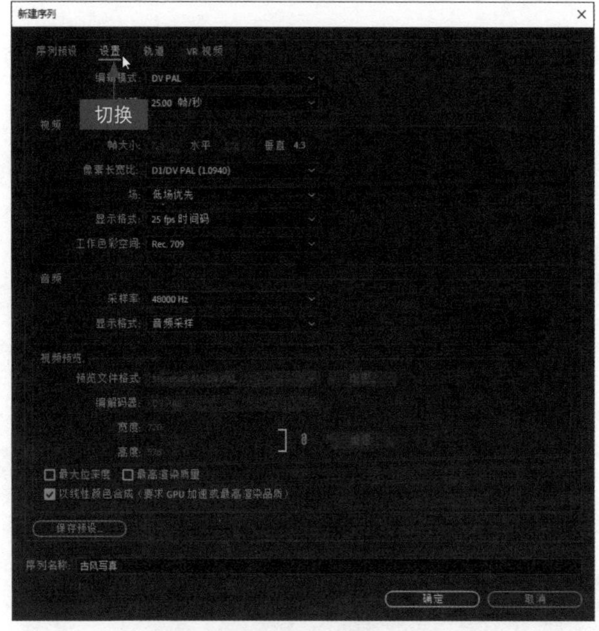

图 10-6　切换至“设置”选项卡

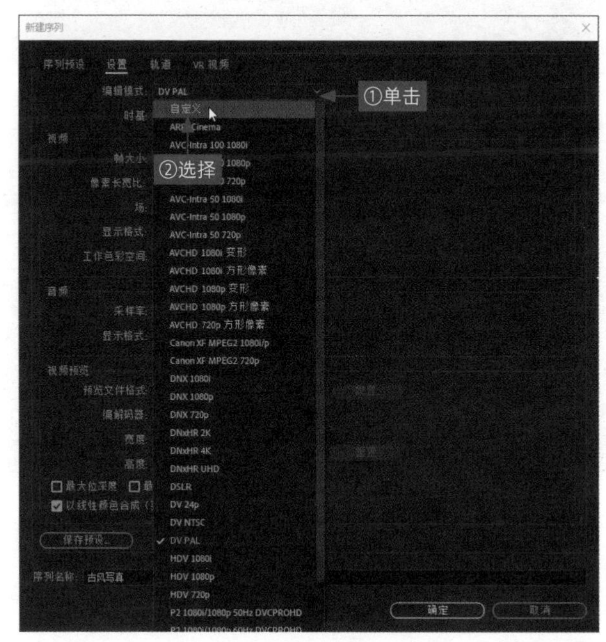

图 10-7　选择“自定义”选项

SETP 07 ① 单击“像素长宽比”右侧的下拉按钮；② 在弹出的列表框中选择“D1/DV PAL 宽银幕 16:9（1.4587）”选项，如图 10-8 所示。

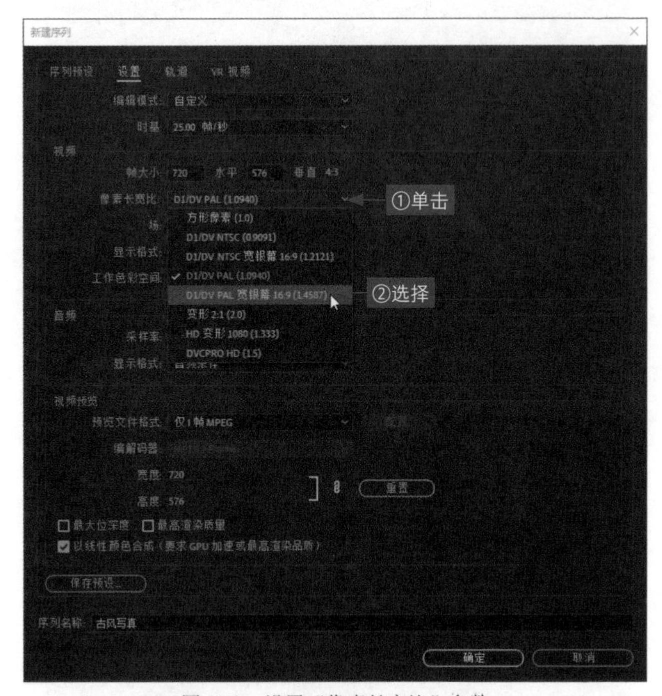

图 10-8 设置“像素长宽比”参数

SETP 08 单击“确定”按钮后，即可新建一个项目序列，如图 10-9 所示。

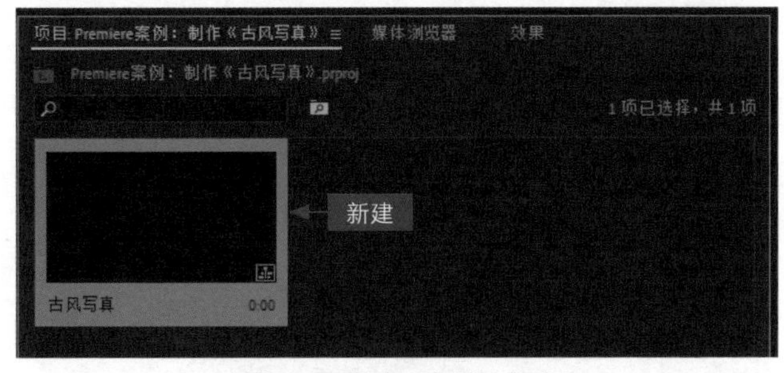

图 10-9 新建一个项目序列

SETP 09 在“项目”面板的空白位置处单击鼠标右键，在弹出的快捷菜单中选择“导入”命令，如图 10-10 所示。

SETP 10 弹出“导入”对话框，选择需要导入的素材文件，如图 10-11 所示。

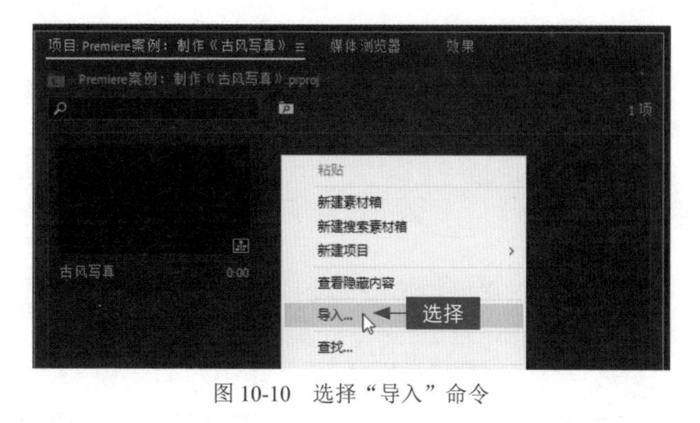

图 10-10　选择“导入”命令

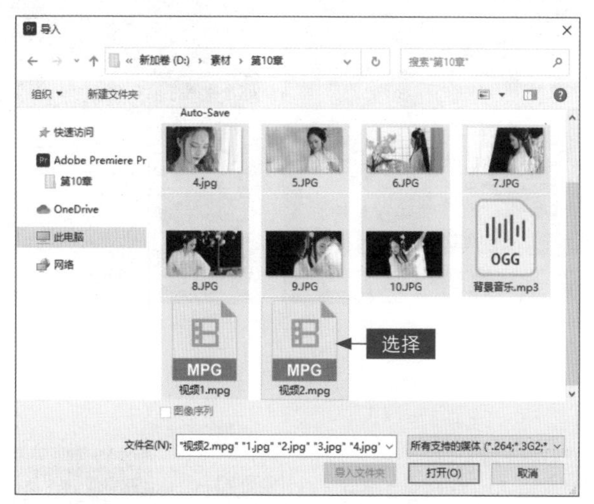

图 10-11　选择需要导入的素材文件

SETP 11 单击“打开”按钮，即可将素材导入“项目”文件中，效果如图 10-12 所示。

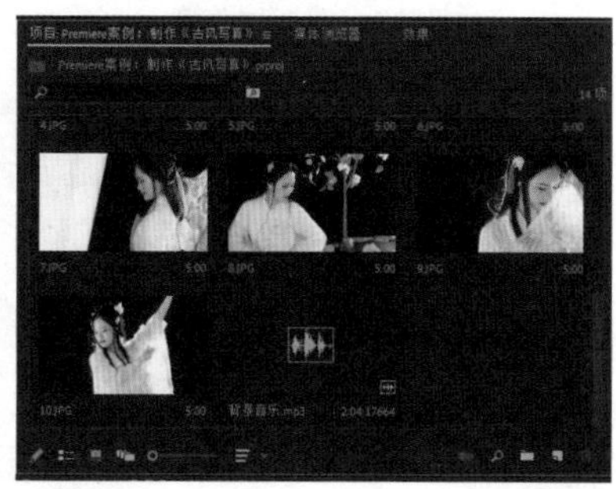

图 10-12　将素材导入“项目”文件中

10.2.2 制作古风写真片头效果

随着数码科技的不断发展和数码相机的进一步普及，人们逐渐开始为视频制作绚丽的片头，让原本单调的视频效果变得更加丰富。下面介绍制作古风写真片头效果的操作方法。

扫码看教学视频

SETP 01 在“项目”面板中选择“视频 1.mpg”素材文件，如图 10-13 所示。

SETP 02 将选择的视频素材拖曳至 V1 轨道中，如图 10-14 所示。

图 10-13 选择“视频 1.mpg”素材文件

图 10-14 拖曳视频素材

SETP 03 在素材上单击鼠标右键，在弹出的快捷菜单中选择“取消链接”命令，断开视频与音频的链接，如图 10-15 所示。

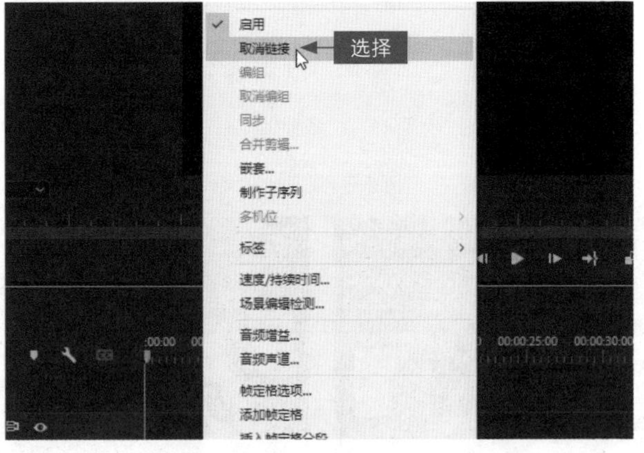

图 10-15 选择“取消链接”命令

SETP 04 将音频删除后，调整视频持续时间为 00:00:10:00，如图 10-16 所示。

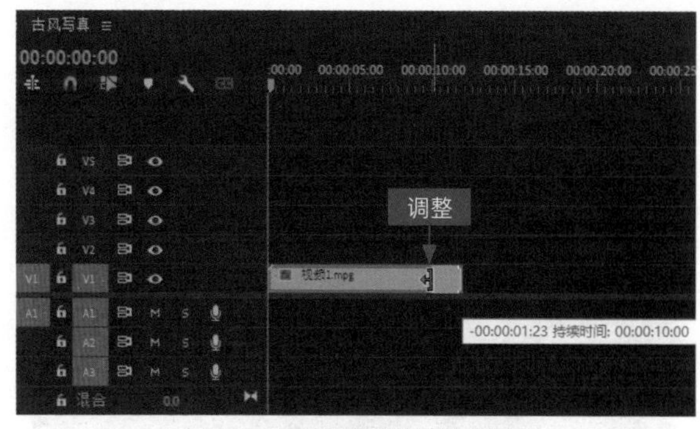

图 10-16 调整视频持续时间

SETP 05 在“工具箱”面板中选取文字工具T，如图 10-17 所示。

SETP 06 在“节目监视器”面板中单击鼠标左键，即可新建一个字幕文本框，在其中输入视频主题“古 风 写 真”，如图 10-18 所示。

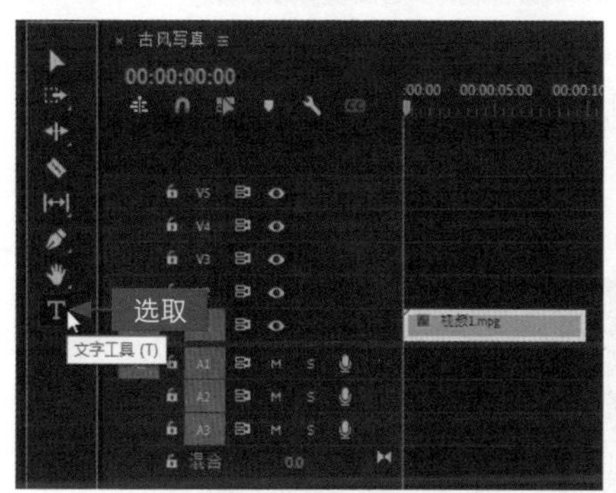

图 10-17 选取文字工具

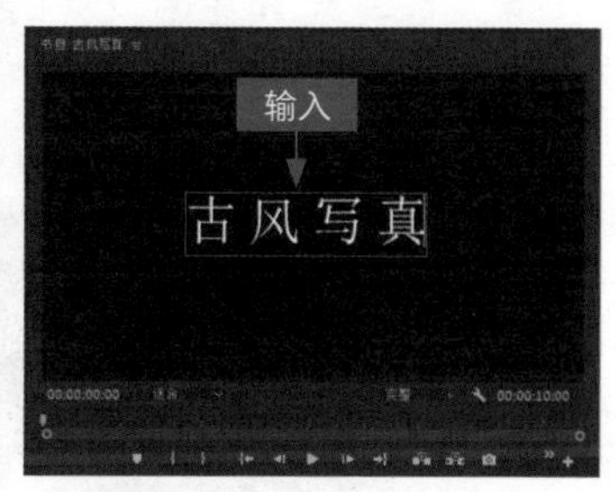

图 10-18 输入视频主题

SETP 07 在“效果控件”面板中，① 设置字幕文件的“字体”为“隶书”；② 设置“字体大小”为 100，如图 10-19 所示。

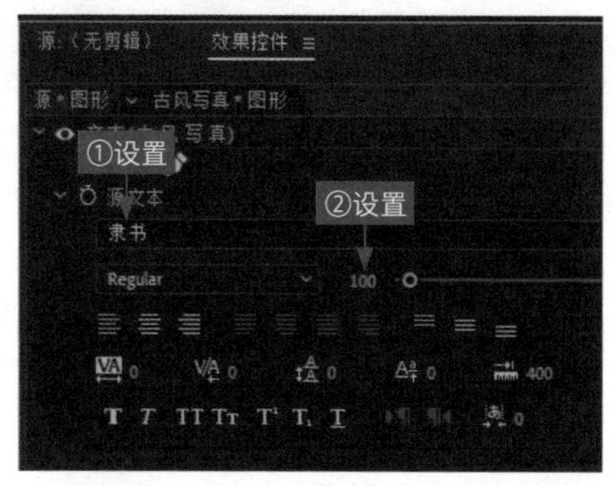

图 10-19 设置“字体大小”参数

SETP 08 在“外观”选项区中，单击“填充”颜色色块，如图 10-20 所示。

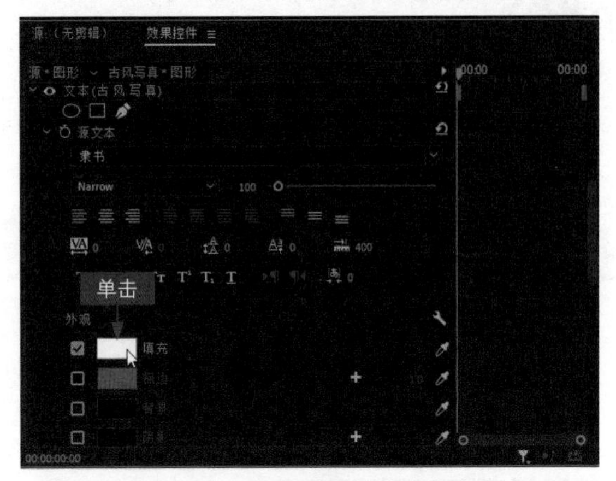

图 10-20　单击“填充”颜色色块

SETP 09 弹出“拾色器”对话框，① 设置 RGB 为（246、237、6）；② 单击“确定”按钮，如图 10-21 所示。

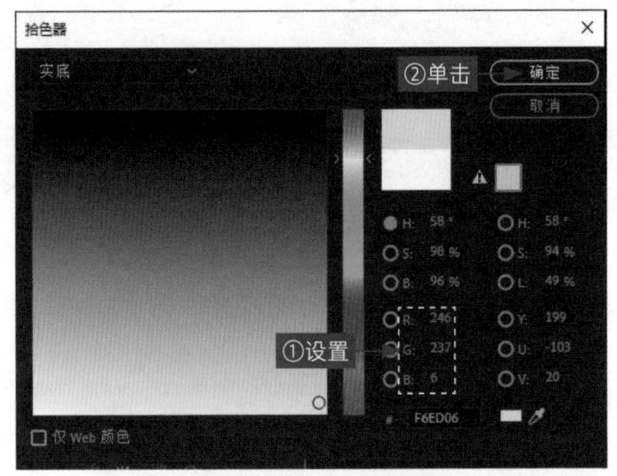

图 10-21　单击“确定”按钮（1）

SETP 10 在“效果控件”面板中，① 选中“描边”复选框；② 单击“描边”颜色色块，如图 10-22 所示。

SETP 11 弹出“拾色器”对话框，① 设置 RGB 为（238、20、20）；② 单击“确定”按钮，如图 10-23 所示。

SETP 12 ① 设置“描边宽度”为 6.0；② 选中“阴影”复选框；③ 在“阴影”下方的选项区中设置“距离”为 7.0，如图 10-24 所示。

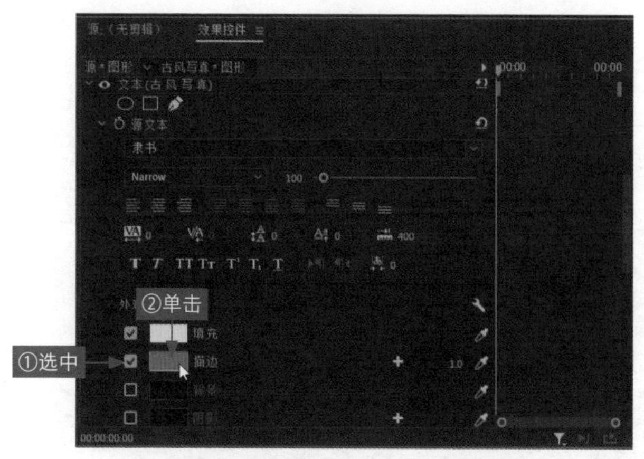

图 10-22 单击“描边”颜色色块

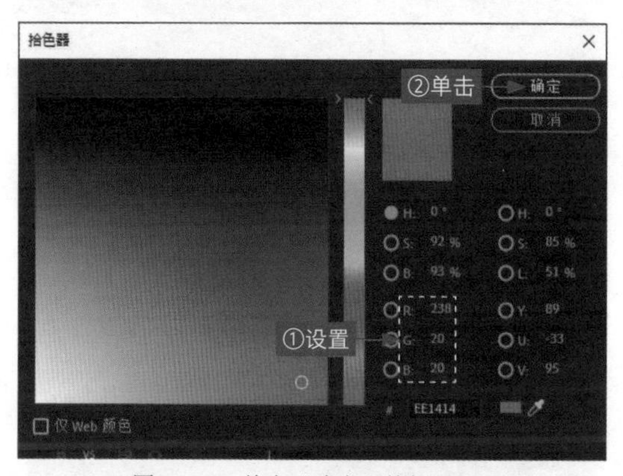

图 10-23 单击“确定”按钮（2）

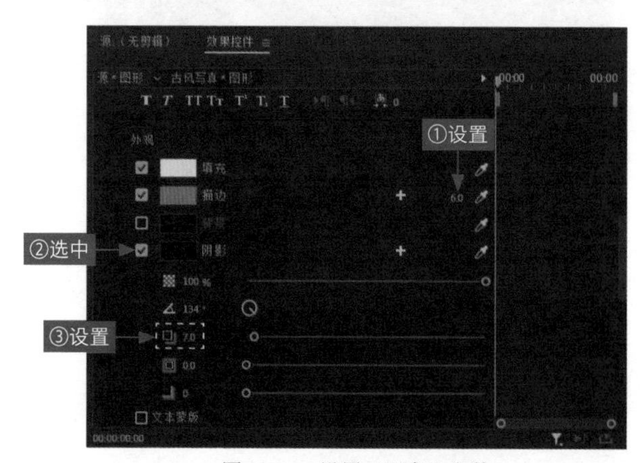

图 10-24 设置“距离”参数

SETP 13 执行上述操作后，在“变换”选项区中设置“位置”为（190.0、310.0），如图10-25所示。

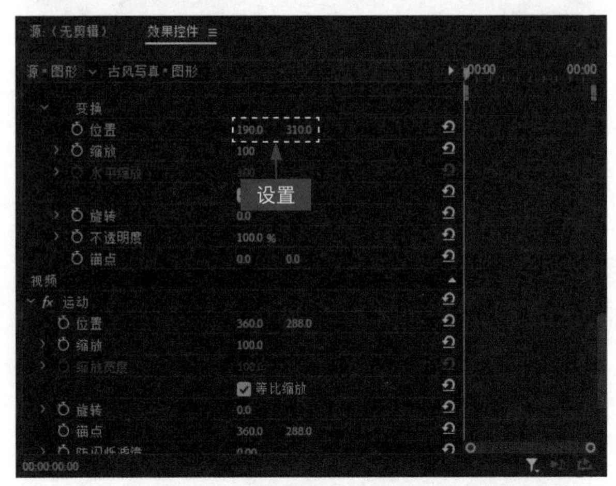

图10-25 设置“位置”参数

SETP 14 在“效果”面板中，① 展开“视频效果”|“变换”面板；② 选择“裁剪”选项，双击鼠标左键，即可为字幕文件添加“裁剪”特效，如图10-26所示。

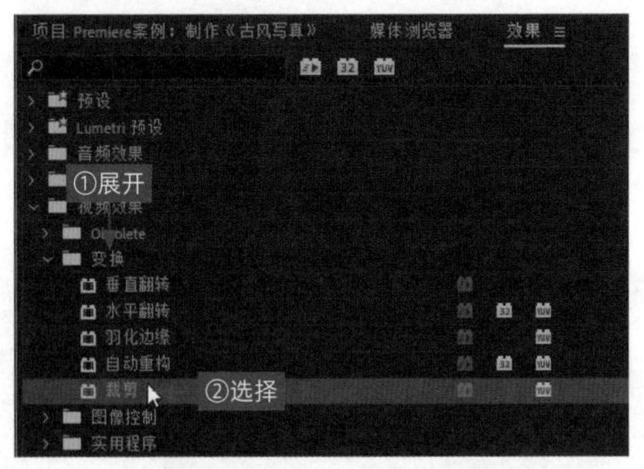

图10-26 选择“裁剪”选项

SETP 15 在“效果控件”面板的“裁剪”选项区中，① 单击“右侧”和“底部”左侧的“切换动画”按钮；② 并设置“右侧”参数为100.0%、“底部”参数为65.0%；③ 添加第1组关键帧，如图10-27所示。

SETP 16 ① 将时间指示器拖曳至00:00:04:00位置处；② 设置“右侧”参数为10.0%、“底部”参数为25.0%；③ 添加第2组关键帧，如图10-28所示。

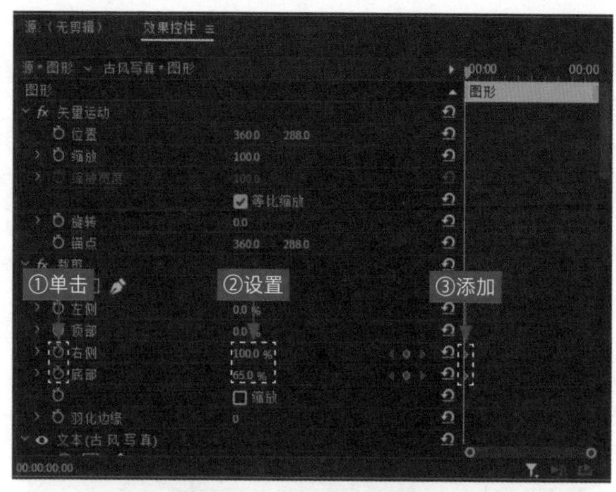

图 10-27　添加第 1 组关键帧

图 10-28　添加第 2 组关键帧

SETP 17 在“节目监视器”面板中单击“播放 - 停止切换”按钮▶，即可预览古风写真片头效果，如图 10-29 所示。

图 10-29　预览片头效果

10.2.3 制作古风写真动态效果

《古风写真》是以照片预览为主的动画视频，因此用户需要准备大量的写真照片素材，并为照片添加相应动态效果。下面介绍制作古风写真动态效果的操作方法。

扫码看教学视频

SETP 01 在“项目”面板中选择“视频 2.mpg”素材文件，如图 10-30 所示。

图 10-30　选择“视频 2.mpg”素材文件

SETP 02 将选择的视频素材拖曳至 V1 轨道中，添加背景素材，如图 10-31 所示。

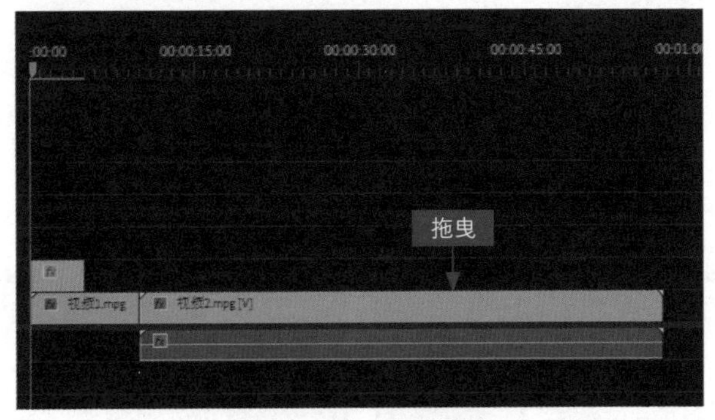

图 10-31　拖曳视频素材

SETP 03 将链接的音频删除后，调整视频持续时间为 00:00:44:13，效果如图 10-32 所示。

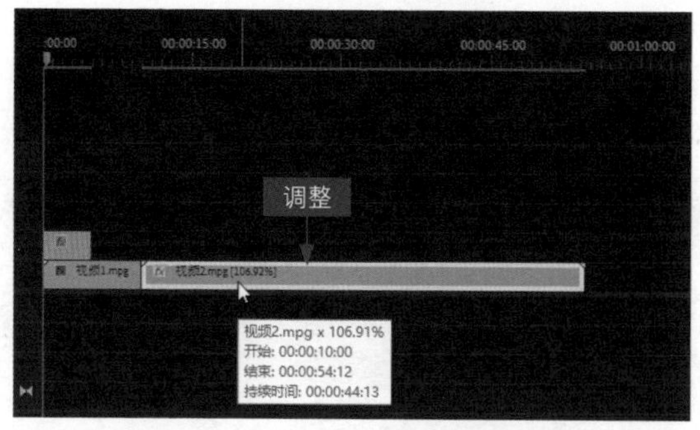

图 10-32　调整视频持续时间后的效果

SETP 04 在"项目"面板中选择 1.JPG 素材文件，如图 10-33 所示。

图 10-33　选择 1.JPG 素材文件

SETP 05 将 1.JPG 素材文件拖曳至 V2 轨道中的合适位置处，如图 10-34 所示。

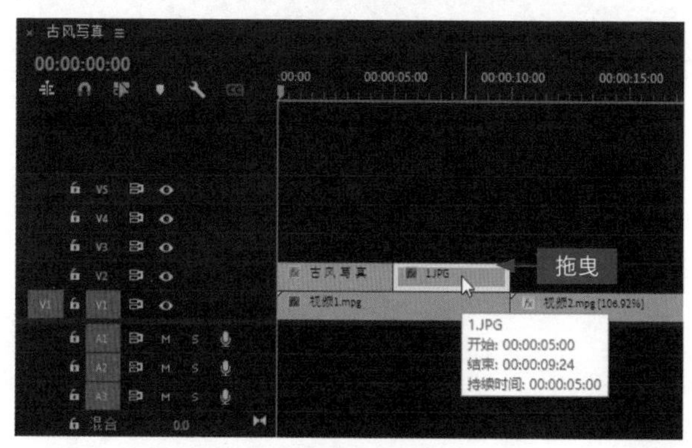

图 10-34　拖曳 1.JPG 素材文件

SETP 06 调整 JPG 素材的持续时间为 00:00:04:00，如图 10-35 所示。

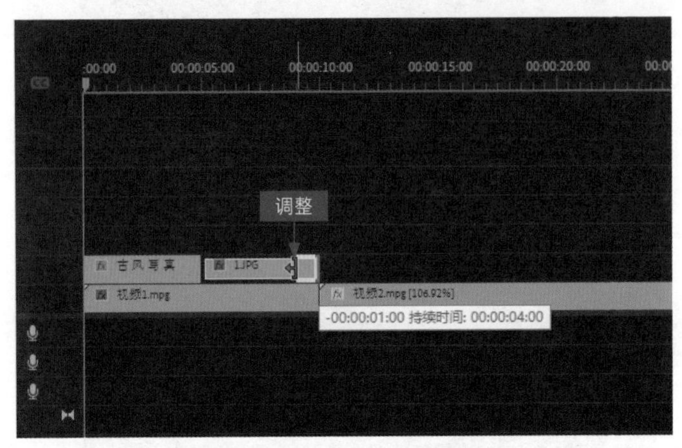

图 10-35　调整 1.JPG 素材的持续时间

SETP 07 ① 选择 1.JPG 素材文件；② 拖曳时间指示器至 00:00:05:00 位置处，如图 10-36 所示。

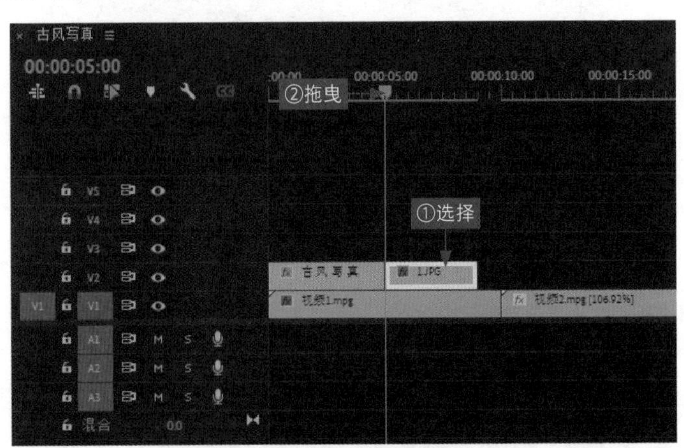

图 10-36　拖曳时间指示器

SETP 08 在“效果控件”面板中，① 单击“位置”和“缩放”左侧的“切换动画”按钮；② 并设置“位置”为（360.0、288.0）、“缩放”为 60.0；③ 添加第 1 组关键帧，如图 10-37 所示。

SETP 09 ① 拖曳时间指示器至 00:00:07:13 位置处；② 设置“位置”为（500.0、288.0）、“缩放”为 40.0；③ 添加第 2 组关键帧，如图 10-38 所示。

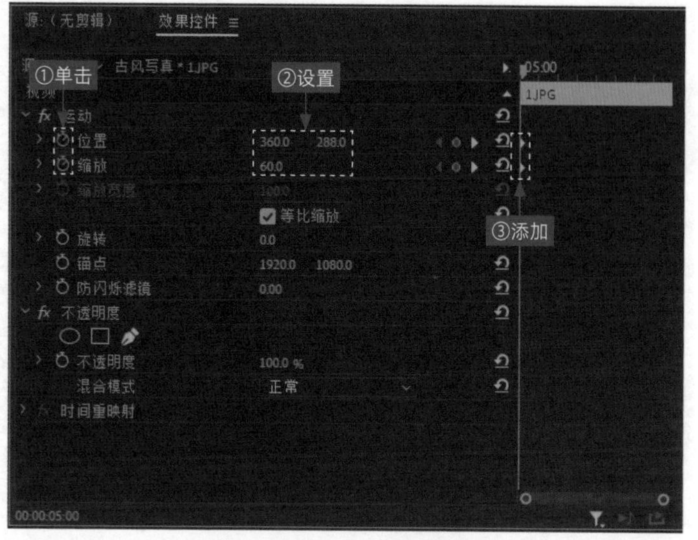

图 10-37　添加第 1 组关键帧

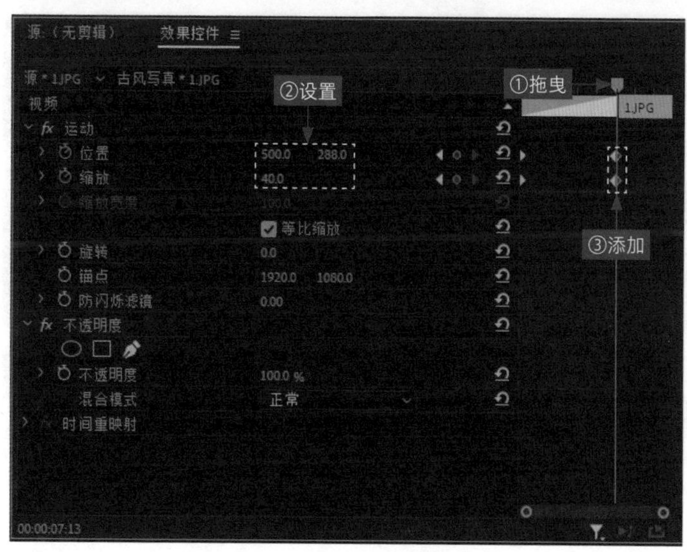

图 10-38　添加第 2 组关键帧

SETP 10 ① 在“效果”面板中展开“视频过渡”|“溶解”选项；② 选择“交叉溶解”效果，如图 10-39 所示。

SETP 11 拖曳“交叉溶解”效果至 V2 轨道中的 1.JPG 素材上，如图 10-40 所示。

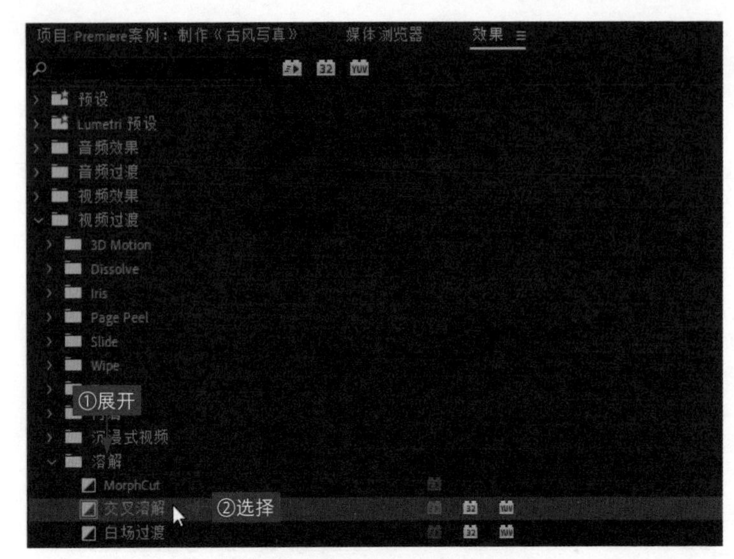

图 10-39 选择“交叉溶解”效果

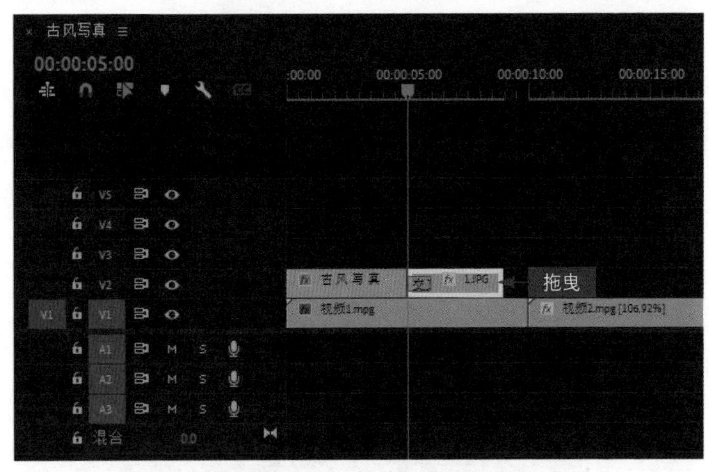

图 10-40 拖曳“交叉溶解”效果

SETP 12 选择添加的“交叉溶解”效果，在“效果控件”面板中设置“持续时间”为 00:00:02:15，如图 10-41 所示。

SETP 13 ① 单击文字工具 T 右下角的下拉按钮；② 在弹出的列表中选择“垂直文字工具”选项，如图 10-42 所示。

SETP 14 在“节目监视器”面板中单击鼠标左键，新建一个竖向字幕文本框，在其中输入字幕内容“花容月貌”，如图 10-43 所示。

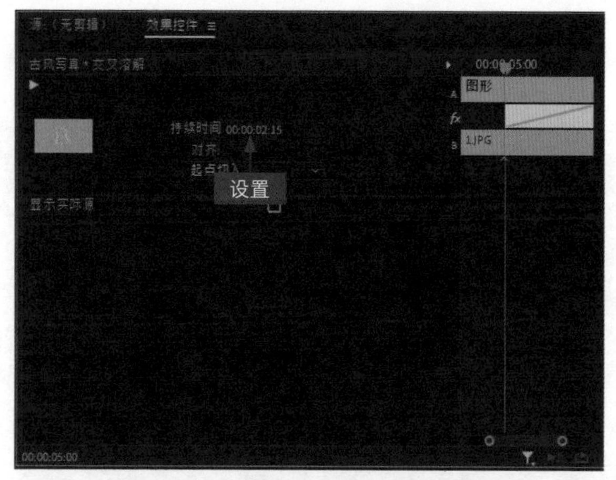

图 10-41　设置“交叉溶解”效果的时长

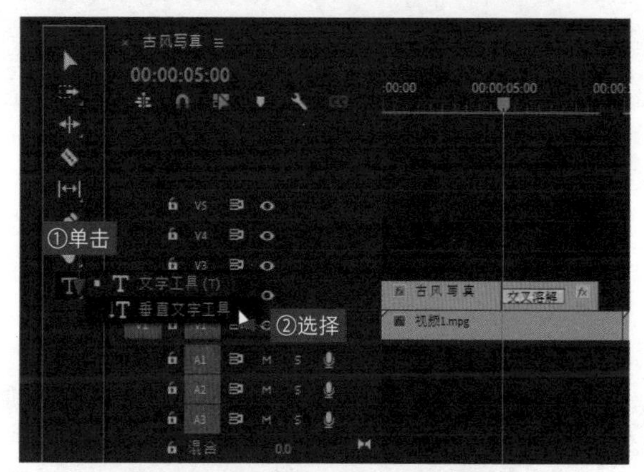

图 10-42　选择“垂直文字工具”选项

图 10-43　输入字幕内容

SETP 15 在“效果控件”面板中，① 设置字幕文件的“字体”为“楷体”；② 设置“字体大小”为 71，如图 10-44 所示。

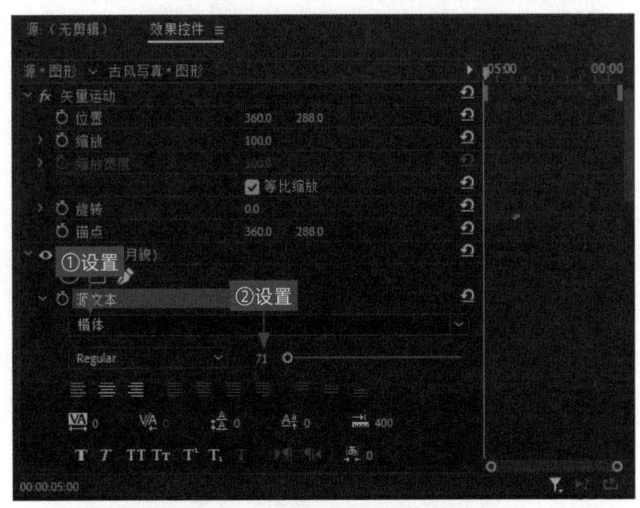

图 10-44　设置“字体大小”参数

SETP 16 在“外观”选项区中，① 设置“填充”颜色为白色；② 选中“描边”复选框；③ 设置“描边”颜色为红色；④ 设置“描边宽度”为 5.0；⑤ 选中“阴影”复选框；⑥ 在“阴影”下方的选项区中设置“距离”为 7.0，如图 10-45 所示。

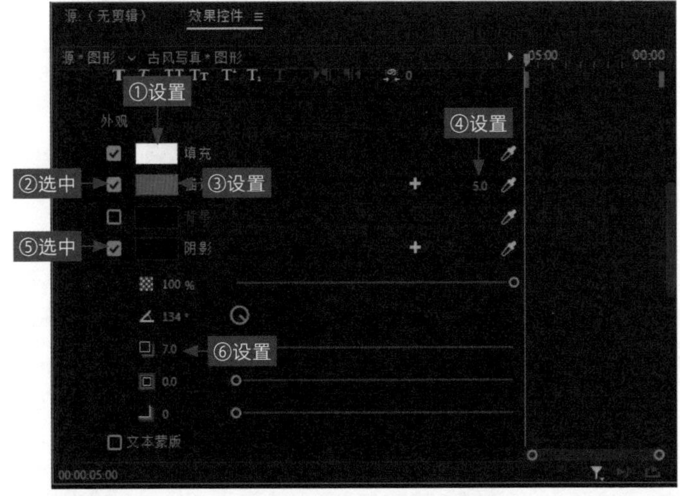

图 10-45　设置“距离”参数

SETP 17 在“变换”选项区中，① 单击“位置”和“不透明度”左侧的“切换动画”按钮；② 并设置“位置”参数为（-27.0、70.0）、“不透明度”参数为 0.0%；③ 添加第 1 组字幕关键帧，如图 10-46 所示。

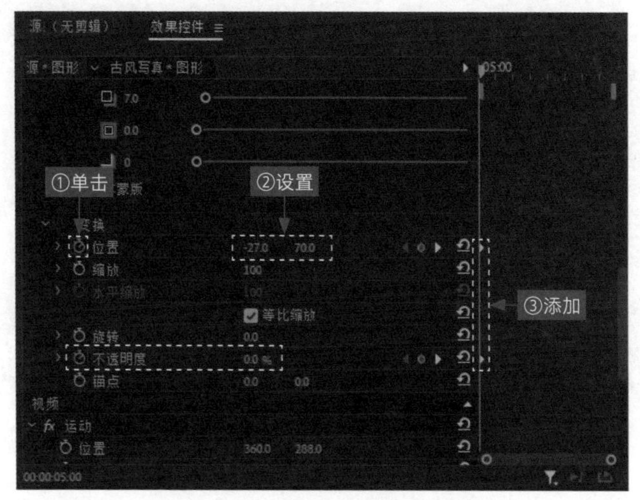

图 10-46　添加第 1 组字幕关键帧

SETP 18 ① 将时间指示器拖曳至 00:00:07:13 位置处；② 设置“位置”参数为（110.0、70.0）、“不透明度”参数为 100.0%；③ 添加第 2 组字幕关键帧，如图 10-47 所示。

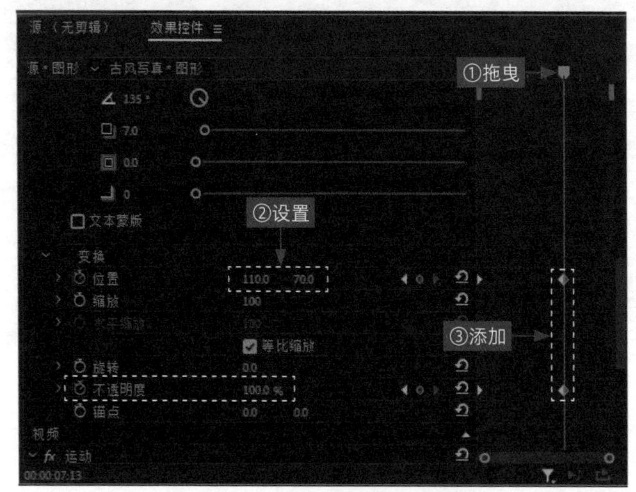

图 10-47　添加第 2 组字幕关键帧

SETP 19 执行上述操作后，调整字幕的持续时间为 00:00:04:00，如图 10-48 所示。

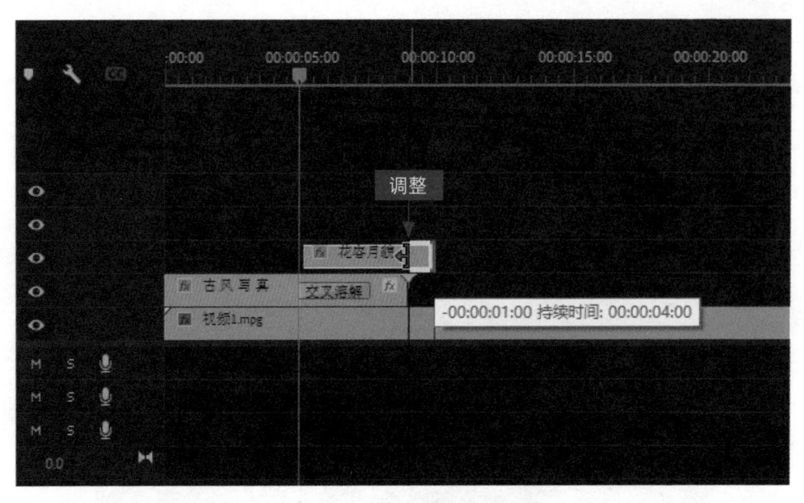

图 10-48 调整字幕的持续时间

SETP 20 用与上同样的方法，在“项目”面板中依次选择 2.JPG ～ 10.JPG 图像素材，并拖曳至 V2 轨道中的合适位置处，设置运动效果，并添加“交叉溶解”特效以及字幕文件，“时间轴”面板效果如图 10-49 所示。

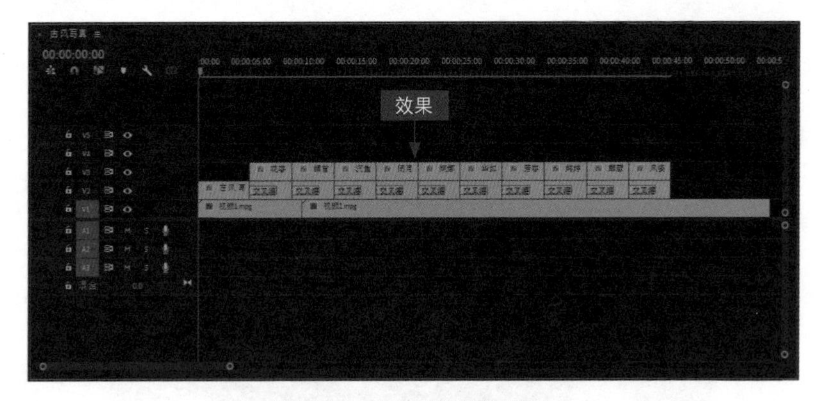

图 10-49 “时间轴”面板效果

SETP 21 在“节目监视器”面板中单击“播放 - 停止切换”按钮▶，即可预览古风写真动态效果，如图 10-50 所示。

图 10-50　预览古风写真动态效果

10.2.4　制作古风写真片尾效果

在 Premiere 中，当《古风写真》视频的剪辑接近尾声时，用户便可以开始制作《古风写真》视频的片尾了，下面主要为《古风写真》视频的片尾添加字幕效果，再次点明视频的主题。

扫码看教学视频

SETP 01 将时间指示器拖曳至00:00:45:00的位置处，如图 10-51 所示。

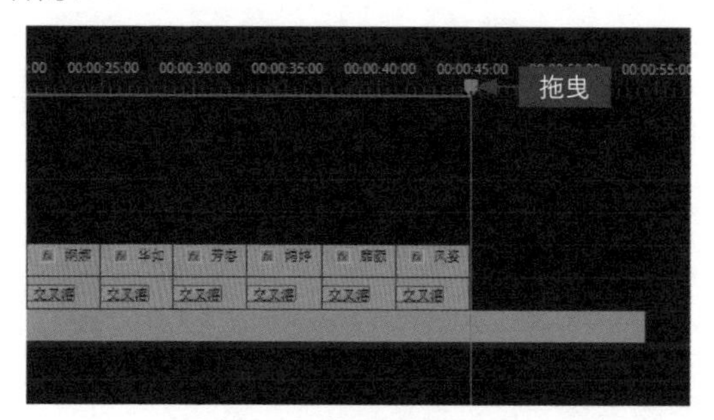

图 10-51　拖曳时间指示器

SETP 02 在“工具箱”面板中选取文字工具T，如图 10-52 所示。

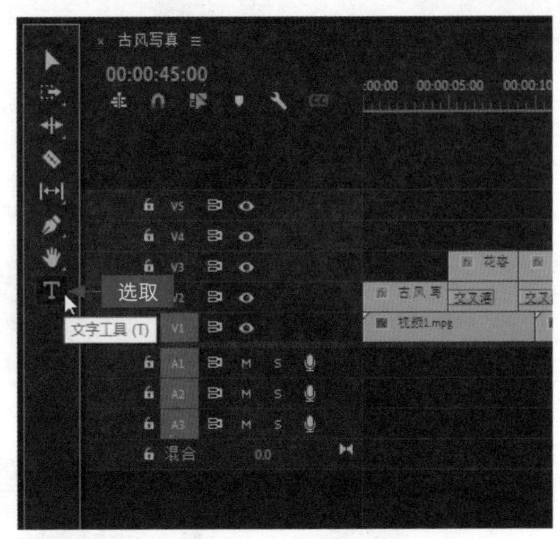

图 10-52　选取文字工具

SETP 03 在“节目监视器”面板中单击鼠标左键，即可新建一个字幕文本框，在其中输入视频片尾字幕，如图 10-53 所示。

图 10-53　输入视频片尾字幕

SETP 04 在“效果控件”面板中，① 设置字幕文件的“字体”为“楷体”；② 设置“字体大小”为 60，如图 10-54 所示。

SETP 05 在“外观”选项区中，① 设置“填充”颜色为白色；② 选中“描边”复选框；③ 设置“描边”颜色为红色；④ 设置“描边宽度”为 5.0；⑤ 选中“阴影”复选框；⑥ 设置“距离”为 7.0，如图 10-55 所示。

SETP 06 在“节目监视器”面板中，① 将时间切换至 00:00:45:00 位置处；② 查看字幕制作效果，如图 10-56 所示。

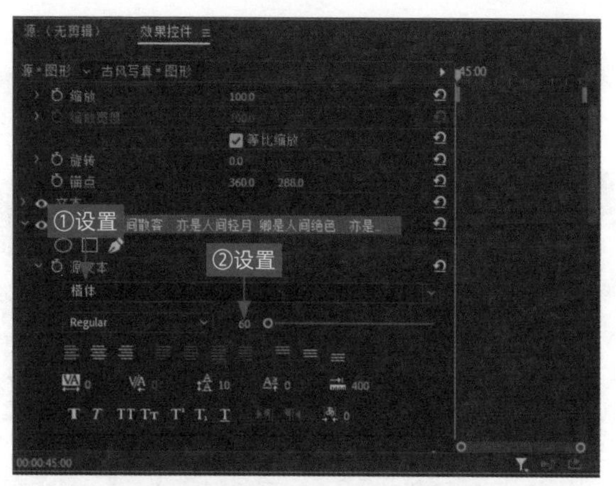

图 10-54　设置“字体大小”参数

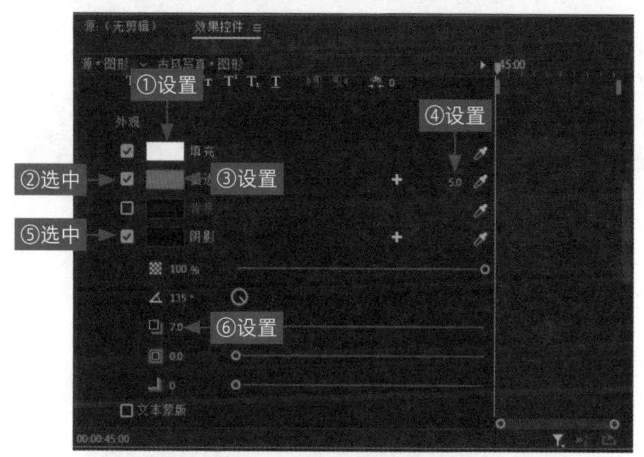

图 10-55　设置视频片尾字幕

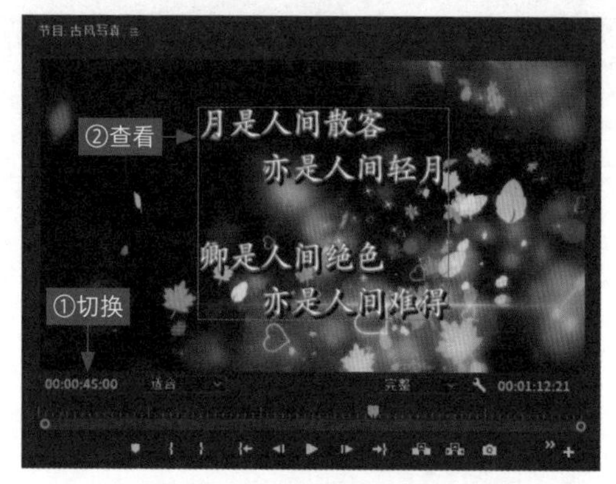

图 10-56　查看字幕制作效果

SETP 07 在“变换”选项区中，①单击“位置”左侧的“切换动画”按钮；②并设置“位置”参数为（210.0、650.0）；③添加第1个关键帧，如图10-57所示。

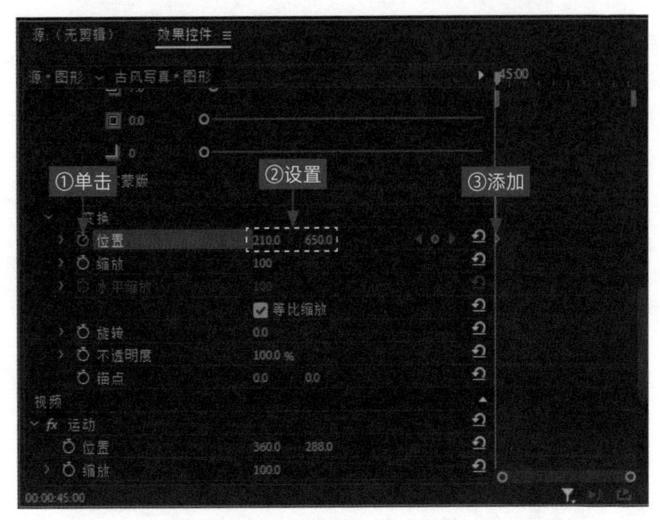

图10-57 添加第1个关键帧

SETP 08 在“节目监视器”面板中，①将时间切换至00:00:48:00位置处；②查看字幕移出画面后的效果，如图10-58所示。

图10-58 查看字幕移出画面效果

SETP 09 在“变换”选项区中，①设置“位置”参数为（210.0、140.0）；②添加第2个关键帧，如图10-59所示。

SETP 10 ①将时间指示器切换至00:00:51:00位置处；②单击“添

加 / 移除关键帧”按钮；③ 添加第 3 个关键帧，如图 10-60 所示。

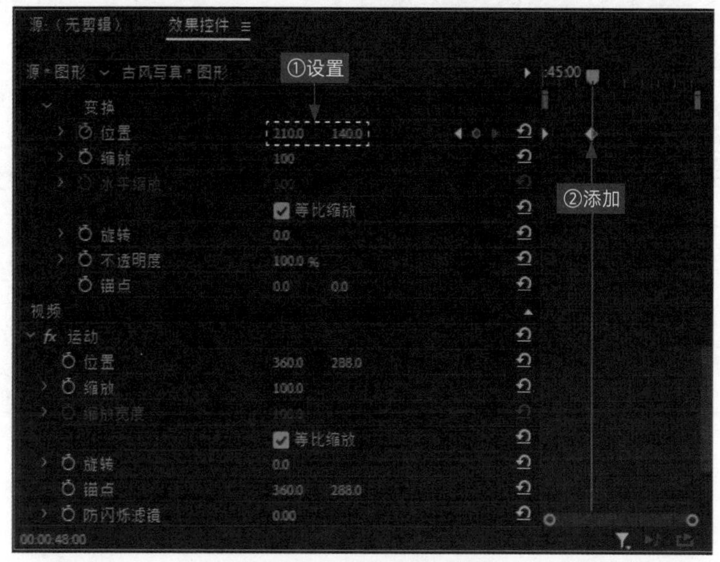

图 10-59　添加第 2 个关键帧

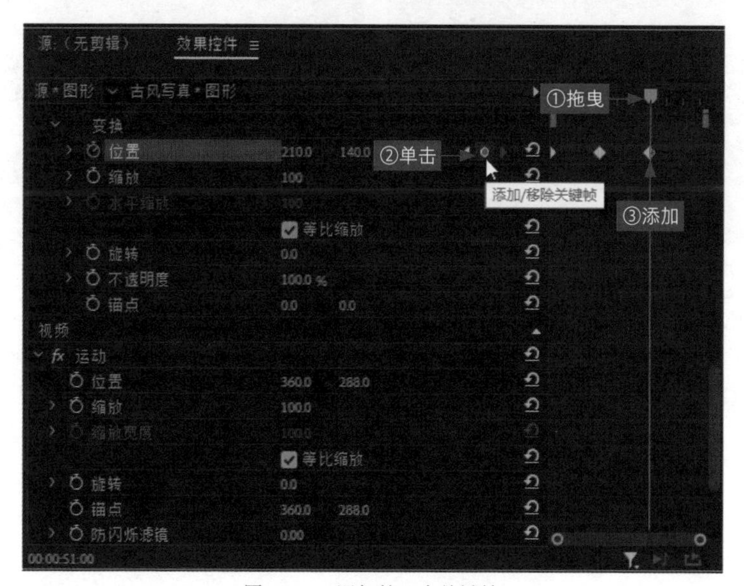

图 10-60　添加第 3 个关键帧

SETP 11 ① 将时间指示器拖曳至 00:00:54:11 位置处；② 设置“位置”参数为（210.0、-350.0）；③ 添加第 4 个关键帧，如图 10-61 所示。

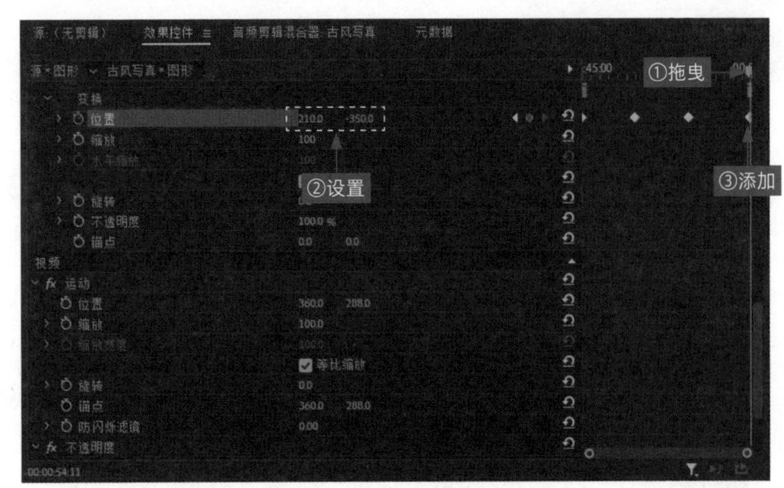

图 10-61　添加第 4 个关键帧

SETP 12 在“节目监视器”面板中单击“播放 - 停止切换”按钮▶，即可预览制作的片尾效果，如图 10-62 所示。

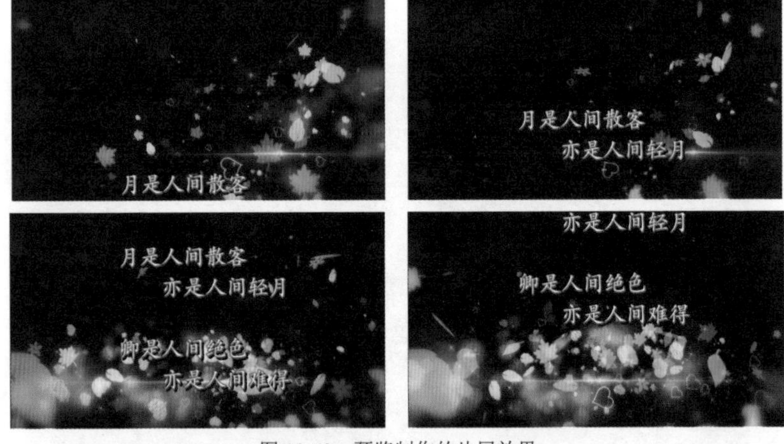

图 10-62　预览制作的片尾效果

10.2.5　渲染输出制作好的视频

扫码看教学视频

《古风写真》视频的片尾动画制作完成后，接下来介绍视频后期的背景音乐编辑与视频的输出操作。

SETP 01 将时间指示器拖曳至视频的开始位置处，如图 10-63 所示。

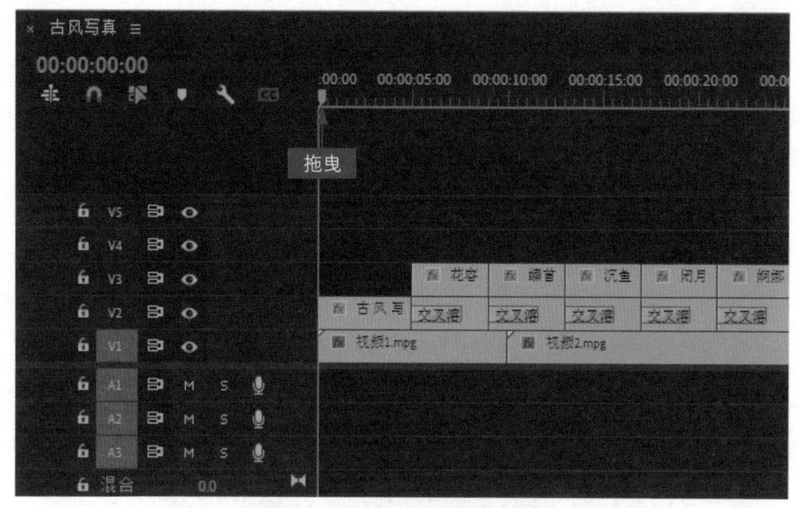

图 10-63　拖曳时间指示器（1）

SETP 02 在“项目”面板中选择背景音乐素材，如图 10-64 所示。

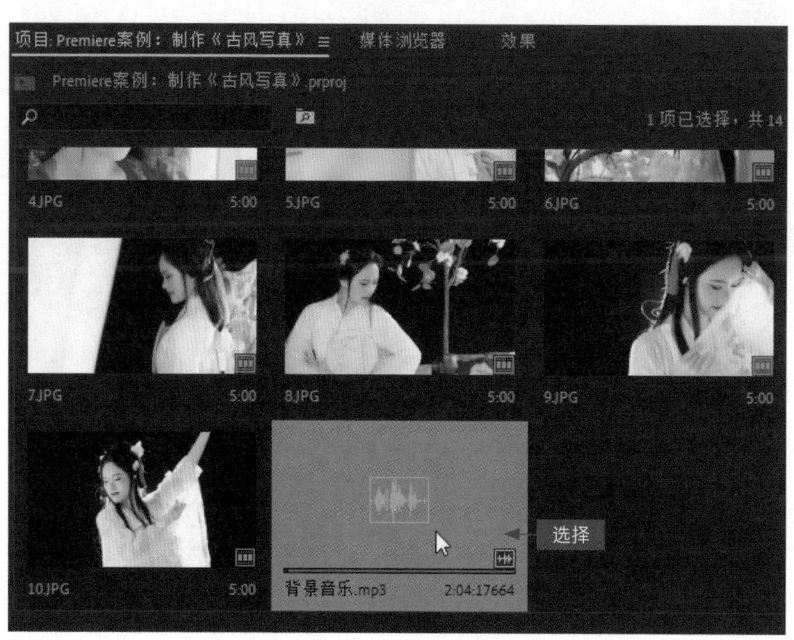

图 10-64　选择背景音乐素材

SETP 03 按住鼠标左键并将背景音乐拖曳至 A1 轨道中，如图 10-65 所示。

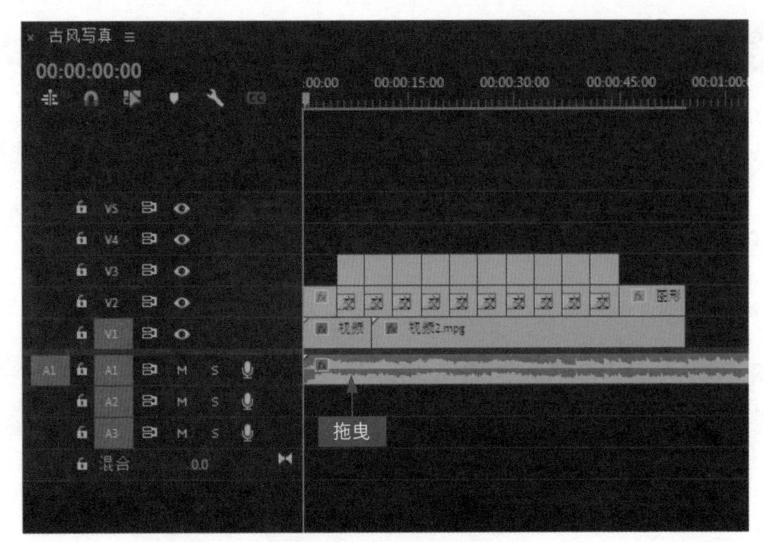

图 10-65　拖曳背景音乐

SETP 04 将时间指示器拖曳至 00:00:54:11 的位置处，如图 10-66 所示。

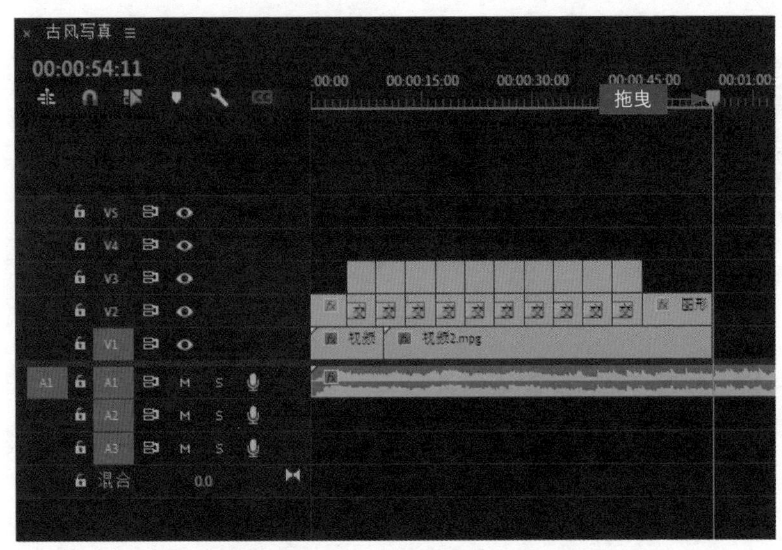

图 10-66　拖曳时间指示器（2）

SETP 05 在“工具箱”面板中选取剃刀工具，如图 10-67 所示。

SETP 06 在时间指示器的位置处单击鼠标左键，将背景音乐分割为两段，如图 10-68 所示。

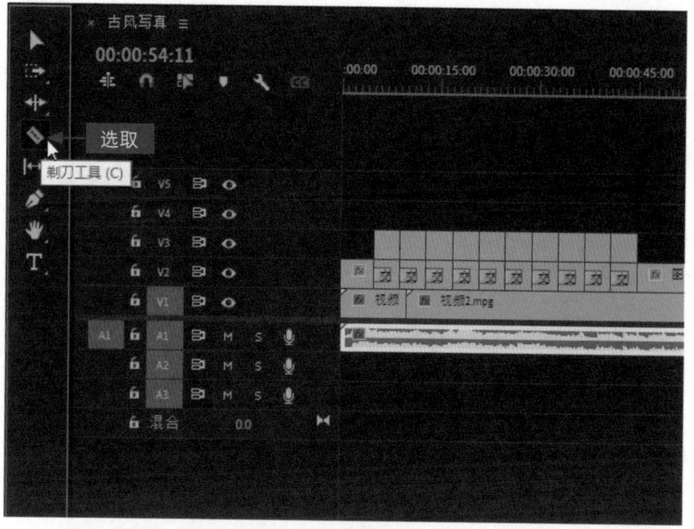

图 10-67　选取剃刀工具

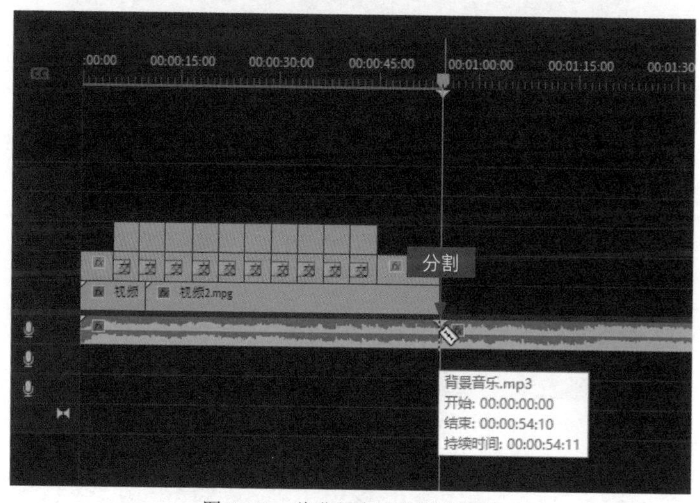

图 10-68　将背景音乐分割为两段

SETP 07 〉选择分割的第 2 段背景音乐，按 Delete 键将其删除，如图 10-69 所示。

SETP 08 〉在“效果”面板中，① 展开“音频过渡” | “交叉淡化”选项；② 选择“恒定功率”效果，如图 10-70 所示。

SETP 09 〉按住鼠标左键，将“恒定功率”效果拖曳至音乐素材的起始点与结束点，添加音频过渡效果，如图 10-71 所示。

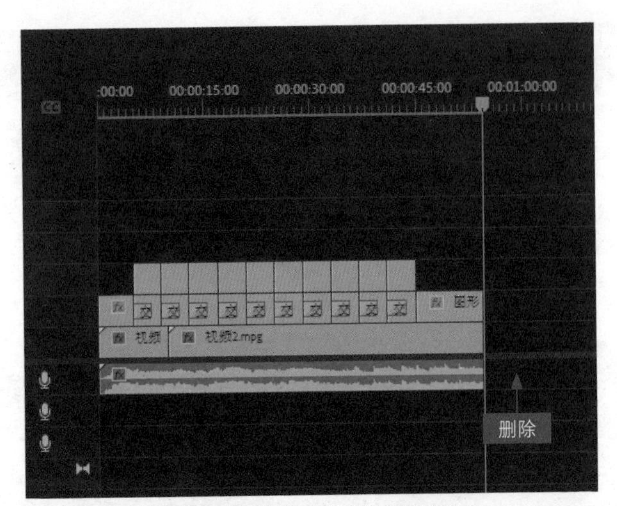

图 10-69　将第 2 段背景音乐删除

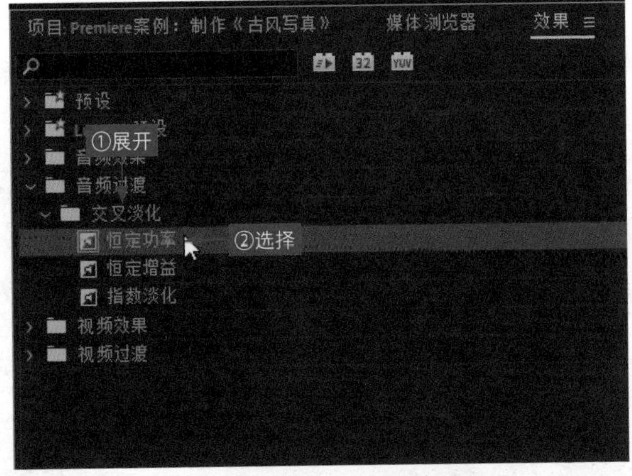

图 10-70　选择“恒定功率”效果

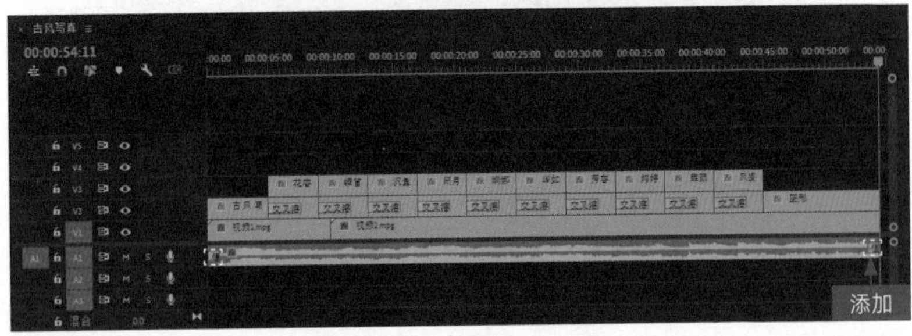

图 10-71　添加音频过渡效果

SETP 10 按 Ctrl+M 组合键，弹出“导出设置”对话框，① 设置“格式”为 HEVC (H.265)；② 设置“预设”为 HD 1080p；③ 单击“输出名称”右侧蓝色的“古风写真 .mp4”超链接，如图 10-72 所示。

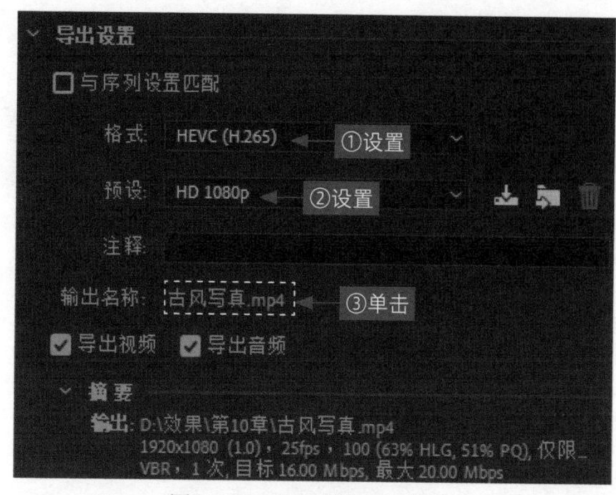

图 10-72　单击蓝色的超链接

SETP 11 弹出“另存为”对话框，在其中设置视频文件的保存位置和名称，设置完成后，单击“保存”按钮，返回“导出设置”对话框，单击对话框右下角的“导出”按钮，如图 10-73 所示。执行操作后，开始导出编码文件，并显示导出进度，稍后即可导出制作的视频。

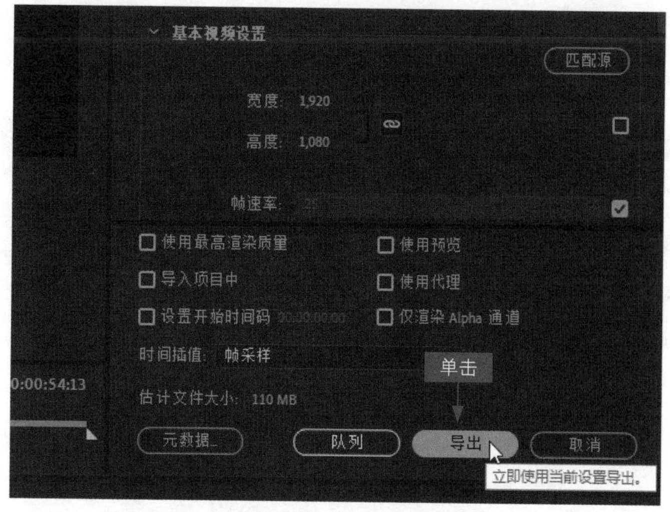

图 10-73　单击“导出”按钮

11

强强联合：剪映+ Premiere 制作《城市的记忆》

◎ **章前知识导读**

前面向大家分别介绍了剪映和 Premiere 的操作技巧，以及一个剪映案例和一个 Premiere 案例，那么将这两个软件相结合，强强联手、优势互补，能制作出什么样的视频效果呢？本章将介绍使用剪映和 Premiere 联合制作案例《城市的记忆》的操作方法。

◎ **新手重点索引**

效果欣赏

在剪映中的处理

在 Premiere 中的处理

◎ **效果图片欣赏**

11.1 效果欣赏

剪映电脑版为用户提供了优质的视频剪辑体验，支持搜索海量音频、表情包、贴纸、花字、文字模板、特效、转场以及滤镜等，可以满足用户的各类创作需求，让用户轻松成为剪辑大神。

Pr 是 Premiere 的缩写形式，它是一款兼容性和画面编辑质量都非常好的视频剪辑软件，为用户提供了采集、剪辑、过渡效果、音频美化、字幕添加以及多格式输出等一整套完整的功能，不仅可以满足用户创建高质量作品的需求，还可以提升用户的创作能力和创作自由度。

这两款软件有一个共同的特点，那就是操作精准简单、易学且高效。在使用 Premiere 和剪映制作《城市的记忆》视频效果之前，首先预览项目效果，并掌握项目技术提炼等内容。

11.1.1 效果预览

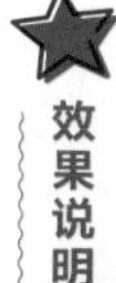

在制作之前，首先带领读者预览《城市的记忆》视频的画面效果，如图 11-1 所示。

扫码看案例效果

图 11-1 《城市的记忆》案例效果

图 11-1 《城市的记忆》案例效果（续）

11.1.2 技术提炼

《城市的记忆》视频一共分为两个部分进行剪辑处理。

第 1 部分为在剪映中的处理。首先需要在剪映中制作一个视频片头；然后通过制作调色预设为视频素材进行调色处理，并导出视频进行保存；最后识别背景音乐中的歌词，在剪映中批量制作视频的字幕文件。

第 2 部分为在 Premiere 中的处理。首先需要导入在剪映中制作的片头和调色后的视频，并添加到视频轨道中，适当剪辑各个视频的持续时间；然后添加视频过渡效果，使视频与视频之间的切换自然流畅；接着将在剪映中制作的字幕文件导入 Premiere 中，实现剪映与 Premiere 的联合操作；最后添加背景音乐，将制作的视频渲染导出。

11.2 在剪映中的处理

本节主要介绍《城市的记忆》在剪映中的处理，包括添加特效制作视频片头、添加调色预设效果进行调色处理以及识别歌词制作字幕文件等内容。相信大家学完以后，对剪映的操作可以更加的熟练。

11.2.1 添加特效制作视频片头

剪映拥有非常丰富的特效和文字模板，为用户提供了很好的创作条件，可以制作非常炫酷的视频效果，因此《城市的记忆》视频中的片头，便可以选择在剪映中进行制作，下面介绍具体的操作方法。

扫码看教学视频

SETP 01 在剪映“媒体”功能区中导入一个片头视频素材和一段片头音乐素材，如图 11-2 所示。

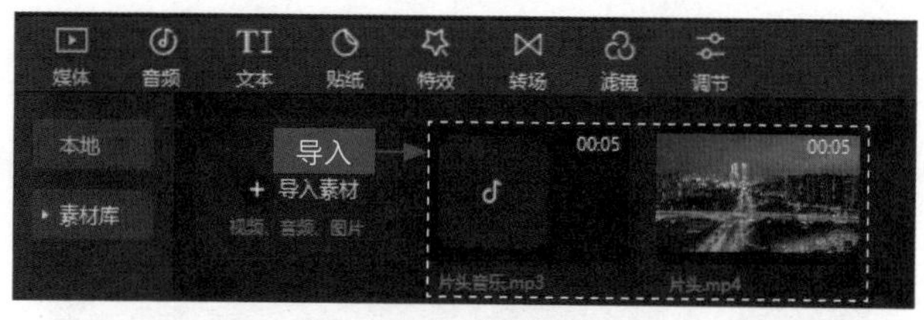

图 11-2　导入视频和音乐

SETP 02 依次将视频和音乐添加到视频轨道和音频轨道中，如图 11-3 所示。

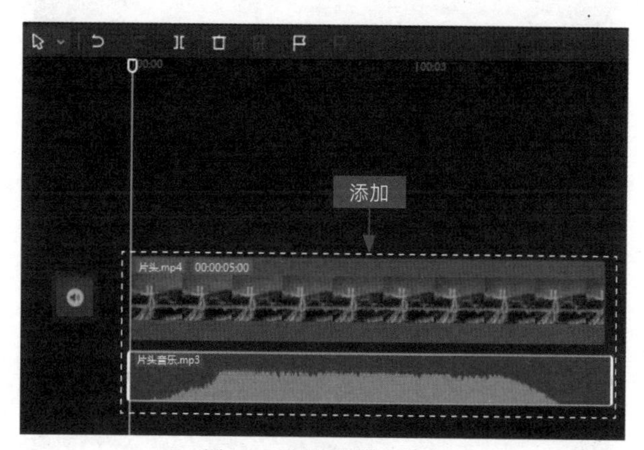

图 11-3　添加视频和音乐

SETP 03 在“特效”功能区的“基础”选项卡中，单击“开幕”特效中的按钮，如图 11-4 所示。

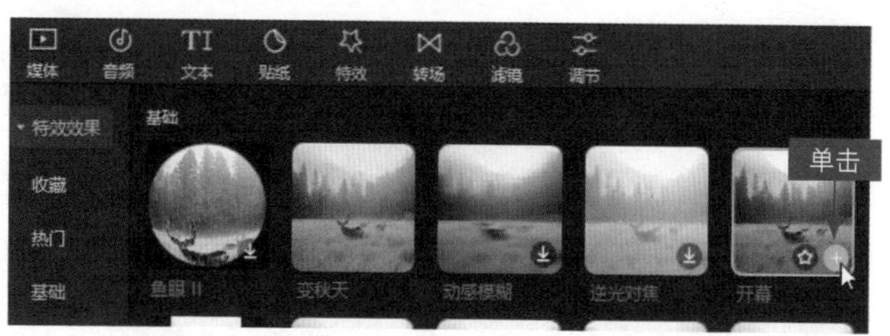

图 11-4　单击“开幕”特效中的“添加到轨道”按钮

SETP 04 执行操作后，即可添加一个“开幕”特效，拖曳特效右侧的白色拉杆，调整其时长为 1s 左右，如图 11-5 所示。

SETP 05 将时间指示器拖曳至 00:00:00:25 的位置处，如图 11-6 所示。

SETP 06 在“文本”功能区的“文字模板”|“精选”选项卡中，单击“与你无关”文字模板中的按钮，如图 11-7 所示。

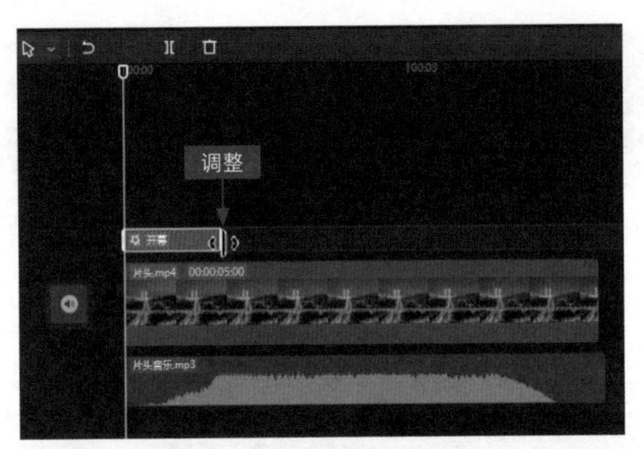

图 11-5 调整“开幕”特效的时长

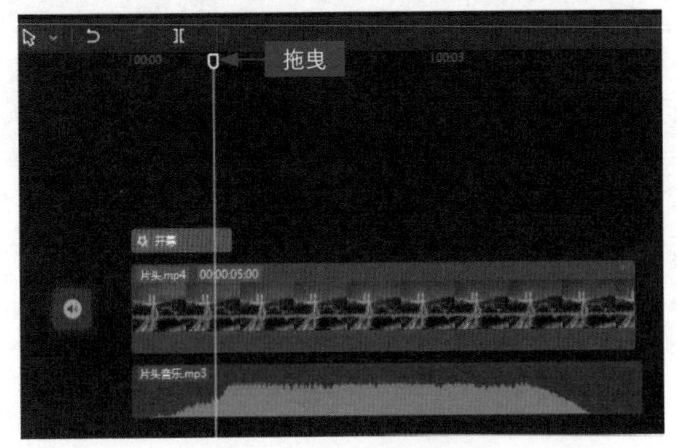

图 11-6 拖曳时间指示器

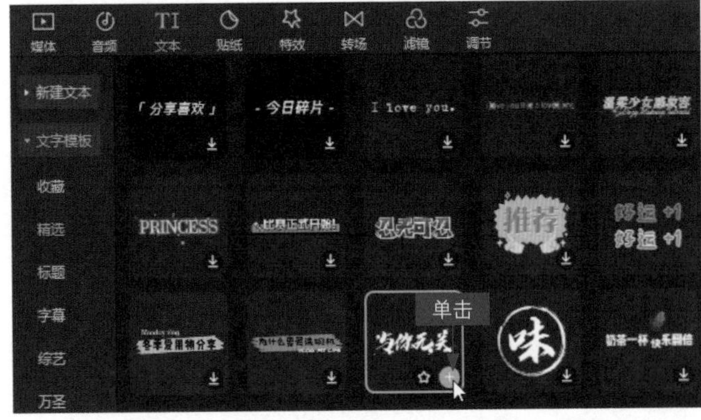

图 11-7 单击文字模板中的“添加到轨道”按钮

SETP 07 执行操作后，在时间指示器的位置即可添加一个文字模板，如图 11-8 所示。

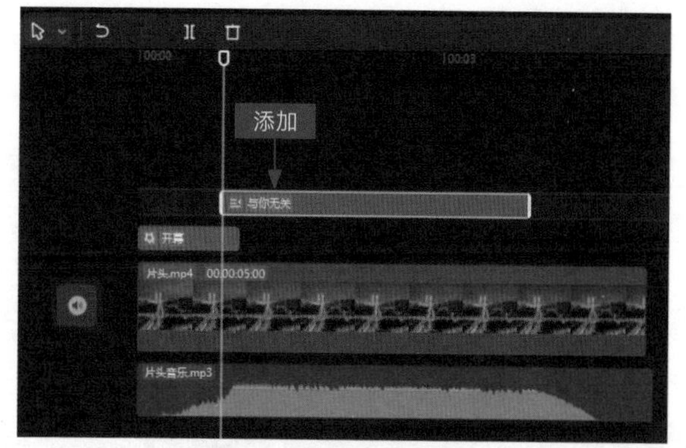

图 11-8 添加一个文字模板

SETP 08 在“编辑”操作区中删除原来的文本，输入内容为“城市的记忆”，如图 11-9 所示。

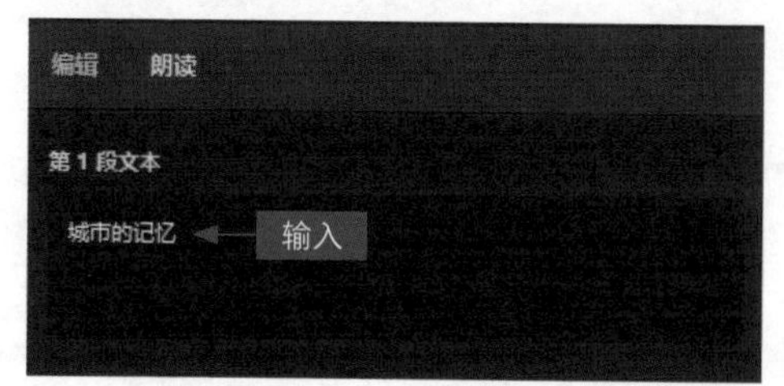

图 11-9 输入内容

SETP 09 在预览窗口中可以查看制作的视频片头效果，如图 11-10 所示。

图 11-10 查看制作的视频片头效果

SETP 10 在界面右上角单击“导出”按钮，如图 11-11 所示。

SETP 11 弹出“导出”对话框，① 在其中设置好视频的名称、保存位置、分辨率、码率、编码、格式以及帧率等；② 单击“导出”按钮，如图 11-12 所示。稍等片刻，即可导出视频。

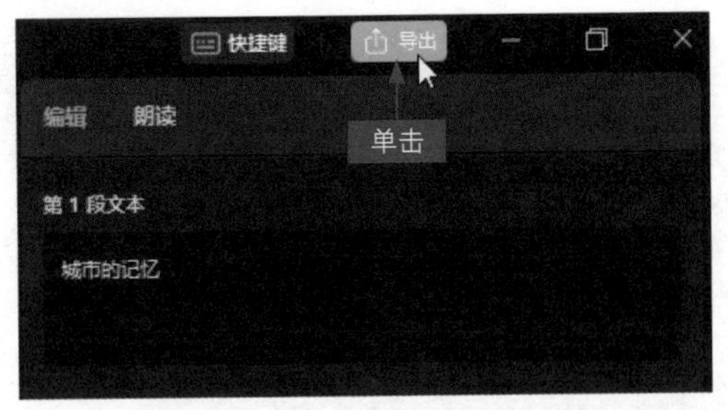

图 11-11　单击“导出”按钮（1）

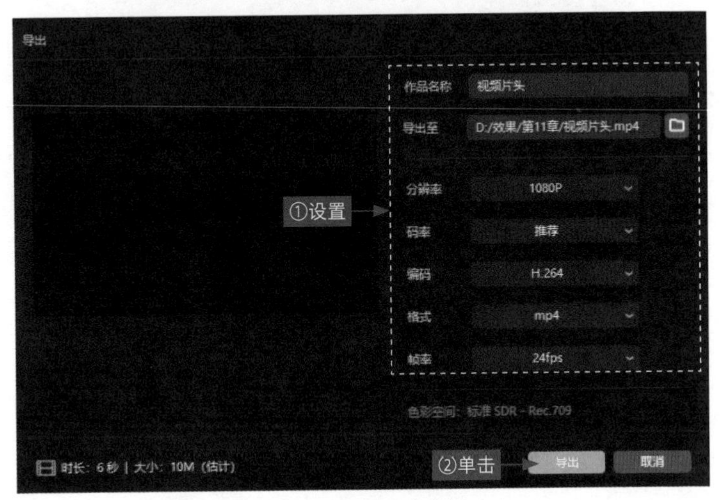

图 11-12　单击“导出”按钮（2）

11.2.2　添加预设进行调色处理

在剪映中为视频添加调节效果后，可以将调节效果保存为调色预设效果，这样便可以在为其他视频调色时直接套用调色预设效果，提高调色效率。下面介绍制作调色预设，并为视频调色的操作方法。

扫码看教学视频

SETP 01 在剪映“媒体”功能区中，导入需要调色的 12 个视频素材，如图 11-13 所示。

SETP 02 将第 1 个视频素材添加到视频轨道中，如图 11-14 所示。

SETP 03 在预览窗口中，查看视频素材未调色的效果，如图 11-15 所示。

图 11-13　导入需要调色的视频素材

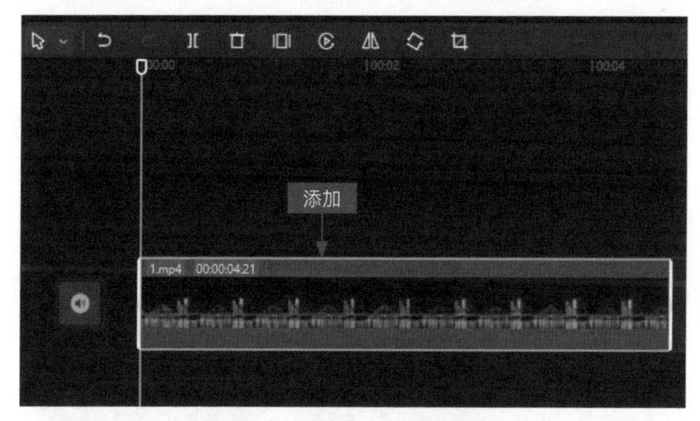

图 11-14　添加第 1 个视频素材

图 11-15　查看视频素材未调色的效果

SETP 04 在“调节”功能区的“调节”|“自定义”选项卡中，单击“自

定义调节”效果中的按钮，如图 11-16 所示。

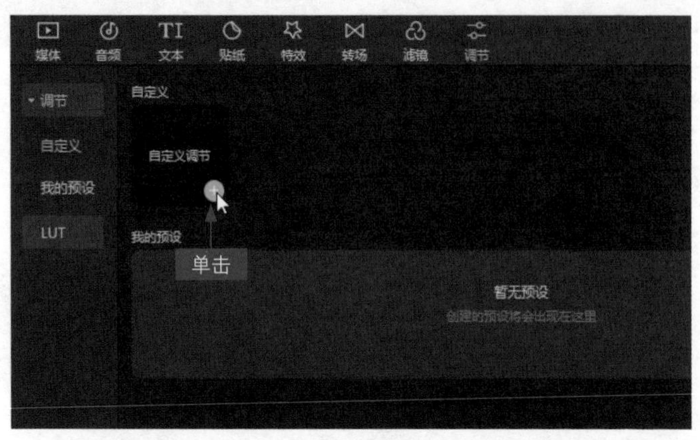

图 11-16　单击“自定义调节”效果中的“添加到轨道”按钮

SETP 05 执行操作后，即可添加一个“调节 1”效果，拖曳“调节 1”右侧的白色拉杆，调整时长，使其与视频时长一致，如图 11-17 所示。

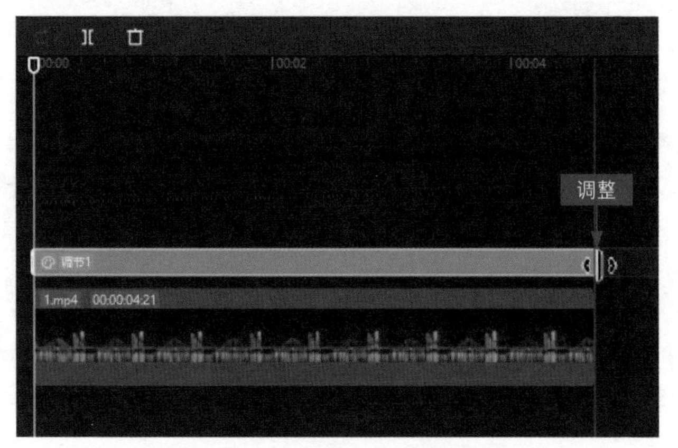

图 11-17　调整“调节 1”效果的时长

SETP 06 在“调节”操作区的“基础”选项卡中，① 设置“色温”为 8、“饱和度”为 30、“亮度”为 4、“对比度”为 4、“高光”为 11、“光感”为 −9；② 单击“保存预设”按钮，如图 11-18 所示。

SETP 07 弹出“保存调节预设”对话框，① 输入预设名称为“城市调色”；② 单击“保存”按钮，如图 11-19 所示。

SETP 08 执行操作后，即可将预设保存在“调节”功能区中，如图 11-20 所示。

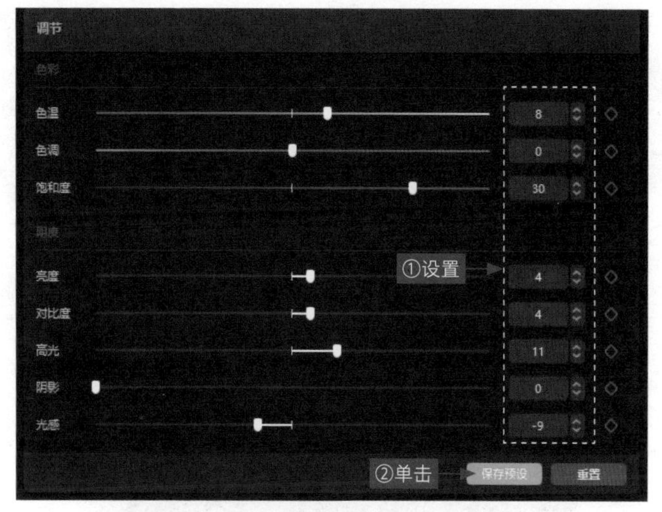

图 11-18 单击“保存预设”按钮

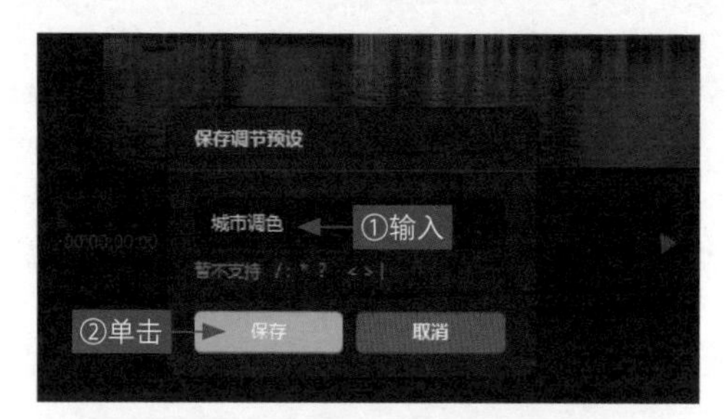

图 11-19 单击“保存”按钮

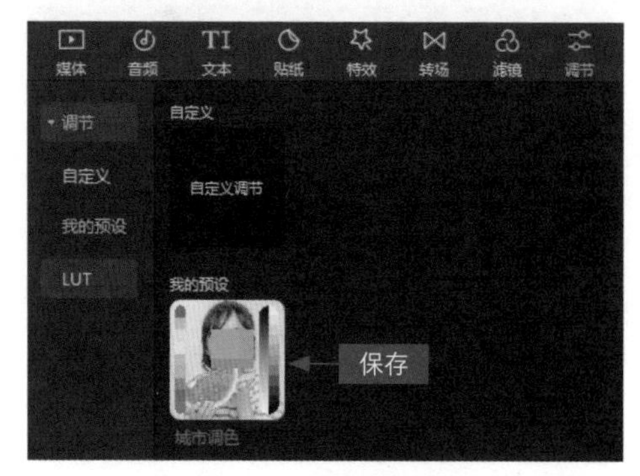

图 11-20 保存调色预设

SETP 09 在预览窗口中可以查看调色后的第 1 个视频效果，如图 11-21 所示。

图 11-21　查看调色后的第 1 个视频效果

SETP 10 将第 1 个调色视频导出并保存，同时清空轨道上的视频和效果，在剪映“媒体”功能区中选择第 2 个视频，通过拖曳的方式，将第 2 个视频添加至视频轨道中，如图 11-22 所示。

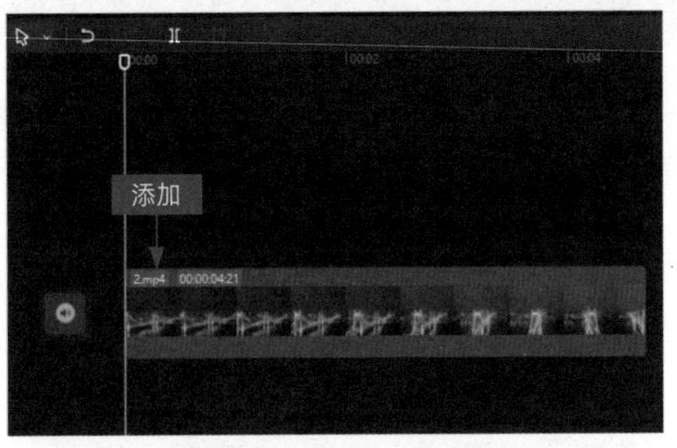

图 11-22　添加第 2 个视频

SETP 11 在“播放器”面板中可以查看第 2 个视频未调色的效果，如图 11-23 所示。

图 11-23　查看第 2 个视频未调色的效果

SETP 12 在“调节”功能区的“我的预设”选项卡中，单击“城市调色”预设中的按钮，如图 11-24 所示。

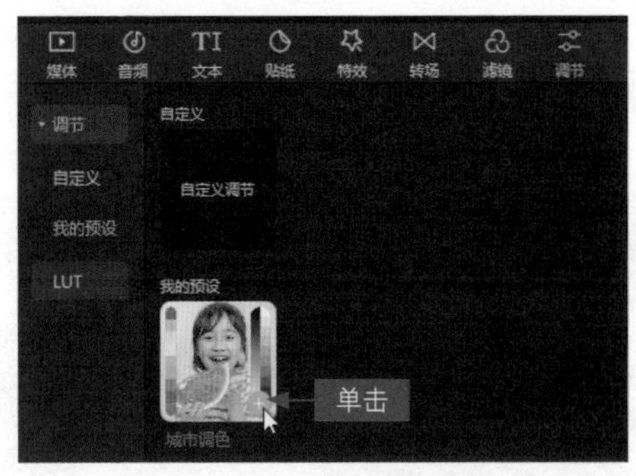

图 11-24　单击“城市调色”预设中的“添加到轨道”按钮

SETP 13 执行操作后，即可添加预设效果，此时轨道上的效果名称会自动变为“调节 2”，如图 11-25 所示。

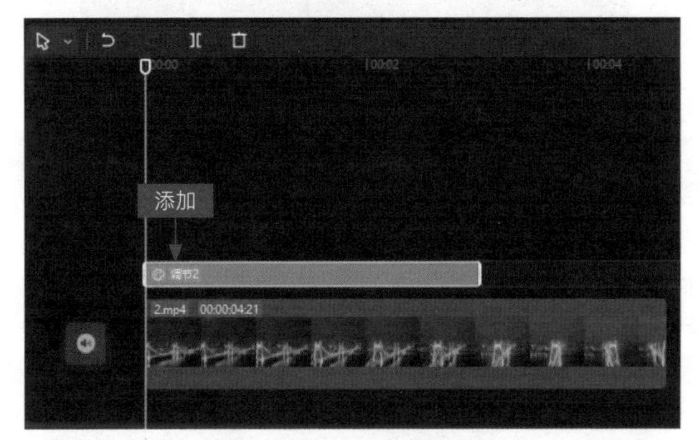

图 11-25　添加预设效果

SETP 14 拖曳预设效果右侧的白色拉杆，调整时长，使其与视频时长一致，如图 11-26 所示。

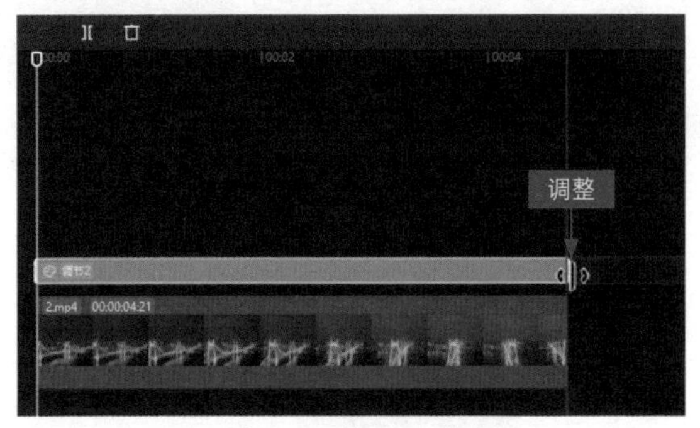

图 11-26　调整预设效果时长

SETP 15 在“播放器”面板中可以查看第 2 个视频调色后的效果，如图 11-27 所示。执行上述操作后，将视频导出即可，然后重复上述操作，对其他视频进行调色。

图 11-27　查看第 2 个视频调色后的效果

11.2.3　识别歌词制作字幕文件

“识别歌词”是剪映的一个特色功能，是很多视频剪辑软件都没有的，使用“识别歌词”功能可以为用户省去制作字幕的时间，快速制作出字幕文件。下面介绍使用“识别歌词”功能制作字幕文件的操作方法。

扫码看教学视频

SETP 01 在剪映“媒体”功能区中导入背景音乐素材，如图 11-28 所示。

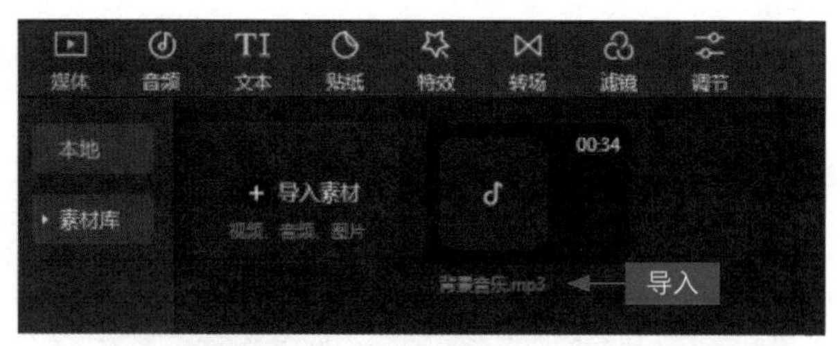

图 11-28　导入背景音乐素材

SETP 02 将背景音乐素材添加到音频轨道中，如图 11-29 所示。

SETP 03 将时间指示器拖曳至 00:00:05:00 的位置处，如图 11-30 所示。

SETP 04 将背景音乐素材拖曳到时间指示器的位置处，如图 11-31 所示。

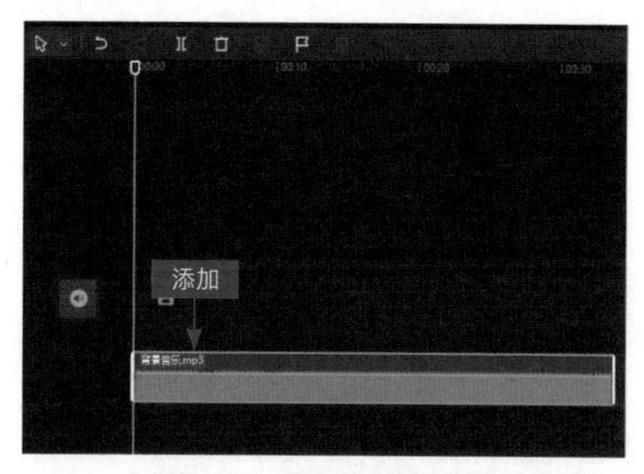

图 11-29　添加背景音乐素材

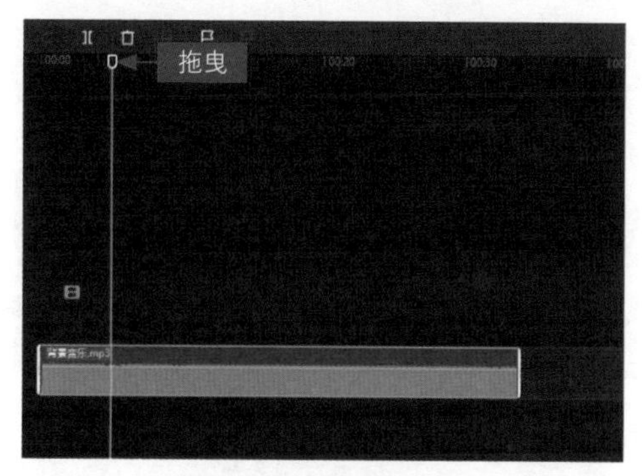

图 11-30　拖曳时间指示器

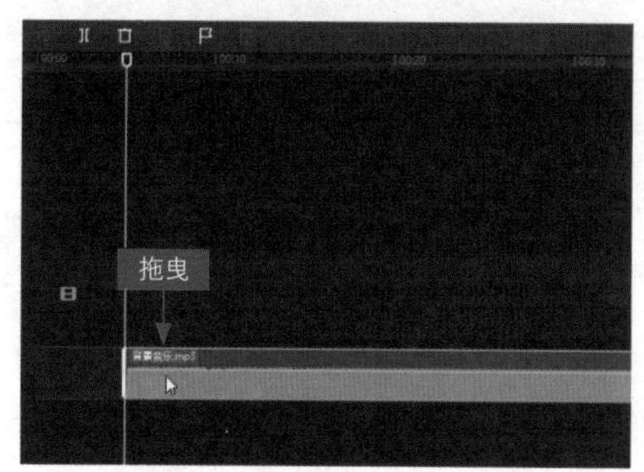

图 11-31　拖曳背景音乐素材

SETP 05 在“文本”功能区中，① 切换至“识别歌词”选项卡；② 单击“开始识别”按钮，如图 11-32 所示。

SETP 06 执行操作后，弹出“歌词识别中”提示对话框，如图 11-33 所示。

图 11-32　单击“开始识别”按钮

图 11-33　弹出提示对话框

SETP 07 执行操作后，即可识别成功，添加字幕文件，如图 11-34 所示。

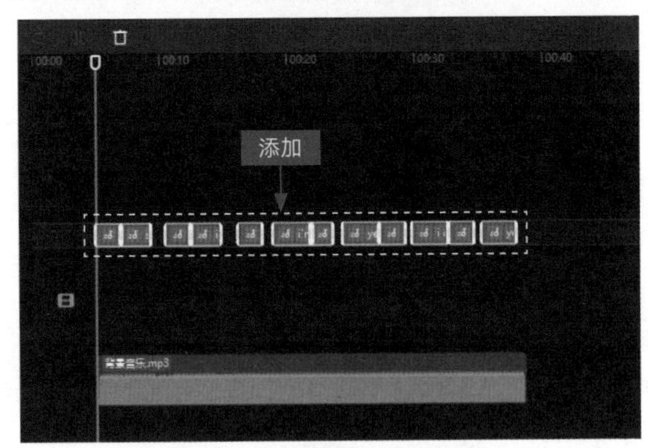

图 11-34　添加字幕文件

SETP 08 在预览窗口中可以查看添加的英文歌词字幕，如图 11-35 所示。

SETP 09 切换至“编辑”操作区的“文本”选项卡中，在原有的英文歌词后面添加中文文本，如图 11-36 所示。

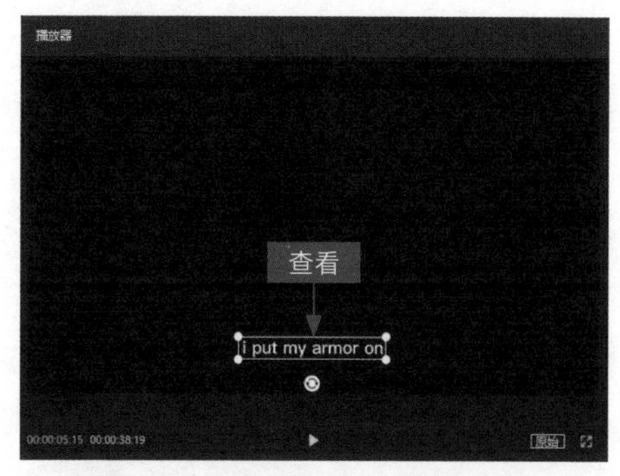

图 11-35　查看添加的英文歌词字幕

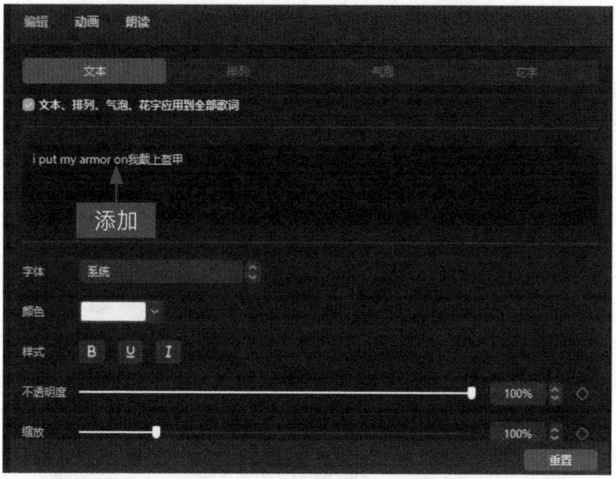

图 11-36　添加中文文本

SETP 10 在预览窗口中查看制作的字幕效果，如图 11-37 所示。用与上同样的方法，在其他英文歌词字幕中添加中文文本，执行操作后，退出剪映编辑界面即可。

图 11-37　查看制作的字幕效果

11.3 在 Premiere 中的处理

本节主要介绍《城市的记忆》在 Premiere 中的处理方法，包括导入调色视频并剪辑时长、添加转场视频过渡效果、导入剪映制作的字幕以及添加背景音乐合成视频等，以此提升大家在 Premiere 中剪辑视频的熟练度。

11.3.1 导入调色视频并剪辑时长

在 Premiere 中创建一个项目文件，将视频片头、调色后的视频以及背景音乐等素材导入项目文件中，并将视频添加到视频轨道中，适当剪辑视频的时长，下面介绍具体的操作方法。

扫码看教学视频

SETP 01 创建一个项目文件，在“项目”面板中导入视频片头素材，如图 11-38 所示。

图 11-38　导入视频片头素材

SETP 02 用拖曳的方式，将视频片头添加至“时间轴”面板中，如图 11-39 所示。

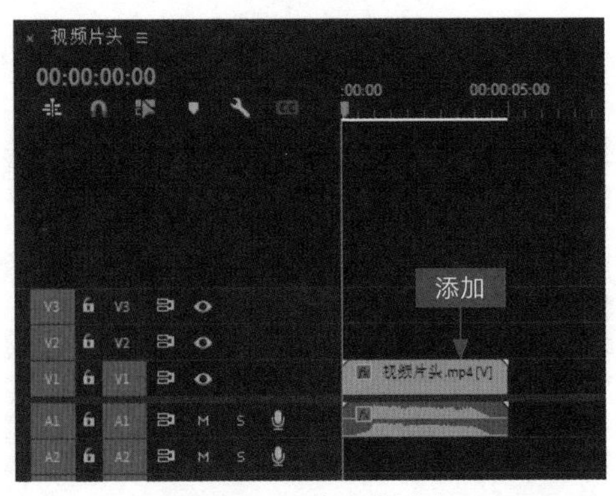

图 11-39　添加视频片头

SETP 03 在“项目”面板中的序列名称上单击鼠标左键，此时名称呈可编辑状态，如图 11-40 所示。

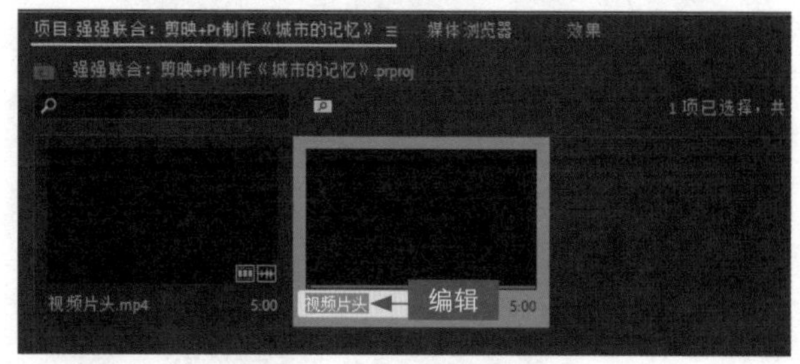

图 11-40　名称呈可编辑状态

SETP 04 将序列名称修改为“城市的记忆”，如图 11-41 所示。

图 11-41　修改序列名称

SETP 05 在“项目”面板中导入调色后的视频和背景音乐，如图 11-42 所示。

图 11-42　导入调色后的视频和背景音乐

图 11-42 导入调色后的视频和背景音乐（续）

SETP 06 依次将视频添加到 V1 轨道中，如图 11-43 所示。

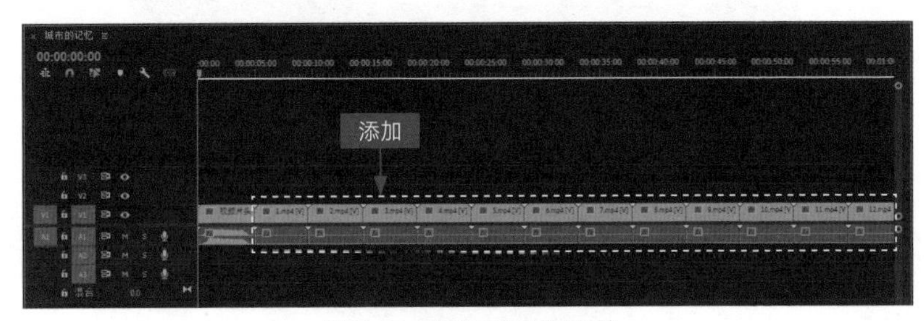

图 11-43 依次添加视频素材

SETP 07 在 1.mp4 视频上单击鼠标右键，在弹出的快捷菜单中选择“速度 / 持续时间”命令，如图 11-44 所示。

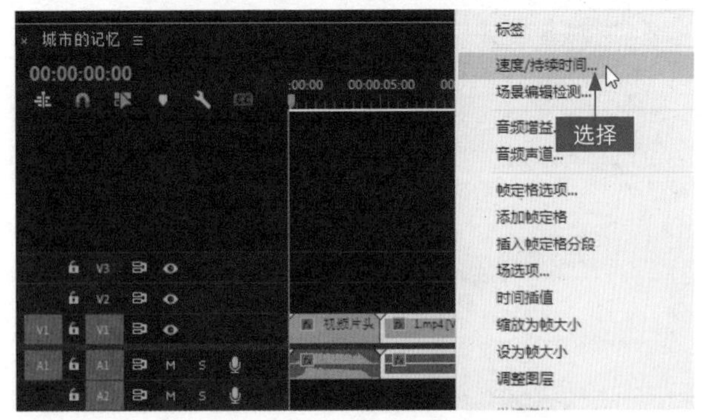

图 11-44 选择“速度 / 持续时间”命令

SETP 08 弹出“剪辑速度/持续时间”对话框，设置“持续时间”为00:00:01:27，如图11-45所示。

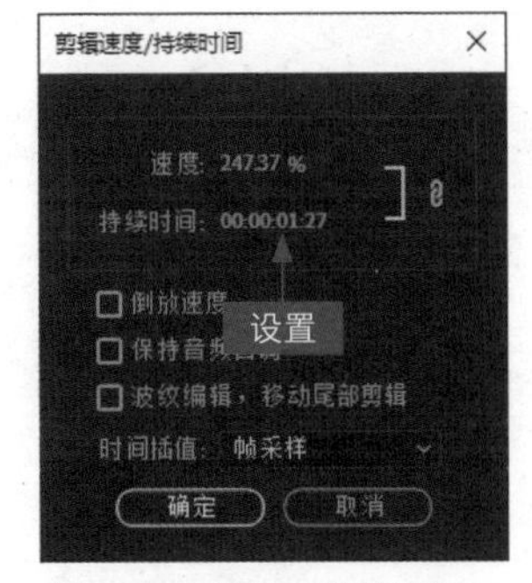

图 11-45 设置“持续时间”

SETP 09 单击“确定”按钮，即可调整1.mp4视频的时长，如图11-46所示。

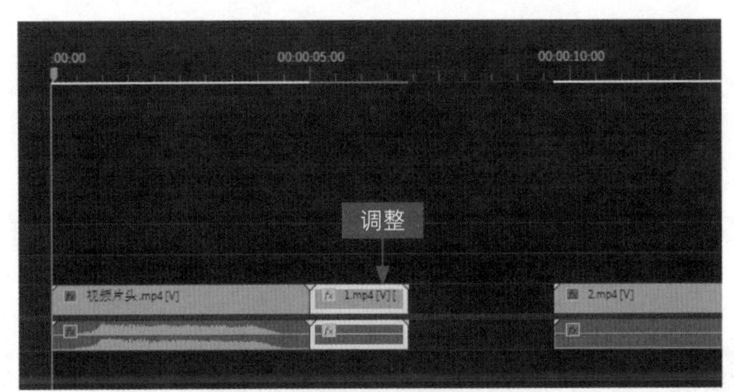

图 11-46 调整 1.mp4 视频的时长

SETP 10 拖曳2.mp4视频至1.mp4视频的结束位置处，如图11-47所示。

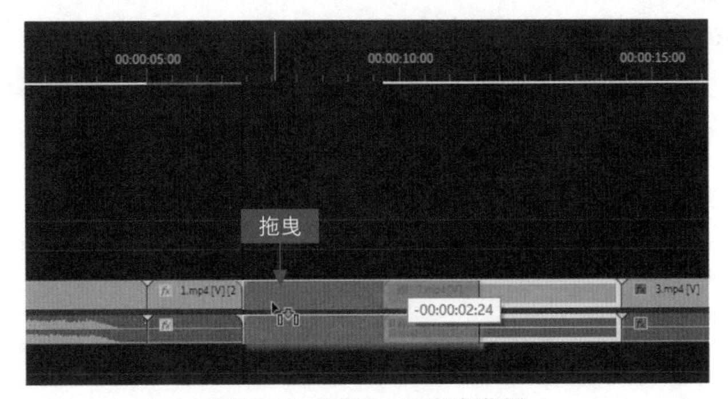

图 11-47 拖曳 2.mp4 视频位置

SETP 11 用与上同样的方法，设置2.mp4视频的持续时间为00:00:03:17，如图11-48所示。

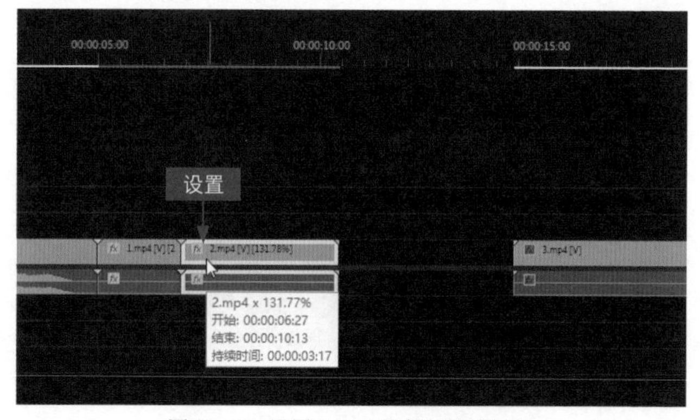

图11-48 设置2.mp4视频的持续时间

SETP 12 使用与上述同样的方法，设置3.mp4视频的持续时间为00:00:01:29、设置4.mp4视频的持续时间为00:00:03:22、设置5.mp4视频的持续时间为00:00:02:25、设置6.mp4视频的持续时间为00:00:02:25、设置7.mp4视频的持续时间为00:00:02:13、设置8.mp4视频的持续时间为00:00:02:29、设置9.mp4视频的持续时间为00:00:02:17、设置10.mp4视频的持续时间为00:00:02:27、设置11.mp4视频的持续时间为00:00:02:18、设置12.mp4视频的持续时间为00:00:03:10，“时间轴”面板效果如图11-49所示。

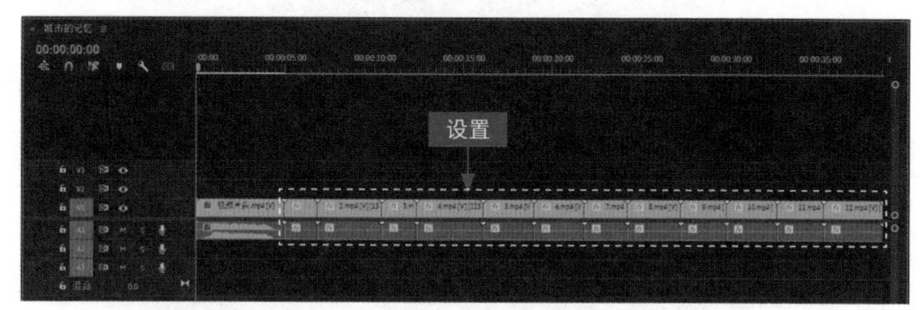

图11-49 “时间轴”面板效果

11.3.2 添加转场使视频过渡顺畅

在Premiere中，为视频添加“交叉溶解”视频过渡效果，可以使视频和视频在转场切换时过渡得更加顺畅和自然，下面介绍具体的操作方法。

扫码看教学视频

SETP 01 ① 在“效果”面板中展开“视频过渡”|“溶解”选项；② 选择“交叉溶解”效果，如图 11-50 所示。

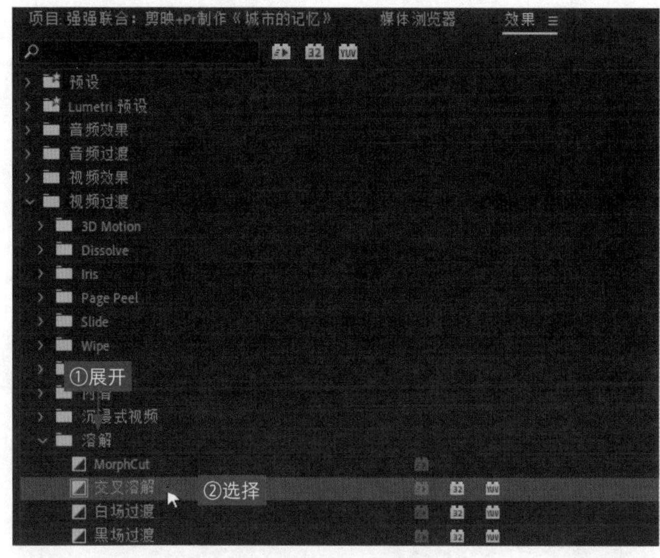

图 11-50 选择“交叉溶解”效果

SETP 02 拖曳“交叉溶解”效果至 V1 轨道中的第 1 个视频和第 2 个视频之间，释放鼠标左键，即可添加“交叉溶解”效果，如图 11-51 所示。

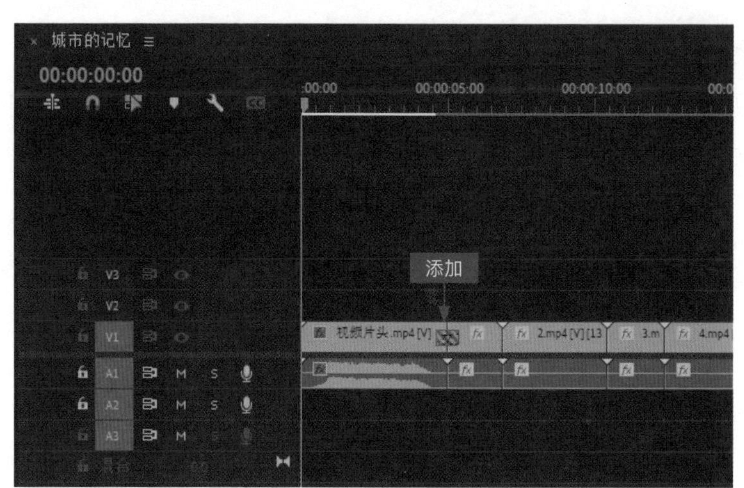

图 11-51 添加“交叉溶解”效果

SETP 03 在预览窗口中可以播放视频，查看添加“交叉溶解”效果后的视频画面，如图 11-52 所示。

图 11-52　查看添加“交叉溶解”效果后的视频画面

SETP 04 〉用与上同样的操作方法，在其他两个素材之间添加“交叉溶解”效果，如图 11-53 所示。

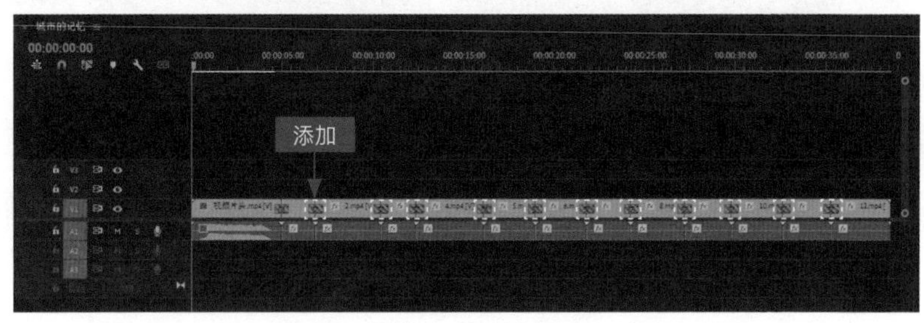

图 11-53　添加多个“交叉溶解”效果

11.3.3　导入剪映中制作的字幕

扫码看教学视频

众所周知，Premiere 无法识别歌词字幕，也无法进行批量添加，字幕文件需要用户逐个地制作，既麻烦又耗时。但剪映是可以自动识别歌词、批量制作字幕文件的，我们只需要借助一个 Q_Chameleon 变色龙脚本插件，即可一键同步在剪映中制作的字幕，直接以 srt 格式将字幕导入 Premiere 中，实现剪映与 Premiere 的联动操作。下面介绍导入在剪映中制作的字幕的操作方法。

SETP 01 〉在菜单栏中选择“窗口”|“扩展” | Q_Chameleon 命令，如图 11-54 所示。

SETP 02 〉弹出 Q_Chameleon 窗口，其中自动识别了剪映中制作的草稿文件，将鼠标移至“无标题项目 85”上，单击“导入字幕”按钮，如图 11-55 所示。

SETP 03 〉执行操作后，即可在“项目”面板中导入剪映中的字幕，如图 11-56 所示。

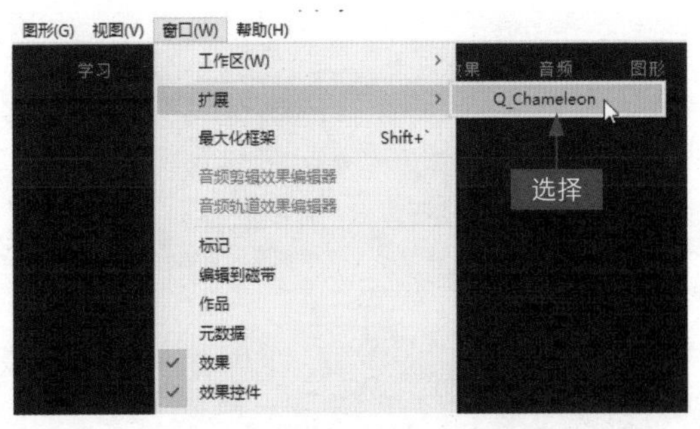

图 11-54　选择 Q_Chameleon 命令

图 11-55　单击“导入字幕”按钮

图 11-56　导入剪映中的字幕

SETP 04 ① 将导入的字幕拖曳至“时间轴”面板中；② 此时面板中会弹出信息提示，提示用户“放到这里可添加新的字幕轨道”，如图 11-57 所示。

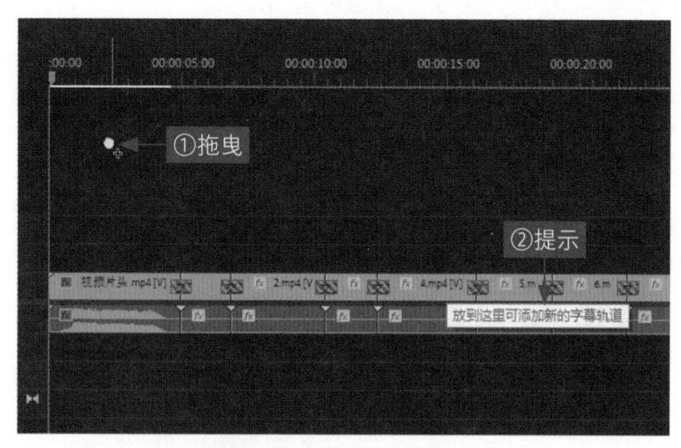

图 11-57　弹出信息提示

SETP 05 弹出“新字幕轨道”对话框，单击“确定”按钮，如图 11-58 所示。

SETP 06 执行操作后，即可添加一条新的字幕轨道，如图 11-59 所示。

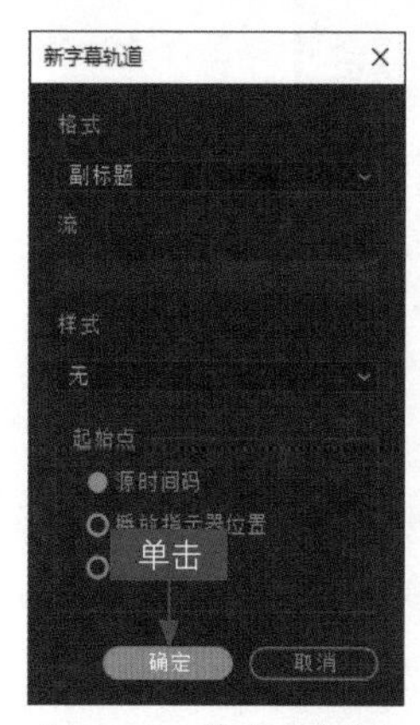

图 11-58　单击“确定”按钮

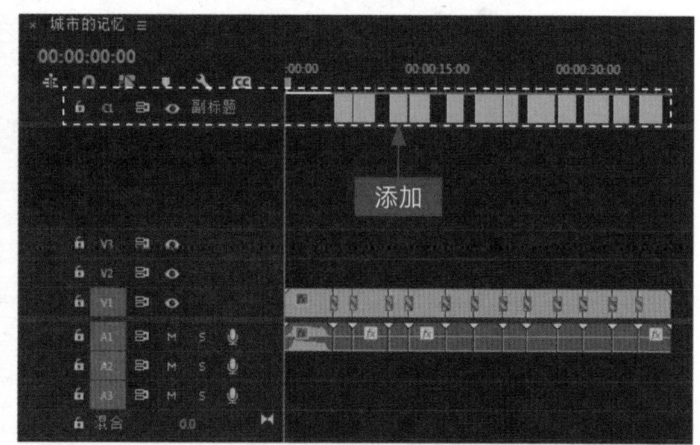

图 11-59　添加一条新的字幕轨道

> **▶ 专家指点**
>
> Q_Chameleon 变色龙脚本插件和安装方法已经放在了本书附赠的资源文件夹中，读者可以扫码下载，或者到浏览器上搜索后免费下载。

SETP 07 在“节目监视器”面板中可以预览字幕添加效果，如图 11-60 所示。

SETP 08 在字幕轨道中双击字幕文件，同时弹出“文本”和“基本图形”两个浮动面板，如图 11-61 所示。

图 11-60　预览字幕添加效果

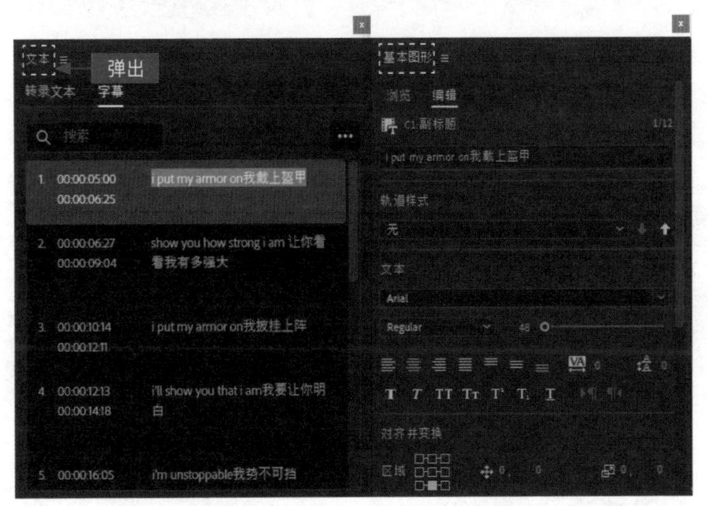

图 11-61　同时弹出两个浮动面板

SETP 09 在“文本”面板中双击第 1 个字幕，使字幕呈可编辑状态，将光标移至英文歌词的后面，按 Enter 键确认，使中文文本移至下一行，效果如图 11-62 所示。然后用与上同样的操作方法对其他字幕进行编辑，将所有字幕中的中文文本移至下一行。

SETP 10 在“基本图形”面板中，① 设置文本“字体”为“黑体”；② 设置“字体大小”为 60；③ 设置“行距”为 15，如图 11-63 所示。

SETP 11 ① 单击“轨道样式”下方的下拉按钮；② 在弹出的列表框中选择“创建样式”选项，如图 11-64 所示。

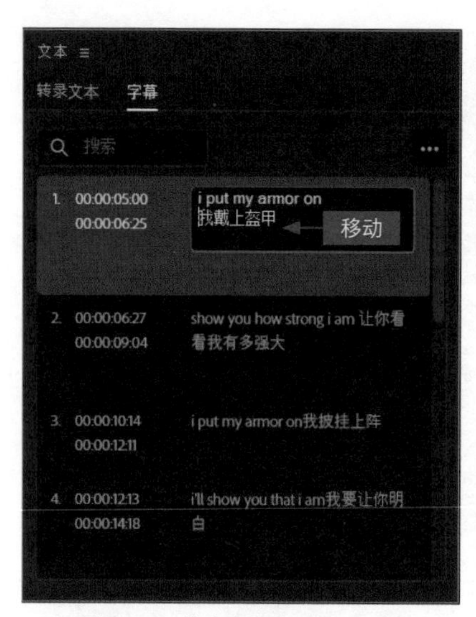

图 11-62 将中文文本移至下一行

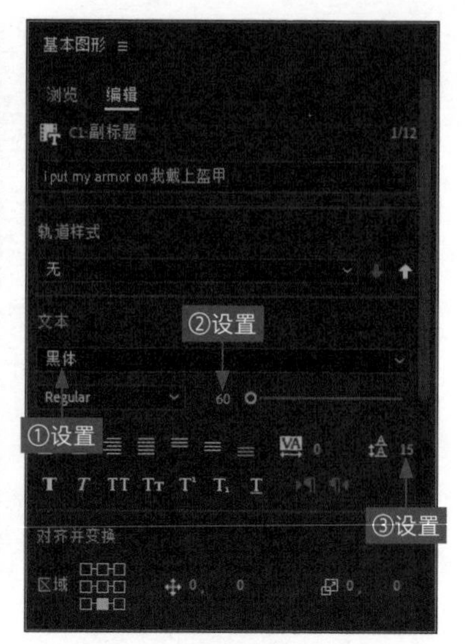

图 11-63 设置各参数值

SETP 12 弹出“新建文本样式”对话框，① 设置“名称”为“文本样式 1”；② 单击“确定”按钮，如图 11-65 所示。

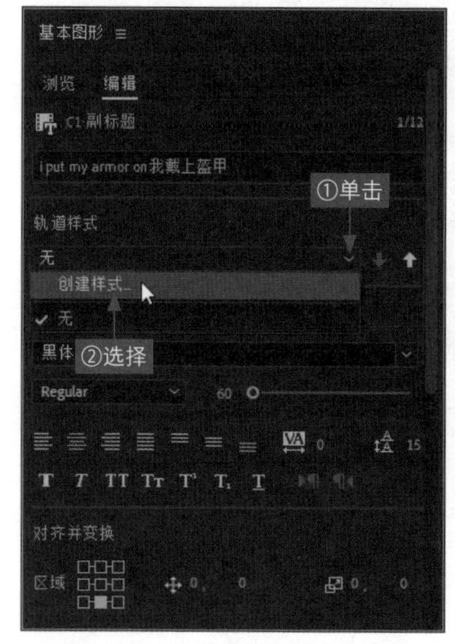

图 11-64 选择“创建样式”选项

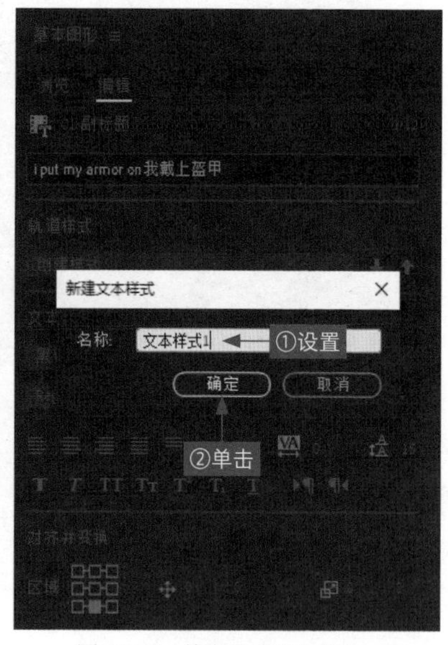

图 11-65 单击“确定”按钮

SETP 13 执行操作后，即可将创建的文本样式批量套用在其他字幕上，在预览窗口中可以查看字幕效果，如图 11-66 所示。

图 11-66 字幕效果

11.3.4 添加背景音乐合成视频

为视频添加完字幕后，视频基本已经完成了，最后为其添加背景音乐，将视频合成导出即可。下面介绍添加背景音乐合成视频的操作方法。

扫码看教学视频

SETP 01 ① 将时间指示器拖曳至 00:00:05:00 的位置处；② 在“项目”面板中将背景音乐拖曳至时间指示器的位置，如图 11-67 所示。

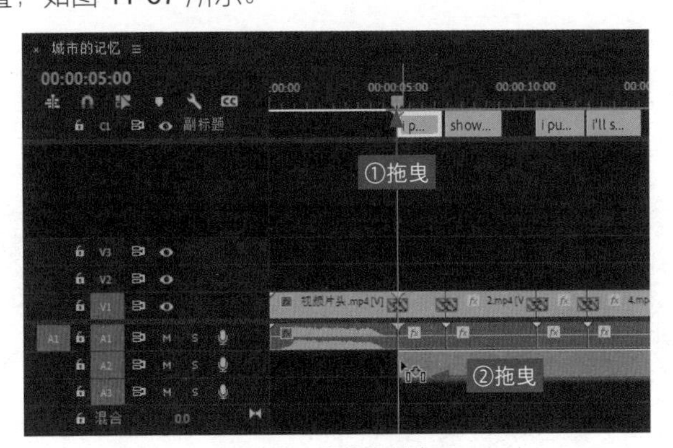

图 11-67 拖曳背景音乐

SETP 02 在“效果”面板中，① 展开“音频过渡”|“交叉淡化”选项；② 选择“恒定功率”效果，如图 11-68 所示。

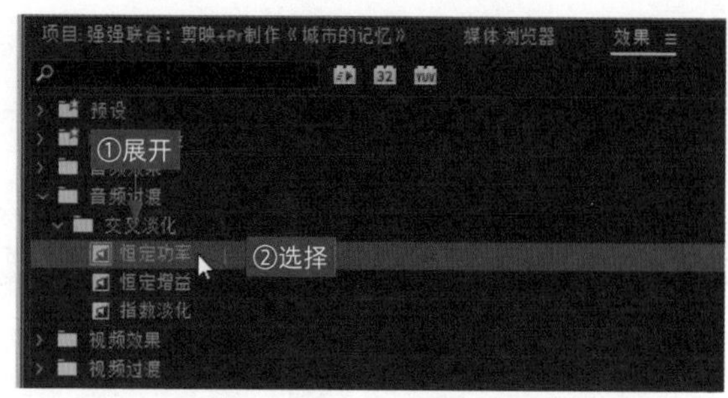

图 11-68　选择“恒定功率”效果

SETP 03 按住鼠标左键的同时将“恒定功率”效果拖曳至音乐的起始点与结束点，添加音频过渡效果，如图 11-69 所示。

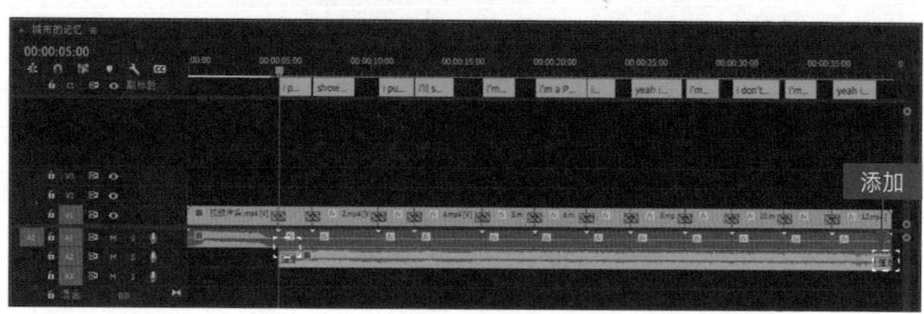

图 11-69　添加音频过渡效果

SETP 04 ① 在工作区中单击“快速导出”按钮；② 在弹出的面板中设置“文件名和位置”和“预设”等；③ 单击“导出”按钮，如图 11-70 所示。执行操作后，即可将视频合成导出。

图 11-70　单击“导出”按钮